高等数学理论
及应用探究

吴 谦 王丽丽 刘 敏 著

吉林科学技术出版社

图书在版编目(CIP)数据

高等数学理论及应用探究 / 吴谦，王丽丽，刘敏著.
--长春：吉林科学技术出版社，2019.12
ISBN 978-7-5578-6467-5

Ⅰ．①高… Ⅱ．①吴… ②王… ③刘… Ⅲ．①高等数
学—研究 Ⅳ．①O13

中国版本图书馆 CIP 数据核字(2019)第 284448 号

GAODENG SHUXUE LILUN JI YINGYONG TANJIU

高等数学理论及应用探究

著	吴 谦 王丽丽 刘 敏	
出版人	李 梁	
责任编辑	李思言	
封面设计	崔 蕾	
制 版	北京亚吉飞数码科技有限公司	
开 本	710mm×1000mm 1/16	
字 数	354 千字	
印 张	19.75	
印 数	1—5 000 册	
版 次	2020 年 3 月第 1 版	
印 次	2020 年 3 月第 1 次印刷	

出 版	吉林科学技术出版社	
发 行	吉林科学技术出版社	
地 址	长春市人民大街 4646 号	
邮 编	130021	
发行部传真/电话	0431－85635176 85651759 85635177	
	85651628 85652585	
储运部电话	0431－86059116	
编辑部电话	0431－85635186	
网 址	www.jlsycbs.net	
印 刷	北京亚吉飞数码科技有限公司	

书 号	ISBN 978-7-5578-6467-5	
定 价	80.00 元	

前　言

　　欧拉曾这样描述数学："数学是人类知识活动留下来最具威力的知识工具，是一些现象的根源。数学是客观存在的，上帝必以数学法则建造宇宙。"数学是人类认识和理解客观自然规律的基本工具之一，在科学技术高速发展的今天，数学在科学研究与实际应用中的作用越来越突出。高等数学是由微积分学，较深入的代数学、几何学，以及它们之间的交叉内容所形成的一门基础学科。作为理科最主要的基础学科之一，高等数学有其固有的特点，这就是高度的抽象性、严密的逻辑性和广泛的应用性。相对于初等数学而言，高等数学的对象及方法较为复杂。深刻理解和把握高等数学的基本理论，能够熟练应用高等数学的思想与方法处理各类问题，这是研究高等数学的核心意义所在。

　　数学科学作为一种知识系统，由一个个分支相互联系、不断交叉，促进着数学体系的发展与壮大。高等代数与数学分析是数学中的两个重要分支，在理论研究和工程实践中有广泛的应用。研究每个分支的特殊的理论及思想方法演变规律对于了解数学的发现与创新具有重要的引导作用。另外，计算机技术与软件的高速发展带动了科学技术的定量化分析方法迅速发展，使得各门学科之间加速相互渗透，因此数学必须以新的理论、新的内容、新的方法来适应新的形势。本书在直观、形象地解析高等数学基本理论的基础上，注重数学理论与实际问题相结合，列举并分析了大量的应用实例，突出应用特色。既可以帮助读者清楚把握高等数学的核心理论，又可以使读者学以致用、开拓创新，强化处理实际问题的能力。全书逻辑清晰、结构完整、图文并茂，将高等数学及其应用完美地呈现于读者眼前。

　　从内容上看，本书共 10 章，内容包括函数与极限、导数及其应用、定积分及其应用、不定积分、常微分方程与差分方程、相量与空间解析几何、多元函数微分法及其应用、重积分、曲线积分与曲面积分、无穷级数等。本书以通俗易懂的语言，深入浅出地讲解高等数学理论及实验知识，使得数学从科学研究的幕后大步跨上技术应用的前台，成为打开众多机会大门的钥匙。从整体框架而言，虽然本书保持了高等数学的基本内容和结构，但是作者在内容编排和知识点的深度和广度上进行了思考和探索。

　　全书由浅入深、循序渐进、结构严谨、逻辑清晰、抓住关键、突出重点。

在确保理论完整、推理严密的同时,力求呈现高等代数与数学分析精深而严谨的思想魅力与灵活多变而又有章可循的方法技巧。本书的写作特点可总结如下:

1.分析讨论了基本内容、基本理论和基本知识,并列举例题加以解释说明,注重知识应用。

2.理论部分的安排符合人类认识事物的规律,即从具体到抽象再到具体(思维中的具体)。

3.对重要概念、定理、推论给出了详细的证明过程。有些题一题多解,开拓思路,通过解题可加深对基本概念和基本理论的理解和联系。另外,通过对某些例题的注释,帮助读者更好地把握住典型例题的典型处理方法和可能的各种延伸,达到举一反三、触类旁通的效果。

4.借鉴和引进一些新成果、新方法和新题目,力求推陈出新。

在本书的写作过程中,参考了大量的学术文献,得到了很多专家学者的指导和帮助,在此表示衷心的感谢。由于时间仓促,作者水平有限,本书难免存在错误、疏漏之处,恳请广大读者批评指正,不吝赐教。

作　者

2019 年 6 月

目　录

第1章 函数与极限

1.1 实数

数学分析研究的基本对象是定义在实数集上的函数.已经知道,有理数和无理数统称为实数,实数的全体称为实数集或实数域,记为 $\mathbf{R}$,即
$$\mathbf{R} = \{x \mid x \text{ 为实数}\}$$

实数集 $\mathbf{R}$ 中的任意一个实数与数轴上的点是一一对应的,因此对于实数和数轴上的点今后不加区别.

实数集具有以下性质:

(1) 实数集对加、减、乘、除(除数不为零)四则运算是封闭的,即任意两个实数的加、减、乘、除(除数不为零)仍然为实数.

(2) 实数集是有序集,即任意两个实数 a 和 b 必满足下列 3 个关系之一:
$$a < b, a = b, a > b$$

(3) 实数的大小关系具有传递性,即若 $a > b, b > c$,则有 $a > c$.

(4) 实数集具有稠密性,即任何两个不相等的实数之间必有有理数,也必有无理数,从而进一步推得任何两个不相等的实数之间,必有无穷多个有理数,也必有无穷多个无理数.

(5) 实数具有阿基米德性,即对任何两个正实数 a 和 b,若 $b > a > 0$,则存在正整数 n,使得 $na > b$.

例 1.1.1 设 $a, b \in \mathbf{R}$.证明:若对任意正数 ε,有 $a > b - \varepsilon$,则 $a \geqslant b$.

证明: 反证法.假设 $a < b$.取正数 $\varepsilon_0 = b - a > 0$,由已知条件,得
$$a > b - \varepsilon_0 = b - (b - a) = a$$
这显然是矛盾的.

1.2 映射与函数

1.2.1 映射

定义 1.2.1 设 A、B 是两个非空集合,如果存在一个确定的规则 f,对

于集合 A 中每一个元素,按规则 f 在集合 B 中都有唯一的元素与它对应,则称 f 是由集合 A 到集合 B 的映射.记作 $f:A \to B$.

如果 A 中的元素 a,对应的是 B 中的元素 b,记作 $b = f(a)$,并称 b 为 a 的像,a 为 b 的原像.集合 A 中所有元素的像的集合成为映射 f 的值域,记作 $f(A)$.

(1)设 $A = \{1,2,3,4\}$,$B = \{1,4,9,16\}$,集合 A 中的元素 x 按照对应关系"平方"和集合 B 中的元素对应,这个对应是集合 A 到集合 B 的映射.

(2)设 $A = N$,$B = \{0,1\}$,集合 A 中的元素按照对应关系"x 除以 2 得的余数"和集合 B 中的元素对应,这个对应是集合 A 到集合 B 的映射.

映射的不同分类是根据映射的结果进行的,有如下三种:

(1)如果 B 中任一元素都是 A 中某元素的像,则称 f 为 A 到 B 的满射.

(2)如果 A 中任意两个不同元素的像也不同,则称 f 为 A 到 B 的单射.

(3)如果 f 既是满射又是单射,则称 f 为 A 到 B 的一一映射(双射).一一映射(双射)是映射中特殊的一种,即两集合元素间的唯一对应,通俗来讲就是一个对一个.

1.2.2 函数

在自然现象的某个研究过程中,往往存在几个变量在同时变化着,这几个变量的变化并不是孤立的,而是相互联系着的,并且遵循着一定的变化规律.在此,我们先讨论两个变量的情形.

例 1.2.1 边长为 x 的正方形的面积为
$$A = x^2$$

这就是两个变量 A 和 x 之间的关系,当边长 x 在区间 $(0, +\infty)$ 内任取一个值时,由上式可以确定正方形的面积 A 的相应值.

例 1.2.2 在自由落体运动中,设物体下落的时间为 t,下落的距离为 s,开始下落的时刻 $t = 0$,那么 s 和 t 之间的关系为
$$s = \frac{1}{2}gt^2$$

其中,g 为重力加速度.如果物体到达地面的时刻为 $t = T$,则 t 在区间 $[0, T]$ 上任取一个值时,由上式就可以确定出 s 的相应值.

在以上两个例子中都给出了一对变量之间的相依关系,这种相依关系确定了一种对应法则,根据这一法则,当其中一个变量在其变化范围内任取一个值时,另一个变量依照对应法则,有唯一确定的值与之对应.两个变量之间的这种对应关系就是函数概念的实质.

定义 1.2.2　设 D 是实数集 **R** 的一个非空子集,若对 D 中的每一个 x,按照对应法则 f,实数集 **R** 中有唯一的数 y 与之相对应,我们称 f 为从 D 到 **R** 的一个函数,记作

$$f: D \to \mathbf{R}$$

上述 y 与 x 之间的对应关系记作 $y = f(x)$,并称 y 为 x 的函数值,D 称为函数的定义域,数集 $f(D) = \{y \mid y = f(x), x \in D\}$ 称为函数的值域.若把 x,y 看成变量,则 x 称为自变量,y 称为因变量.

那么,定义域 D 就是自变量 x 的取值范围,而值域 $f(D)$ 是因变量 y 的取值范围.特别,当值域 $f(D)$ 是仅由一个实数 C 组成的集合时,$f(x)$ 称为常值函数.这时,$f(x) = C$,也就是说,我们把常量看成特殊的因变量.

对于定义,我们作如下几点说明:

(1) 为了使用方便,我们将符号"$f: D \to \mathbf{R}$"记为"$y = f(x)$",并称"$f(x)$ 是 x 的函数(值)".当强调定义域时,也常记作

$$y = f(x), x \in D$$

(2) 函数 $y = f(x)$ 中表示对应关系的符号 f 也可改用其他字母,例如"φ""F"等.这时函数就记为 $y = \varphi(x)$,$y = F(x)$ 等.

(3) 用 $y = f(x)$ 表示一个函数时,f 所代表的对应法则已完全确定,对应于点 $x = x_0$ 的函数值记为 $f(x_0)$ 或 $y \mid_{x=x_0}$.

例如,设 $y = f(x) = \sqrt{4 - x^2}$,它在点 $x = 0$,$x = -2$ 的函数值分别为

$$y \mid_{x=x_0} = f(0) = \sqrt{4 - 0^2} = 2$$

$$y \mid_{x=-2} = f(-2) = \sqrt{4 - (-2)^2} = 0$$

(4) 从函数的定义知,定义域和对应法则是函数的两个基本要素,两个函数相同,当且仅当它们的定义域和对应法则都相同.

(5) 在实际问题中,函数的定义域可根据变量的实际意义来确定.但在解题中,对于用表达式表示的函数,其省略未表出的定义域通常指的是:使该表达式有意义的自变量取值范围.

1.3　数列的极限

所谓数列,是指按顺序排列的一列数.从映射的观点出发,数列可以准确定义为从正整数集到实数集上的映射,即

$$f: \mathbf{N}^+ \to \mathbf{R}$$

简记为 x_n,即 $x_n = f(n) (n \in \mathbf{N}^+)$. 在具体应用中,数列也常常被写成 x_1,

$x_2,\cdots,x_n,\cdots$,记作 $\{x_n\}$. 其中,数 x_n 称为数列的第 n 项,而 x_n 的表达式 $f(n)(n\in \mathbf{N}^+)$ 则称为数列的通项(一般项).

现在来考察当自变量 n 无限增大时,数列 $x_n=f(n)$ 的变化趋势. 试看下面几个例子:

(1)$x_n=\dfrac{1}{2^n}$,即 $\dfrac{1}{2},\dfrac{1}{4},\dfrac{1}{8},\dfrac{1}{16},\cdots,\dfrac{1}{2^n},\cdots$;

(2)$x_n=\dfrac{n+(-1)^{n-1}}{n}$,即 $2,\dfrac{1}{2},\dfrac{4}{3},\dfrac{3}{4},\cdots,\dfrac{n+(-1)^{n-1}}{n},\cdots$;

(3)$x_n=2n$,即 $2,4,6,\cdots,2n,\cdots$;

(4)$x_n=\dfrac{1+(-1)^n}{2}$,即 $0,1,0,1,\cdots,\dfrac{1+(-1)^n}{2},\cdots$.

通过仔细观察可以发现,当 $n\to \infty$ 时,这几个数列的变化情况不相同. 数列(1)随着 n 的无限增大,$x_n=\dfrac{1}{2^n}$ 无限接近常数 0;数列(2)随着 n 的无限增大,$\dfrac{n+(-1)^{n-1}}{n}$ 无限接近常数 1;数列(3)、(4)随着 n 的无限增大,都不能无限接近于某一个确定的常数,当 $n\to \infty$ 时,数列 $x_n=2n$ 的值也无限增大,数列 $x_n=\dfrac{1+(-1)^n}{2}$ 的值在 0 与 1 两个数上来回跳动. 为清楚起见,我们把表示(1)、(2)这两个数列的点分别在数轴上描出一些(图 1.3.1,图 1.3.2).

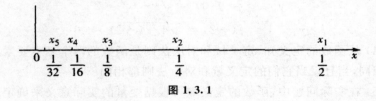

图 1.3.1

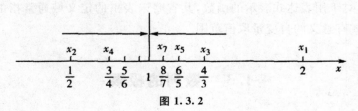

图 1.3.2

综上所述,可以发现:当 n 无限增大时,数列(1)、(2)都趋近于一个常数,这种数列称为有极限;当 n 无限增大时,数列(3)、(4)都不趋近于一个常数,这种数列称为无极限.

其实早在我国古代就有关于数列的例子. 我国魏晋间杰出的数学家刘

徽用割圆术确定圆的面积. 用 S_1 表示圆的内接正六边形的面积, S_2 表示内接正十二边形的面积, S_3 表示内接正二十四边形的面积, $\cdots$, S_n 表示内接正 $3 \cdot 2^n$ 边形的面积(图 1.3.3), $\cdots$, 由此可得数列

$$S_1, S_2, S_3, \cdots, S_n, \cdots.$$

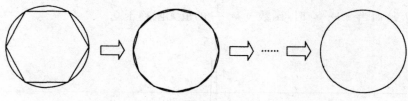

图 1.3.3

这些例子反映了一类数列的某种公共特性, 即对于数列 $\{x_n\}$, 存在某个常数 x, 随着 n 的无限增大(记为 $n \to \infty$), x_n 能无限地接近于这个常数 x. 我们称这类数列为收敛数列, x 为它的极限. 一般地, 有如下关于数列极限的定义:

定义 1.3.1　如果当 $n \to \infty$ 时, x_n 无限趋于一个确定的常数 x, 那么称 x 为数列 $\{x_n\}$ 的极限, 或称数列 $\{x_n\}$ 收敛, 且收敛于 x, 记作

$$\lim_{n \to \infty} x_n = x \text{ 或 } x_n \to x(n \to \infty)$$

此时, 也称数列 $\{x_n\}$ 是收敛的; 如果数列 $\{x_n\}$ 没有极限, 就称其为发散的.

因此, 当 $n \to \infty$ 时, $x_n = \dfrac{1}{2^n}$ 的极限是 0, 可记作 $\lim\limits_{n \to \infty} \dfrac{1}{2^n} = 0$; $x_n = \dfrac{n + (-1)^{n-1}}{n}$ 的极限是 1, 可记作 $\lim\limits_{n \to \infty} \dfrac{n + (-1)^{n-1}}{n} = 1$; 而数列 $x_n = 2n$ 和 $x_n = \dfrac{1 + (-1)^n}{2}$ 没有极限. 没有极限的数列, 也可以说数列的极限不存在.

1.4　函数的极限

1.4.1　自变量趋于无穷大时函数的极限

数列 $\{x_n\}$ 又称为整标函数, 因而数列的极限是函数极限的一种特殊形式. 下面讨论一般的函数 $y = f(x)$, 当 $x \to \infty$ 时, 函数 $f(x)$ 的极限模型.

先来看一个反比例函数的例子. 考虑当 x 无限增大时反比例函数 $y = \dfrac{1}{x}$ 的变化趋势. 这里 x 无限增大记作 $x \to \infty$, 指的是 x 的绝对值无限增大.

当 x 取正值并无限增大时记为 $x \to +\infty$,当 x 取负值且其绝对值无限增大时记为 $x \to -\infty$.由函数 $y = \dfrac{1}{x}$ 的图形(图 1.4.1)可以看出:当 $x \to +\infty$ 时,函数 $y = \dfrac{1}{x}$ 的值无限趋于 0;当 $x \to -\infty$ 时,函数 $y = \dfrac{1}{x}$ 的值也是无限趋于 0.从而当 $x \to \infty$ 时,函数 $y = \dfrac{1}{x}$ 的值无限趋于 0.

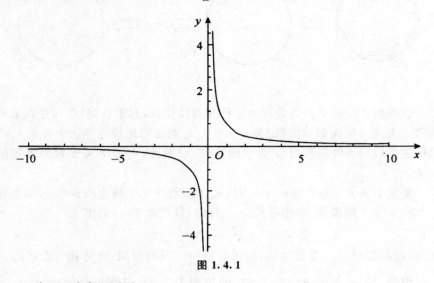

图 1.4.1

一般地,有如下定义:

定义 1.4.1 设函数 $y = f(x)$ 对于 $|x|$ 大于某正实数时有定义,当 $|x|$ 无限增大时,函数值 $f(x)$ 无限趋近于一个常数 A,我们把 A 称为函数 $f(x)$ 当 x 趋近于无穷大时的极限,记作

$$\lim_{x \to \infty} f(x) = A \text{ 或 } f(x) \to A (x \to \infty).$$

从几何上看(图 1.4.2),$\lim\limits_{x \to \infty} f(x) = A$ 表示:当绝对值 $|x|$ 无限增大时,曲线 $y = f(x)$ 上的点与直线 $y = A$ 的距离无限变小.

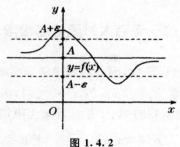

图 1.4.2

定义 1.4.2 设函数 $y = f(x)$ 对于 x 大于某正实数(小于某负实数)时有定义. 当 x 无限增大(当 $-x$ 无限增大)时,函数值 $f(x)$ 无限趋近于一个常数 A,则称 A 为函数 $f(x)$ 当 $x \to +\infty (x \to -\infty)$ 时的极限,记作

$$\lim_{x \to +\infty} f(x) = A \text{ 或 } \lim_{x \to -\infty} f(x) = A$$

由图 1.4.3 容易看出,$\lim\limits_{x \to +\infty} \left(\dfrac{1}{2}\right)^x = 0$,$\lim\limits_{x \to -\infty} 2^x = 0$.

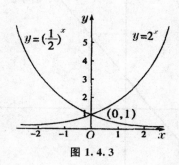

图 1.4.3

由图 1.4.4 可知:$\lim\limits_{x \to +\infty} \arctan x = \dfrac{\pi}{2}$,$\lim\limits_{x \to -\infty} \arctan x = -\dfrac{\pi}{2}$,但 $\lim\limits_{x \to \infty} \arctan x$ 并不存在,这是因为当 $x \to +\infty$ 和 $x \to -\infty$ 时,$f(x) = \arctan x$ 不是无限趋近于同一个确定常数.

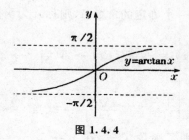

图 1.4.4

根据定义 1.4.1 和定义 1.4.2 有以下结论:

定理 1.4.1 函数 $y = f(x)$ 对于 $|x|$ 大于某正实数时有定义,$\lim\limits_{x \to \infty} f(x) = A$ 的充分必要条件是 $\lim\limits_{x \to +\infty} f(x) = \lim\limits_{x \to -\infty} f(x) = A$.

1.4.2 自变量趋于有限值时函数的极限

下面我们观察当 $x \to 1$ 时,函数 $f(x) = \dfrac{x^2 - 1}{x - 1}$ 的变化趋势:

如图 1.4.5 所示,当 x 无限趋近于 1 时,函数 $f(x) = \dfrac{x^2-1}{x-1}$ 的值无限趋近于 2.即当 $x \to 1$ 时,函数 $f(x) = \dfrac{x^2-1}{x-1}$ 的极限是 2.

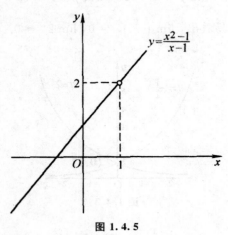

图 1.4.5

对于这种变化趋势有定义:

定义 1.4.3 设函数 $y = f(x)$ 在点 x_0 的左、右近旁有定义[在点 x_0 处,函数 $f(x)$ 可以没有定义],如果当 x 无限趋近于 x_0 时,对应的函数 $y = f(x)$ 的值无限接近于一个确定的常数 A,则称 A 为函数 $y = f(x)$ 当 $x \to x_0$ 时的极限,记为

$$\lim_{x \to x_0} f(x) = A \text{ 或 } f(x) \to A(\text{当 } x \to x_0 \text{ 时})$$

由定义 1.4.3,我们有

$$\lim_{x \to 1} \frac{x^2-1}{x-1} = 2 \text{ 或 } \frac{x^2-1}{x-1} \to 2(\text{当 } x \to 1 \text{ 时})$$

极限 $\lim\limits_{x \to x_0} f(x)$ 刻画了函数 $f(x)$ 在 $x \to x_0$ 过程中的变化趋势,与 $f(x)$ 在点 x_0 是否有定义无关.

例 1.4.1 讨论函数 $f(x) = x^2 (x \geqslant 0)$ 在 $x \to 2$ 时的极限.

解:如图 1.4.6 所示,当 $x \to 2$ 时,函数 $f(x) = x^2$ 无限接近于 4,所以 $\lim\limits_{x \to 2} x^2 = 4$.

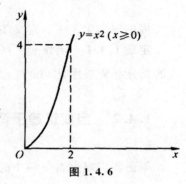

图 1.4.6

1.4.3　自变量趋于有限值时函数的左极限与右极限

定义 1.4.4　如果当 $x \to x_0^-$ 时,函数 $f(x)$ 无限趋近于一个确定的常数 A,那么 A 就叫作函数 $f(x)$ 当 $x \to x_0$ 时的左极限,记作

$$\lim_{x \to x_0^-} f(x) = A(或当\ x \to x_0^- \ 时, f(x) \to A)$$

如果当 $x \to x_0^+$ 时,函数 $f(x)$ 无限趋近于一个确定的常数 A,那么 A 就叫作函数 $f(x)$ 当 $x \to x_0$ 时的右极限,记作

$$\lim_{x \to x_0^+} f(x) = A(或当\ x \to x_0^+ \ 时, f(x) \to A)$$

由此得到极限存在的充分必要条件为

$$\lim_{x \to x_0} f(x) = A \Leftrightarrow \lim_{x \to x_0^-} f(x) = \lim_{x \to x_0^+} f(x) = A$$

1.5　极限的运算准则与存在准则

1.5.1　极限的运算准则

1.5.1.1　收敛数列极限的四则运算准则

收敛数列极限的四则运算准则可以归结为下述定理.

定理 1.5.1　设数列 $\{x_n\}$、$\{y_n\}$ 的极限 $\lim\limits_{n \to \infty} x_n$、$\lim\limits_{n \to \infty} y_n$ 都存在,k 为一常数,则

(1) $\lim\limits_{n \to \infty}(x_n \pm y_n)$ 存在,且有 $\lim\limits_{n \to \infty}(x_n \pm y_n) = \lim\limits_{n \to \infty} x_n \pm \lim\limits_{n \to \infty} y_n$.

(2) $\lim\limits_{n \to \infty} kx_n$ 存在,且有 $\lim\limits_{n \to \infty} kx_n = k\lim\limits_{n \to \infty} x_n$.

(3) $\lim\limits_{n \to \infty}(x_n \cdot y_n)$ 存在,且有 $\lim\limits_{n \to \infty}(x_n \cdot y_n) = \lim\limits_{n \to \infty} x_n \cdot \lim\limits_{n \to \infty} y_n$.

(4) 若 $\lim\limits_{n \to \infty} y_n \neq 0$,则 $\lim\limits_{n \to \infty} \dfrac{x_n}{y_n}$ 存在,且有 $\lim\limits_{n \to \infty} \dfrac{x_n}{y_n} = \dfrac{\lim\limits_{n \to \infty} x}{\lim\limits_{n \to \infty} y_n}$.

证明:根据数列极限的定义,(1) 和 (2) 的结论是显而易见的,在这里,仅对 (3) 和 (4) 进行证明. 在证明之前,不妨设 $\lim\limits_{n \to \infty} x_n = A, \lim\limits_{n \to \infty} y_n = B$.

(3) 由收敛数列的有界性可知,若 $\lim\limits_{n \to \infty} x_n = A$,则 $\{x_n\}$ 有界,即 $\exists M > 0$, $\forall n \geqslant 1$ 有

$$|x_n| \leqslant M.$$

又由于 $\lim\limits_{n\to\infty}x_n = A$，$\lim\limits_{n\to\infty}y_n = B$，则 $\forall \varepsilon > 0$，$\exists N \in \mathbf{N}_+$，当 $n > N$ 时，有

$$|x_n - A| < \frac{\varepsilon}{2(1+|B|)}, \quad |y_n - B| < \frac{\varepsilon}{2M},$$

从而有

$$\begin{aligned}
|x_n y_n - AB| &= |x_n(y_n - B) + B(x_n - A)| \\
&\leqslant |x_n||y_n - B| + |B||x_n - A| \\
&= |A| \cdot \frac{\varepsilon}{2M} + |B| \cdot \frac{\varepsilon}{2(1+|B|)} \\
&< \frac{\varepsilon}{2} + \frac{\varepsilon}{2} = \varepsilon.
\end{aligned}$$

故而，$\lim\limits_{n\to\infty}(x_n \cdot y_n)$ 存在，且有

$$\lim(x_n \cdot y_n) = \lim\limits_{n\to\infty}x_n \cdot \lim\limits_{n\to\infty}y_n.$$

（4）若 $\lim\limits_{n\to\infty}x_n = A$，$\lim\limits_{n\to\infty}y_n = B$，则 $\lim(x_n \cdot y_n)$ 存在，且有

$$\lim(x_n \cdot y_n) = \lim\limits_{n\to\infty}x_n \cdot \lim\limits_{n\to\infty}y_n.$$

故而欲证明，若 $\lim\limits_{n\to\infty}x_n = A$，$\lim\limits_{n\to\infty}y_n = B \neq 0$，则 $\lim\limits_{n\to\infty}\dfrac{x_n}{y_n}$ 存在，且有 $\lim\limits_{n\to\infty}\dfrac{x_n}{y_n} = \dfrac{\lim\limits_{n\to\infty}x}{\lim\limits_{n\to\infty}y_n}$. 只需证明 $\lim\limits_{n\to\infty}\dfrac{1}{y_n} = \dfrac{1}{B}$ 即可.

由于 $\lim\limits_{n\to\infty}y_n = B \neq 0$，则 $\forall \varepsilon > 0$，$\exists N_1 \in \mathbf{N}_+$，当 $n > N_1$ 时，有 $|y_n - B| < \varepsilon$. 不妨设 $\varepsilon < \dfrac{|B|}{2}$，于是有

$$\begin{aligned}
|y_n| &= |(y_n - B) + B| \geqslant |B| - |y_n - B| \\
&> |B| - \varepsilon > |B| - \frac{|B|}{2} = \frac{|B|}{2}.
\end{aligned}$$

对于 $\dfrac{B^2 \varepsilon}{2} > 0$，$\exists N_2 \in \mathbf{N}_+$，当 $n > N_2$ 时，有

$$|y_n - B| < \frac{B^2 \varepsilon}{2}.$$

因此取 $N = \max\{N_1, N_2\}$，当 $n > N$ 时

$$\left|\frac{1}{y_n} - \frac{1}{B}\right| = \left|\frac{1}{y_n B}\right||y_n - B| < \frac{2}{B^2} \frac{B^2 \varepsilon}{2} = \varepsilon.$$

故而，$\lim\limits_{n\to\infty}\dfrac{1}{y_n} = \dfrac{1}{B}$，即若 $\lim\limits_{n\to\infty}y_n \neq 0$，则 $\lim\limits_{n\to\infty}\dfrac{x_n}{y_n}$ 存在，且有

$$\lim\limits_{n\to\infty}\frac{x_n}{y_n} = \frac{\lim\limits_{n\to\infty}x_n}{\lim\limits_{n\to\infty}y_n}.$$

1.5.1.2 函数极限的四则运算准则

与收敛数列极限的四则运算准则相类似,下面我们以 $x \to x_0$ 的情况为例,给出函数极限的四则运算准则.

定理 1.5.2 设极限 $\lim\limits_{x \to x_0} f(x), \lim\limits_{x \to x_0} g(x)$ 都存在,k 为一常数,则

(1) $\lim\limits_{x \to x_0} [f(x) \pm g(x)]$ 存在,且有 $\lim\limits_{x \to x_0} [f(x) \pm g(x)] = \lim\limits_{x \to x_0} f(x) \pm \lim\limits_{x \to x_0} g(x)$.

(2) $\lim\limits_{x \to x_0} kf(x)$ 存在,且有 $\lim\limits_{x \to x_0} kf(x) = k \lim\limits_{x \to x_0} f(x)$.

(3) $\lim\limits_{x \to x_0} [f(x) \cdot g(x)]$ 存在,且有 $\lim\limits_{x \to x_0} [f(x) \cdot g(x)] = \lim\limits_{x \to x_0} f(x) \cdot \lim\limits_{x \to x_0} g(x)$.

(4) 若 $\lim\limits_{x \to x_0} g(x) \neq 0$,则 $\lim\limits_{x \to x_0} \dfrac{f(x)}{g(x)}$ 存在,且有 $\lim\limits_{x \to x_0} \dfrac{f(x)}{g(x)} = \dfrac{\lim\limits_{x \to x_0} f(x)}{\lim\limits_{x \to x_0} g(x)}$.

该定理可以根据函数极限的定义直接证明,其证明过程与数列极限的四则运算法则的证明过程相类似. 读者可以自行证明.

当 $x \to \infty, x \to x_0^+, x \to x_0^-, x \to -\infty, x \to +\infty$ 时,函数的极限的四则运算法则与当 $x \to x_0$ 时,函数的极限的四则运算法则相同.

定理 1.5.2 有如下重要推论:

推论 1.5.1 若 $\lim\limits_{x \to x_0} f(x) = A, n$ 为正整数,则

$$\lim_{x \to x_0} [f(x)]^n = \left[\lim_{x \to x_0} f(x)\right]^n = A^n.$$

1.5.1.3 复合函数的极限的运算法则

复合函数的极限的运算法则可以归结为如下定理.

定理 1.5.3 设函数 $y = f[\varphi(x)]$ 是由 $y = f(u), u = \varphi(x)$ 复合而成的,如果 $\lim\limits_{u \to u_0} f(u) = A, \lim\limits_{x \to x_0} \varphi(x) = u_0$,且 $\exists \delta_1 > 0$,使得当 $0 < |x - x_0| < \delta_1$ 时,$\varphi(x) \neq u_0$,则复合函数 $y = f[\varphi(x)]$ 在点 x_0 处的极限存在,且有

$$\lim_{x \to x_0} f[\varphi(x)] = \lim_{u \to u_0} f(u) = A.$$

特别地,若 $\lim\limits_{u \to u_0} f(u) = f(u_0)$,则有

$$\lim_{x \to x_0} f[\varphi(x)] = f[\lim_{x \to x_0}(x)] = f(u_0).$$

证明:由题设知,$\exists \delta_1 > 0$,使得当 $0 < |x - x_0| < \delta_1$ 时,$\varphi(x) \neq u_0$,所以,当 $0 < |x - x_0| < \delta_1$ 时

$$|\varphi(x) - u_0| > 0.$$

因为 $\lim\limits_{u \to u_0} f(u) = A$，所以 $\forall \varepsilon > 0$，$\exists \delta_2 > 0$，当 $0 < |u - u_0| < \delta_2$ 时，有

$$|f(u) - A| < \varepsilon$$

成立. 又因为

$$\lim_{x \to x_0} \varphi(x) = u_0,$$

所以 $\forall \delta_2 > 0$，$\exists \delta_3 > 0$，当 $0 < |x - x_0| < \delta_3$ 时，有

$$|\varphi(x) - u_0| < \delta_2$$

成立，即

$$|u - u_0| < \delta_2.$$

取 $\delta = \min\{\delta_1, \delta_3\}$，$\forall \varepsilon > 0$，$\exists \delta > 0$，当 $0 < |x - x_0| < \delta$ 时，有

$$0 < |u - u_0| < \delta_2,$$

从而有

$$|f(u) - A| < \varepsilon$$

成立，即

$$|f[\varphi(x)] - A| < \varepsilon$$

成立. 所以

$$\lim_{x \to x_0} f[\varphi(x)] = A.$$

对于复合函数的极限的运算法则，需要注意以下几点：

(1) 如果 $f(u)$，$\varphi(x)$ 满足定理条件，则 $\lim\limits_{x \to x_0} f[\varphi(x)] = \lim\limits_{u \to u_0} f(u)$，这就是变量替换法.

(2) 如果 $\lim\limits_{u \to u_0} f(u) = f(u_0)$，则对于复合函数的极限 $\lim\limits_{x \to x_0} f[\varphi(x)]$，可将函数符号与极限符号交换次序，即

$$\lim_{x \to x_0} f[\varphi(x)] = f\left[\lim_{x \to x_0} \varphi(x)\right].$$

(3) 在定理中，若把 $\lim\limits_{u \to u_0} f(u) = A$ 换成 $\lim\limits_{u \to \infty} f(u) = A$，$\lim\limits_{x \to x_0} \varphi(x) = u_0$ 换成 $\lim\limits_{x \to x_0} \varphi(x) = \infty$，可得类似结论.

1.5.2　极限的存在准则

准则 1.5.1（数列迫敛性）　如果数列 $\{x_n\}$，$\{y_n\}$ 及 $\{z_n\}$ 满足下列条件：(1) $y_n \leqslant x_n \leqslant z_n (n = 1, 2, 3, \cdots)$；(2) $\lim\limits_{n \to \infty} y_n = a$，$\lim\limits_{n \to \infty} z_n = a$，则数列 $\{x_n\}$ 的极限存在，且 $\lim\limits_{n \to \infty} x_n = a$.

证明：因为 $\lim\limits_{n \to \infty} y_n = a$，故对 $\forall \varepsilon > 0$，总存在正整数 N_1，使得对于 $n > N_1$

时，有 $|y_n - a| < \varepsilon$，即 $a - \varepsilon < y_n < a + \varepsilon$.

又因为 $\lim\limits_{n \to \infty} z_n = a$，故对上面的 ε，总存在正整数 N_2，使得对于 $n > N_2$ 时，有 $|z_n - a| < \varepsilon$，即 $a - \varepsilon < z_n < a + \varepsilon$.

现在令 $N = \max\{N_1, N_2\}$，当 $n > N$ 时，有 $a - \varepsilon < y_n < x_n < z_n < a + \varepsilon$ 成立，即 $|x_n - a| < \varepsilon$，可见 $\lim\limits_{n \to \infty} x_n = a$.

注意：利用该准则求极限，关键是构造出 y_n 与 z_n，并且 y_n 与 z_n 的极限相同且容易求.

准则 1.5.1′（函数迫敛性）　设 $\lim\limits_{x \to x_0} f(x) = \lim\limits_{x \to x_0} g(x) = A$，且在某 $\mathring{U}(x_0, \delta')$ 内有 $f(x) \leqslant h(x) \leqslant g(x)$，则 $\lim\limits_{x \to x_0} h(x) = A$.

证明：按假设，对任给的 $\varepsilon > 0$，分别存在正数 δ_1 与 δ_2，使得当 $0 < |x - x_0| < \delta_1$ 时有

$$A - \varepsilon < f(x). \tag{1.5.1}$$

当 $0 < |x - x_0| < \delta_2$ 时有

$$g(x) < A + \varepsilon. \tag{1.5.2}$$

令 $\delta = \min(\delta', \delta_1, \delta_2)$，则当 $0 < |x - x_0| < \delta$ 时，不等式(1.5.1)和不等式(1.5.2)同时成立，故有 $A - \varepsilon < f(x) \leqslant h(x) \leqslant g(x) < B + \varepsilon$，由此得 $|h(x) - A| < \varepsilon$，所以 $\lim\limits_{x \to x_0} h(x) = A$.

准则 1.5.2（单调有界准则）　单调有界数列必有极限.

从几何上可以理解，单调增加且有上界的数列必定不可能沿着数轴移向正方向无穷远，所以必有极限. 同样单调减少且有下界的数列必定不可能沿着数轴移向负方向无穷远，所以必有极限.

1.6　两个重要极限与无穷小量、无穷大量

1.6.1　两个重要极限

在高等数学中，有两个十分重要的极限，这两个极限具体表述如下：

(1) $\lim\limits_{x \to 0} \dfrac{\sin x}{x} = 1$. 该极限可以利用夹逼准则证明.

(2) $\lim\limits_{n \to \infty} \left(1 + \dfrac{1}{n}\right)^n = e$. 该极限可以通过数列极限的单调有界准则证

明,在函数极限中,该极限可以通过适当变换改写为 $\lim\limits_{x \to \infty}\left(1+\dfrac{1}{x}\right)^{x} = \mathrm{e}$ 或 $\lim\limits_{x \to 0}(1+x)^{\frac{1}{x}} = \mathrm{e}$.

1.6.2 无穷小量与无穷大量

定义 1.6.1 如果当 $x \to x_0$(或 $x \to \infty$)时,$f(x) \to 0$,则称当 $x \to x_0$(或 $x \to \infty$)时,函数 $f(x)$ 为无穷小量,简称无穷小.

例如,当 $x \to 0$ 时,函数 x^2,$2x$ 都是无穷小;当 $x \to 1$ 时,函数 $x - 1$, $x^2 - 1$ 都是无穷小;当 $x \to \infty$ 时,函数 $\dfrac{1}{x}$ 是无穷小.

定义 1.6.2 如果当 x 无限接近于点 x_0 时,函数 $f(x)$ 的绝对值无限增大,则称函数 $f(x)$ 是 $x \to x_0$ 时的无穷大量,简称无穷大.

当函数 $f(x)$ 是 $x \to x_0$ 时的无穷大,按通常的意义来说,是极限不存在的一种形式. 为了叙述上的方便,通常称"函数的极限是无穷大",并记为

$$\lim_{x \to x_0} f(x) = \infty \text{ 或 } f(x) \to \infty (x \to x_0).$$

定义 1.6.3 函数 $f(x)$ 在点 x_0 的某一去心邻域内有定义,对于任意正数 $M > 0$,有 $\exists \delta > 0$,对任意 x,当 $0 < |x - x_0| < \delta$ 时,有 $|f(x)| > M$,则称函数 $f(x)$ 是 $x \to x_0$ 时的无穷大量.

定理 1.6.1(无穷大与无穷小的关系) 在自变量的同一个趋势下,如果函数 $f(x)$ 为无穷大,则 $\dfrac{1}{f(x)}$ 为无穷小;反之,如果函数 $f(x)$ 为无穷且不为零,则 $\dfrac{1}{f(x)}$ 为无穷大.

1.7 函数的连续性与间断点

1.7.1 函数的连续性

函数 f 在一点 x_0 的极限与函数在这点的定义无关,但从几何直观上看,我们在初等数学中所接触到的函数 f,当自变量 x 趋向于 x_0 时,函数值 $f(x)$ 似乎总是趋向于 $f(x_0)$,这就是函数在点 x_0 的连续性. 函数的连续性概念是与函数极限密切相关的一个重要概念.

定义 1.7.1　如果函数 $f(x)$ 在 x_0 处满足以下三个条件：

(1) $f(x)$ 在 x_0 处有定义，即 $f(x_0)$ 存在；

(2) $f(x)$ 在 x_0 处有极限；

(3) $f(x)$ 在 x_0 处的极限值等于这点的函数值.

则称函数 $f(x)$ 在 x_0 处连续，$x=x_0$ 为 $f(x)$ 的连续点.

例 1.7.1　设函数 $f(x)=\begin{cases}e^x,x<0\\b,x=0\\a+x,x>0\end{cases}$，当 a、b 为何值时，函数 $f(x)$

在 $x=0$ 处连续？

解：$f(x)$ 在 $x=0$ 处有定义，$f(0)=b$，因为

$$\lim_{x\to0^-}f(x)=e^0=1,$$

$$\lim_{x\to0^+}f(x)=\lim_{x\to0^+}(a+x)=a,$$

要使 $\lim_{x\to0}f(x)$ 存在，必有 $a=1$.

又 $\lim_{x\to0}f(x)=f(0)=1$，因此 $b=1$.

故当 $a=1,b=1$ 时，$f(x)$ 在 $x=0$ 处连续.

定义 1.7.2　设函数 $y=f(x)$ 在点 x_0 及其附近有定义，若自变量 x 的增量 $\Delta x=x-x_0$ 趋于 0 时，对应的函数增量 $\Delta y=f(x_0+\Delta x)-f(x_0)$ 也趋于 0，就称函数 $f(x)$ 在 x_0 连续.

定义 1.7.3　若函数 $f(x)$ 在 x_0 的某右邻域有定义，且

$$\lim_{x\to0^+}f(x)=f(x_0),$$

则称 $f(x)$ 在 x_0 处右连续；若函数 $f(x)$ 在 x_0 的某左邻域有定义，且

$$\lim_{x\to0^-}f(x)=f(x_0),$$

则称 $f(x)$ 在 x_0 处左连续.

定理 1.7.1　$f(x)$ 在 x_0 连续的充分必要条件是 $f(x)$ 在 x_0 既左连续又右连续，即

$$\lim_{x\to x_0}f(x)=f(x_0)\Leftrightarrow\lim_{x\to0^+}f(x)=f(x_0)=\lim_{x\to0^-}f(x).$$

从几何图形上来看，连续体现了函数曲线连绵不断的特点，我们通过分段函数 $y=f(x)$ 的图形来从几何上理解连续，左、右连续以及不连续的概念. 从图 1.7.1 可以看出：a 点只能是右连续点；c 为连续点；b 为左连续点；d 为右连续点；h 既非左连续点，又非右连续点；且 b,d,h 都是间断点.

例 1.7.2　证明函数 $y=f(x)=2x^2-x$ 在其定义域内连续.

证明：$f(x)$ 的定义域为 $(-\infty,+\infty)$，$\forall x\in(-\infty,+\infty)$，因

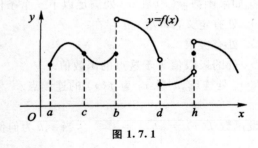

图 1.7.1

$$\Delta y = f(x + \Delta x) - f(x)$$
$$= \left[2(x + \Delta x)^2 - (x + \Delta x) \right] - (2x^2 - x)$$
$$= 4x\Delta x + 2\Delta x^2 - \Delta x$$
$$= \Delta x(4x + 2\Delta x - 1) \to 0 (\Delta x \to 0)$$

故 $y = f(x)$ 在点 x 处连续.

1.7.2 函数的间断点

定义 1.7.4 如果函数 $f(x)$ 在 x_0 的某一个空心邻域内有定义,且 $f(x)$ 在点 x_0 处不连续,则称 $f(x)$ 在点 x_0 处间断,称点 x_0 为 $f(x)$ 的间断点.

由函数在某点连续的定义可知,如果 $f(x)$ 在点 x_0 处满足下列三个条件之一,则点 x_0 为 $f(x)$ 的间断点:

(1) $f(x)$ 在点 x_0 处没有定义;

(2) $\lim\limits_{x \to x_0} f(x)$ 不存在;

(3) 在点 x_0 处 $f(x)$ 有定义,且 $\lim\limits_{x \to x_0} f(x)$ 存在,但是 $\lim\limits_{x \to x_0} f(x) \neq f(x_0)$.

1.7.2.1 第一类间断点

如果点 x_0 为 $f(x)$ 的间断点,并且 $\lim\limits_{x \to x_0^-} f(x)$ 和 $\lim\limits_{x \to x_0^+} f(x)$ 都存在,则称点 x_0 为 $f(x)$ 的第一类间断点.

对于第一类间断点 x_0,如果 $\lim\limits_{x \to x_0^-} f(x) = \lim\limits_{x \to x_0^+} f(x)$,则称 x_0 为可去间断点.

如果 $\lim\limits_{x \to x_0^-} f(x) \neq \lim\limits_{x \to x_0^+} f(x)$,则称 x_0 为跳跃间断点.

1.7.2.2 第二类间断点

如果 $f(x)$ 在点 x_0 处的左、右极限至少有一个不存在,则称点 x_0 为函数 $f(x)$ 的第二类间断点.

常见的第二类间断点有无穷间断点[如 $\lim\limits_{x \to x_0} f(x) = \infty$]和振荡间断点[在 $x \to x_0$ 的过程中,$f(x)$ 无限振荡,极限不存在].

下面举例说明函数的几类常见的间断点.

例 1.7.3 如图 1.7.2 所示,函数 $f(x) = \dfrac{\sin x}{x}$ 在点 $x = 0$ 处无定义,$x = 0$ 是该函数的一个间断点,但是

$$\lim_{x \to 0} f(x) = \lim_{x \to 0} \frac{\sin x}{x} = 1,$$

这时可以补充定义 $f(0) = 1$,于是便得到一个连续的函数

$$f(x) = \begin{cases} \dfrac{\sin x}{x}, & x \neq 0 \\ 1, & x = 0 \end{cases}$$

这样便把间断点 $x = 0$ "去掉了". 于是,$x = 0$ 称为函数 $f(x) = \dfrac{\sin x}{x}$ 的可去间断点.

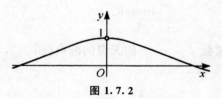

图 1.7.2

一般地,如果 x_0 是函数 $f(x)$ 的间断点,但极限 $\lim\limits_{x \to x_0} f(x)$ 存在,则称 x_0 是函数 $f(x)$ 的可去间断点. 只要补充定义 $f(x_0)$ 或改变定义 $f(x_0)$,令 $f(x_0) = \lim\limits_{x \to x_0} f(x)$,则函数 $f(x)$ 就在 x_0 处连续. 由于函数在 x_0 处的间断通过再定义 $f(x_0)$ 就能去除,因此称间断点 x_0 为可去间断点.

例 1.7.4 设有函数

$$f(x) = \begin{cases} x - 1, & x < 0 \\ 0, & x = 0 \\ x + 1, & x > 0 \end{cases}$$

这里,当 $x \to 0$ 时

$$\lim_{x \to 0^-} f(x) = \lim_{x \to 0^-} f(x - 1) = -1,$$

$$\lim_{x \to 0^+} f(x) = \lim_{x \to 0^+} f(x+1) = 1,$$

左极限与右极限虽都存在,但不相等,故极限
$\lim_{x \to 0} f(x)$ 不存在,所以点 $x = 0$ 是函数 $f(x)$ 的
间断点(图1.7.3).因 $y = f(x)$ 的图形在 $x = 0$
处产生跳跃现象,我们称 $x = 0$ 为函数 $f(x)$ 的
跳跃间断点.

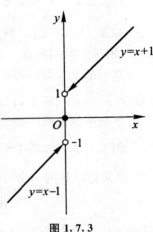

图 1.7.3

一般地,如果 x_0 是函数 $f(x)$ 的间断点,而
函数 $f(x)$ 在 x_0 处的左、右极限都存在但不相
等,则称 x_0 为函数 $f(x)$ 的跳跃间断点.

可去间断点和跳跃间断点的主要特征是函
数在该点的左、右极限都存在,通常把具有这样
特征的间断点统称为第一类间断点.

如果 x_0 是函数 $f(x)$ 的间断点,且函数
$f(x)$ 在 x_0 处的左、右极限中至少有一个不存在,把具有这样特征的间断点
称为第二类间断点.

例 1.7.5 正切函数 $y = \tan x$ 在 $x = \dfrac{\pi}{2}$ 处没有定义,所以点 $x = \dfrac{\pi}{2}$ 是
函数 $y = \tan x$ 的间断点.因

$$\lim_{x \to \frac{\pi}{2}} \tan x = \infty,$$

我们称 $x = \dfrac{\pi}{2}$ 为函数 $y = \tan x$ 的无穷间断点(图1.7.4).

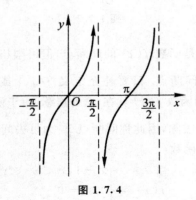

图 1.7.4

一般地,如果 x_0 是函数 $f(x)$ 的间断点,且 $\lim\limits_{x \to x_0^-} f(x) = \infty$ 或 $\lim\limits_{x \to x_0^+} f(x) = \infty$,
则 x_0 称为函数 $f(x)$ 的无穷间断点.

例 1.7.6 如图 1.7.5 所示,函数 $y = \sin \dfrac{1}{x}$ 在 $x = 0$ 时没有定义,并且 $x \to 0$ 时,$y = \sin \dfrac{1}{x}$ 的值在 -1 与 $+1$ 之间做无限次的振动,所以点 $x = 0$ 是函数 $y = \sin \dfrac{1}{x}$ 的第二类间断点,由于极限特征,称这样的间断点为振荡间断点.

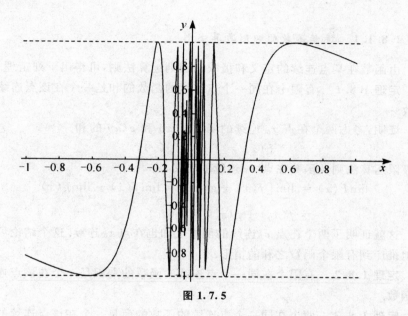

图 1.7.5

例 1.7.7 求函数 $f(x) = \dfrac{\cos \dfrac{\pi}{2} x}{x^2(1-x)}$ 的间断点,并指出间断点的类型.

解:因为在 $x = 0$ 和 $x = 1$ 处函数都无定义,所以,$x = 0$ 和 $x = 1$ 都是函数的间断点.又因为

$$\lim_{x \to 0} f(x) = \lim_{x \to 0} \frac{\cos \dfrac{\pi}{2} x}{x^2(1-x)} = \infty,$$

$$\lim_{x \to 1} f(x) = \lim_{x \to 1} \frac{\cos \dfrac{\pi}{2} x}{x^2(1-x)} = \lim_{x \to 1} \frac{\sin \dfrac{\pi}{2}(1-x)}{x^2(1-x)} = \frac{\pi}{2}.$$

因此,$x = 0$ 是函数 $f(x)$ 的无穷间断点,$x = 1$ 是函数 $f(x)$ 的可去间断点.

1.8　连续函数的运算与初等函数的连续性

1.8.1　连续函数的运算性质

1.8.1.1　连续函数的四则运算法则

由函数在某点连续的定义和极限的四则运算法则,可得出下列定理.

定理 1.8.1　有限个在同一个点连续的函数的和是一个在该点连续的函数.

证明:考虑两个在点 x_0 连续的函数 $f(x)$ 和 $g(x)$ 的和

$$F(x) = f(x) + g(x),$$

由极限运算法则及函数在点 x_0 连续的定义,有

$$\lim_{x \to x_0} F(x) = \lim_{x \to x_0} [f(x) + g(x)] = \lim_{x \to x_0} f(x) + \lim_{x \to x_0} g(x)$$
$$= f(x_0) + g(x_0) = F(x_0).$$

这就证明了两个在点 x_0 连续的函数之和也在点 x_0 连续.这个结论可类似地推广到有限个函数之和的情形.

定理 1.8.2　有限个在同一个点连续的函数的乘积是一个在该点连续的函数.

定理 1.8.3　两个在同一个点连续的函数的商是一个在该点连续的函数,只要分母在该点不为零.

1.8.1.2　反函数的连续性

关于反函数的连续性,我们可以总结出如下定理.

定理 1.8.4　设函数 $y = f(x)$ 在区间 $[a,b]$ 是单调增加或单调减小的,且是连续的,那么它的反函数 $x = f^{-1}(y)$ 存在,且在对应区间 $[\alpha,\beta]$ 或 $[\beta,\alpha]$ 上也是单调增加或单调减小的,且是连续的,其中,$f(a) = \alpha, f(b) = \beta$.

证明:由于单调递增与单调递减从广义上说是对称的,所以证明了在单调递增的情况下反函数连续的定理成立,也就说明了,在单调递减的情况下反函数连续的定理成立,故而我们在这里仅针对函数 $y = f(x)$ 在区间 $[a,b]$ 是单调增加的情况进行证明.

如图 1.8.1 所示,由于函数 $y = f(x)$ 在区间 $[a,b]$ 是单调增加的,故而函数 $y = f(x)$ 的值域是 $[f(a),f(b)]$,所以函数 $y = f(x)$ 存在反函数 $x =$

$f^{-1}(y)$，且 $x=f^{-1}(y)$ 在区间 $[f(a),f(b)]$ 上也是单调增加的. 接下来，只需证明函数 $x=f^{-1}(y)$ 在区间 $[f(a),f(b)]$ 上连续即可.

对于 $\forall y_0 \in (f(a),f(b))$，则 $\exists x_0 \in (a,b)$，使得

$$x_0 = f^{-1}(y_0).$$

因此，对于 $\forall \varepsilon > 0$，取 $x_1 \in (a,x_0)$，$x_2 \in (x_0,b)$，使得

$$0 < x_0 - x_1 = x_2 - x_0 < \varepsilon.$$

记 $y_1 = f(x_1)$，$y_2 = f(x_2)$，由于 $y=f(x)$ 是单调增函数，所以 $y_1 < y_0 < y_2$.

取 $0 < \delta \in \{y_0 - y_1, y_2 - y_0\}$，当 $|y - y_0| < \delta$ 时，对应的 $x=f^{-1}(y)$ 落在区间 (x_1,x_2) 内，则有

$$|x - x_0| < \varepsilon,$$

即

$$|f^{-1}(y) - f^{-1}(y_0)| < \varepsilon.$$

这就说明，函数 $x=f^{-1}(y)$ 在点 y_0 处连续. 由于 x_1, x_2 是任取的，所以 $x=f^{-1}(y)$ 在区间 $[f(a),f(b)]$ 上连续.

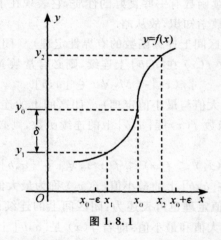

图 1.8.1

1.8.1.3　复合函数的连续性

关于复合函数的连续性，可以总结成如下定理.

定理 1.8.5　设函数 $u=\varphi(x)$ 在点 x_0 处连续，$y=f(u)$ 在点 u_0 处连续，且 $u_0 = \varphi(x_0)$，则函数 $y=f[\varphi(x)]$ 在点 x_0 处连续.

该定理可以由复合函数的极限来证明.

1.8.2　初等函数的连续性

因为初等函数是由基本初等函数经过有限次四则运算与复合而构成的

函数,再由基本初等函数的连续性和连续函数的运算性质可得如下结论:初等函数在其定义区间内连续.

利用初等函数的连续性及连续函数的运算性质求极限可使运算过程更为简便、有效.

例 1.8.1　求 $\lim\limits_{x \to 1} \dfrac{x + \mathrm{e}^{\sin \pi x}}{\sqrt{\arctan x}}$.

解:由于 $y = \dfrac{x + \mathrm{e}^{\sin \pi x}}{\sqrt{\arctan x}}$ 为初等函数,且 $x = 1$ 为定义区间内的点,所以

$$\lim_{x \to 1} \frac{x + \mathrm{e}^{\sin \pi x}}{\sqrt{\arctan x}} = \frac{1 + \mathrm{e}^{\sin \pi x}}{\sqrt{\arctan 1}} = \frac{4}{\sqrt{\pi}}.$$

1.9　闭区间上连续函数的性质

闭区间上的连续函数有一些良好的性质,它表现在下列定理中,定理的证明要用到较深的数学知识,故从略.

定理 1.9.1(闭区间上连续函数的有界性定理)　闭区间上的连续函数必有界,即如果函数 $f(x)$ 在 $[a,b]$ 上连续,则必有常数 $M > 0$ 使得

$$|f(x)| < M, \forall x \in [a,b].$$

定理 1.9.2(最大值与最小值定理)　闭区间上的连续函数必有最大值和最小值,即如果函数 $f(x)$ 是 $[a,b]$ 上的连续函数,则必有点 $x_1, x_2 \in [a,b]$ 使得

$$f(x_1) \leqslant f(x) \leqslant f(x_2), \forall x \in [a,b],$$

$f(x_1)$ 称为 $f(x)$ 在 $[a,b]$ 上的最小值,$f(x_2)$ 称为最大值.

最大值与最小值定理也可表述为:闭区间上的连续函数必能在区间上取(或达)到它的最大值和最小值.即若 $f(x)$ 是 $[a,b]$ 上的连续函数,则必 $\exists x_1, x_2 \in [a,b]$ 使得

$$f(x_1) = \min\{f(x) \mid x \in [a,b]\} = \min_{x \in [a,b]}\{f(x)\},$$

$$f(x_2) = \max\{f(x) \mid x \in [a,b]\} = \max_{x \in [a,b]}\{f(x)\}.$$

最大值与最小值定理中的条件"区间是闭的"和"函数连续"是重要的.如果这两个条件不满足,函数在区间上可能没有(或取不到)最大值或最小值.另一方面,这两个条件只是有最值的充分而非必要条件.

定理 1.9.3(零点定理)　设 $f(x)$ 是 $[a,b]$ 上的连续函数,且 $f(a)$ 与 $f(b)$ 异号,则函数 $f(x)$ 在 (a,b) 中至少有一个零点.

零点定理也可表述为:如果 $f(x)$ 是 $[a,b]$ 上的连续函数,且

$f(a)f(b) < 0$,则 $\exists\xi \in (a,b)$ 使得

$$f(\xi) = 0.$$

这个定理从几何上看是显然的,如图 1.9.1 所示,由于 $f(a)f(b) < 0$,点 $A(a,f(a))$ 和 $B(b,f(b))$ 位于 x 轴的两侧,因此连接点 A 和 B 的连续曲线

$$C: y = f(x), x \in [a,b]$$

必与 x 轴相交,设交点为 $x = \xi$,则 $f(\xi) = 0$.

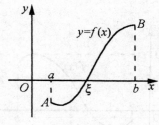

图 1.9.1

零点定理虽然只是说明函数的零点的存在性,而没有给出寻求零点的方法,但它仍然有重要的理论价值,在许多实际问题中常常会遇到方程(包括代数方程)的求根问题,如果能预先判定方程在某区间中必有根,就可以用计算机算出根的近似值,否则即使计算很长时间也可能得不到有意义的结果,因为在该计算所设定的区间中可能没有根.

定理 1.9.4(介值定理) 闭区间上连续函数必能取得它在区间上的最大值和最小值之间的任何值.

证明:设 $f(x)$ 是 $[a,b]$ 上的连续函数,由最大值与最小值定理可知,在 $[a,b]$ 上必有最大值和最小值,即有 $x_1, x_2 \in [a,b]$,使得

$$f(x_1) = \min\{f(x) \mid x \in [a,b]\} = \min_{x \in [a,b]}\{f(x)\} = m,$$

$$f(x_2) = \max\{f(x) \mid x \in [a,b]\} = \max_{x \in [a,b]}\{f(x)\} = M.$$

如果 $m = M$,则定理显然成立.

如果 $m < M$,定理是要证明:对任一实数 $C, m < C < M$,必 $\exists\xi \in (a,b)$,使得

$$f(\xi) = C.$$

为此,作辅助函数 $g(x) = f(x) - C$,易知,$g(x)$ 在 $[x_1,x_2]$(或 $[x_2,x_1]$)上符合零点定理的条件,所以在 (x_1,x_2)[或 (x_2,x_1)]中至少有一点 ξ,使得

$$g(\xi) = f(\xi) - C = 0,$$

即

$$f(\xi) = C,$$

由于 $x_1, x_2 \in [a,b]$，故 $\xi \in (a,b)$.

总之，对于任意的 $C \in [m,M]$，必有 $\xi \in [a,b]$，使 $f(\xi) = C$.

介值定理的几何意义是：如图 1.9.2 所示，只要 $m \leqslant C \leqslant M$，接连点 $(a, f(a))$ 和 $(b, f(b))$ 的连续曲线

$$\Gamma: y = f(x), x \in [a,b]$$

必与水平直线 $y = C$ 相交.

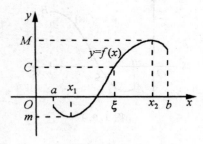

图 1.9.2

由介值定理可得下述推论.

推论 1.9.1   如 $f(x)$ 是 $[a,b]$ 上的连续函数，且不是常数，则 $f(x)$ 的值域也是一个闭区间.

介值定理在研究函数的性质和一元函数的微积分理论中有用.

1.10   极限应用举例

1.10.1   生成器问题

一台数据生成器的生成规律为

$$x_{n+1} = \frac{4x_n - 2}{x_n + 1},$$

若要产生一个收敛数列，且满足对任意的正整数 n，均有 $x_n < x_{n+1}$，即为单调递增数列，问初始输入 x_0 的取值范围应为多少，数列极限值又为多少？

解：分析可知，产生的数列为收敛数列，其数列极限值可用生成规律的等式两边取极限运算得到；初始输入的取值范围根据单调性列出不等式解得. 由数列为单调递增数列知，$x_n < x_{n+1}$，即

$$x_n < \frac{4x_n - 2}{x_n + 1},$$

化简得

$$x_n^2 - 3x_n + 2 < 0,$$

则

$$1 < x_n < 2.$$

这说明初始输入 x_0 的取值范围为 $(1,2)$. 设数列的极限为 x, 有

$$\lim_{n \to \infty} x_n = \lim_{n \to \infty} x_{n+1} = x$$

对生成规律等式两边取极限, 得

$$\lim_{n \to \infty} x_{n+1} = \lim_{n \to \infty} \frac{4x_n - 2}{x_n + 1}$$
$$= \frac{4 \lim_{n \to \infty} x_n - 2}{\lim_{n \to \infty} x_n + 1}$$

即

$$x = \frac{4x - 2}{x + 1}$$

化简得

$$x^2 - 3x + 2 = 0$$

则 $x = 1$ 或 $x = 2$. 而数列的通项 x_n 满足在区间 $(1,2)$ 内取值, 数列是单调递增数列, 所以数列极限值为 2.

1.10.2 病毒传染问题

2003 年 Sars 病毒肆虐中国大地, 造成了中国大量的人员伤亡. 现经研究人员的统计模拟, 得到该病毒的传染模型为

$$N(t) = \frac{1\,000\,000}{1 + 5\,000 \mathrm{e}^{-0.1t}}$$

其中, t 表示疾病流行的时间; N 表示 t 时刻感染的人数. 问: 从长远考虑, 将有多少人感染上这种病?

解: 依题意, 考虑当 $t \to \infty$ 时, N 的极限值为

$$\lim_{t \to \infty} N(t) = \lim_{t \to \infty} \frac{1\,000\,000}{1 + 5\,000 \mathrm{e}^{-0.1t}} = 1\,000\,000,$$

即从长远考虑, 将有 1 000 000 人感染这种病. 从图 1.10.1 也可看出这种趋势.

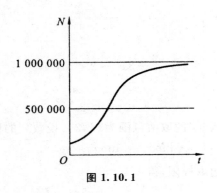

图 1.10.1

1.10.3　分形几何中的科克曲线

自古希腊以来,人们已深入研究了直线、圆、椭圆、抛物线、双曲线等规则图形.但是,自然界的许多物体的形状及现象都是十分复杂的,如起伏蜿蜒的山脉,坑坑洼洼的地面,曲曲折折的海岸线,层层分叉的树木,支流纵横的水系,变幻飘忽的浮云,杂乱无章的粉尘等,传统的几何工具已无能为力了.

20 世纪 70 年代,英国数学家曼德布鲁特开创了"分形"几何的研究,形成了一个新的数学分支.分形的研究跨越了许多学科及科技领域,并展现了美妙和广阔的前景.分形几何中一个基本的有代表性的问题就是科克曲线.

设有一个正三角形,每边的长度为单位 1,现在每个边长正中间 $\frac{1}{3}$ 处,再凸出造一个正三角形.小正三角形在三边上的出现,使原来的三角形变成六角形.再在六角形的 12 条边上,重复进行中间 $\frac{1}{3}$ 处凸出造一个正三角形的过程,得到 48 边形.48 边形每边的正中间还可以再在中间 $\frac{1}{3}$ 处凸出造一个更小的正三角形,如此继续下去,其外缘的构造越来越精细.该曲线称为科克曲线,或雪花曲线.如图 1.10.2 所示,是开始四个阶段的雪花曲线.

易知,若正三角形的边长为 $L_0 = 1$,则面积为 $S_0 = \frac{\sqrt{3}}{4}$. 于是第一次操作后,边长 $L_1 = \frac{4}{3}L_0$,面积 $S_1 = S_0 + 3 \times \frac{1}{9}S_0$.

第二次操作后,边长 $L_2 = \frac{4}{3}L_1 = \left(\frac{4}{3}\right)^2 L_0$,面积

$$S_2 = S_1 + 3\left\{4\left[\left(\frac{1}{9}\right)^2 S_0\right]\right\} = S_0 + 3 \times \frac{1}{9}S_0 + 3 \times 4 \times \left(\frac{1}{9}\right)^2 S_0.$$

如此作下去,其规律是:每条边生成四条新边;下一步,四条新边共生成四个新的小三角形.每一步操作中,曲线的整个长度将被乘以 $\frac{4}{3}$,即第 n 步后的边长是

$$L_n = \left(\frac{4}{3}\right)^n L_0 = \left(\frac{4}{3}\right)^n.$$

从第二步起,每一步比上一步在每条边上多了 4 个小三角形,每个小三角形面积为一步三角形面积的 $\frac{1}{9}$,因而可推算出第 n 步后的总面积为

$$S_n = S_0 + 3\left(\frac{1}{9} + \frac{4}{9^2} + \frac{4^2}{9^3} + \cdots + \frac{4^{n-1}}{9^n}\right)S_0.$$

于是

$$\lim_{n\to\infty} L_n = +\infty,$$

$$\lim_{n\to\infty} S_n = S_0 + 3 \times \frac{\frac{1}{9}}{1 - \frac{4}{9}}S_0 = \frac{8}{5}S_0 = \frac{2\sqrt{3}}{5}.$$

由此可见,科克曲线是一条特色鲜明的连续的闭合曲线.它的总面积是有限的,永远小于原正三角形的外接圆面积,但它的长度却是无限大的.这似乎是一个自相矛盾的结果:在有限的圆内却有着无限长的曲线.

现将此问题稍加推广:有一棱长为单位 1 的正四面体,开始时,四面体的表面积为 $S_0 = \sqrt{3}$,体积为 $V_0 = \frac{\sqrt{2}}{12}$.之后在四面体的每个面上,以三条中位线为边构成正三角形.以这样的正三角形为底向外作小正四面体,于是其表面积 S_1 和体积 V_1 分别为

$$S_1 = \frac{3}{2}S_0,$$

$$V_1 = V_0 + 4 \times \frac{1}{8}V_0.$$

依此下去,有

$$S_n = \frac{3}{2}S_{n-1} = \left(\frac{3}{2}\right)^n S_0,$$

$$V_n = V_0 \left\{1 + \left[\frac{1}{2} + \frac{1}{2}\left(\frac{3}{4}\right) + \frac{1}{2}\left(\frac{3}{4}\right)^2 + \cdots + \frac{1}{2}\left(\frac{3}{4}\right)^{n-1}\right]\right\}.$$

于是

$$\lim_{n\to\infty} S_n = +\infty,$$

$$\lim_{n\to\infty} V_n = V_0 \left(1 + \frac{\dfrac{1}{2}}{1 - \dfrac{3}{4}} \right) = 3V_0 = \frac{\sqrt{2}}{4}.$$

可见用上述方法形成的几何体有着与科克曲线类似的性质.

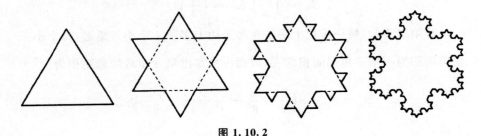

图 1.10.2

1.10.4　连续复利问题

在讨论单调有界收敛准则与第二个重要极限 $\lim\limits_{x\to\infty}\left(1+\dfrac{1}{x}\right)^x = e$ 时,我们已经简单讨论了单利和复利的概念.事实上复利可以按年计算,也可以按月计算,甚至按天计算.如果年复利率 r 不变,月利率就是 $\dfrac{r}{12}$,日利率就是 $\dfrac{r}{365.25}$.作为第二个重要极限的应用,我们来讨论复利公式.设本金为 P,年利率为 r,一年后的本利和为 s_1,则

$$s_1 = P + Pr = P(1+r),$$

把 s_1 作为本金存入,第二年末的本利和为

$$s_2 = s_1 + s_1 r = s_1(1+r) = P(1+r)^2,$$

再把 s_2 存入,如此反复,第 n 年末的本利和为

$$s_n = P(1+r)^n.$$

若把一年均分为 t 期来计息,这时每期利率可以认为是 $\dfrac{r}{t}$,于是推得 n 年的本利和

$$s_n = P\left(1 + \frac{r}{t}\right)^{nt}.$$

假设计息期无限缩短,则期数 $t \to \infty$,于是得到计算连续复利公式为

$$s_n = \lim_{n\to\infty} P\left(1 + \frac{r}{t}\right)^{nt} = P \lim_{n\to\infty}\left(1 + \frac{r}{t}\right)^{nt} = P \lim_{n\to\infty}\left[\left(1 + \frac{r}{t}\right)^{\frac{t}{r}}\right]^{nr} = Pe^{nr}$$

复利的结果是惊人的,A、B 两个人都是 25 岁,都做了一年 1 000 元的投

资,假设回报率是 18%. 一年后,A 拿投资所赚到的利息 180 元去买了喜欢的东西;而 B 则选择将这 180 元利息加入到 1 000 元的本金里继续投资,这样 B 总共投资了 1 180 元. 如果 A 继续把每年的利息花掉,而 B 则继续拿利息再投资,回报率仍是 18%,那么他们未来拥有的金额如表 1.10.1 所示.

也就是说,区区 1 000 元的投资,40 年后就可取得 1 000 倍以上的报酬,使 B 成为一个百万富翁. 要正确地理解和运用复利,就要了解复利的"三要素":投入资金的数额、实现的收益率、投资时间的长短.

对复利概念理解和运用得最为充分的行业是保险公司,在推出各种长期保险业务品种的背后,是保险公司利用复利概念获取最大利润的实质. 从某种意义而言,我们对复利概念的正确理解和运用,就是为自己的未来买了一份最成功的保险.

表 1.10.1

第 n 年底	A 和 B 的年龄	A 拥有的资金	B 拥有的资金
4	29	1 000	2 000
8	33	1 000	4 000
12	37	1 000	8 000
16	41	1 000	16 000
20	45	1 000	32 000
24	49	1 000	64 000
28	53	1 000	128 000
32	57	1 000	256 000
36	61	1 000	512 000
40	65	1 000	1 024 000

1.10.5　抵押贷款与分期付款

设贷款期限为 t 个月,贷款额为 P_0,月利率为 r(按复利计算),每月还款额为 I,P_n 表示第 n 个月的欠款额,则

$$P_n = P_{n-1}(1+r) - I$$

由此得

$$\begin{aligned} P_t &= P_{t-1}(1+r) - I \\ &= [P_{t-2}(1+r) - I](1+r) - I \end{aligned}$$

$$= P_{t-2}(1+r)^2 - I[(1+r)+1]$$
$$= [P_{t-3}(1+r) - I](1+r)^2 - I(1+r) - I$$
$$= P_{t-3}(1+r)^3 - I[(1+r)^2 + (1+r) + 1]$$
$$\cdots$$
$$= P_0(1+r)^t - I[(1+r)^{t-1} + (1+r)^{t-2} + \cdots + 1]$$
$$= P_0(1+r)^t - I\frac{(1+r)^t - 1}{r},$$

第 t 个月还清贷款,则 $P_t = 0$,即

$$I = P_0 r \frac{(1+r)^t}{(1+r)^t - 1}.$$

例 1.10.1　某先生决定按照抵押贷款的方式购买一套住房,如果选择一次性付清房款 20 万元,不足的部分(不超过房价的 70%)可以向银行申请抵押贷款,期限是 20 年,贷款的年利率为 10.8%,如果他只有 8 万元存款,而向银行贷款 12 万元,那么他每月应向银行还款多少?

解:由题意知,还款时间 $t = 12 \times 20 = 240$ 个月,月利率 $r = \dfrac{0.108}{12} = 0.009$,贷款 $P_0 = 120\,000$ 元,代入公式 $I = P_0 r \dfrac{(1+r)^t}{(1+r)^t - 1}$ 得

$$I = 120\,000 \times 0.009 \times \frac{(1+0.009)^{240}}{(1+0.009)^{240} - 1} \approx 1\,222.33 \text{ 元},$$

该先生每月应还款大约为 1 222.33 元.

例 1.10.2　某商店对手机进行分期付款,每部售价为 2 000 元的手机,如果分两年付款,每月只需付 100 元.同时来自银行的贷款信息:5 000 元以下的贷款,在两年内还清,年利率为 8.64%,那么应该是向银行贷款还是分期付款购得这款手机?

解:如果贷款,两年还清,由公式 $I = P_0 r \dfrac{(1+r)^t}{(1+r)^t - 1}$ 知,每月还款额为

$$I = 2\,000 \times \frac{0.086\,4}{12} \times \frac{\left(1 + \dfrac{0.086\,4}{12}\right)^{24}}{\left(1 + \dfrac{0.086\,4}{12}\right)^{24} - 1} \approx 91.04 \text{ 元}.$$

这表明应该向银行贷款而不是采取分期付款的方式购买这款手机.

第 2 章　　导数及其应用

2.1　导数概念及其几何意义

2.1.1　导数的概念

当自变量的增量趋于零时,相应的函数增量与自变量的增量之比的极限,称这个极限是函数在自变量取某个值的变化率,或称它为导数,以下给出导数的数学定义.

定义 2.1.1　设函数 $y = f(x)$ 在点 x_0 的某个邻域内有定义,自变量 x 在 x_0 处取得增量 Δx,相应的函数增量 $\Delta y = f(x_0 + \Delta x) - f(x_0)$,若极限

$$\lim_{\Delta x \to 0} \frac{\Delta y}{\Delta x} = \lim_{\Delta x \to 0} \frac{f(x_0 + \Delta x) - f(x_0)}{\Delta x}$$

存在,我们称函数 $f(x)$ 在 x_0 处可导,并将该极限值称为函数 $f(x)$ 在点 x_0 处的导数,记为 $f'(x_0)$ 或 $y'|_{x=x_0}$, $\left.\dfrac{\mathrm{d}y}{\mathrm{d}x}\right|_{x=x_0}$, $\left.\dfrac{\mathrm{d}f}{\mathrm{d}x}\right|_{x=x_0}$,即

$$f'(x_0) = \lim_{\Delta x \to 0} \frac{f(x_0 + \Delta x) - f(x_0)}{\Delta x}. \tag{2.1.1}$$

如果函数 $f(x)$ 在开区间 (a, b) 内任一点 x 处可导,则称函数在开区间 (a, b) 内可导,此时将式(2.1.1)中的 x_0 换成 x 得到的 $f'(x)$,称它是 $f(x)$ 的导函数,即

$$f'(x) = \frac{\mathrm{d}y}{\mathrm{d}x} = \lim_{\Delta x \to 0} \frac{f(x + \Delta x) - f(x)}{\Delta x}.$$

显然,函数在 x_0 的导数值 $f'(x_0)$ 就是导函数 $f'(x)$ 在点 x_0 的函数值,即

$$f'(x_0) = f'(x)|_{x=x_0}, x_0 \in (a, b).$$

如果式(2.1.1)中的极限不存在,就是说函数 $f(x)$ 在 x_0 不可导.

2.1.2　导数的几何意义

函数 $y = f(x)$ 在 x_0 处的导数 $f'(x_0)$ 在几何上表示曲线 $y = f(x)$ 在

$P_0(x_0,y_0)$ 处 的 切 线 的 斜 率. 即 $f'(x_0) = \tan\alpha, \alpha$ 为 切 线 的 倾 斜 角 (图 2.1.1).

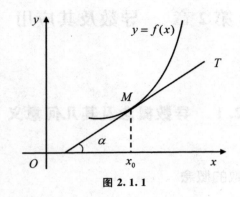

图 2.1.1

若 $f'(x_0) = \infty$,说明连续曲线 $y = f(x)$ 的过点 x_0 的割线以垂直于 x 轴的直线 $x = x_0$ 为极限位置,即曲线 $y = f(x)$ 在 x_0 具有垂直于 x 轴的切线 $x = x_0$.

根据导数的几何意义: $y = f(x)$ 在 $P_0(x_0,f(x_0))$ 处的切线方程及法线方程为

$$y - f(x_0) = f'(x_0)(x - x_0),$$

$$y - f(x_0) = -\frac{1}{f'(x_0)}(x - x_0)(f'(x_0) \neq 0).$$

2.2 函数的求导法则

2.2.1 初等函数的求导公式

常数和基本初等函数求导法则归结如下:

(1)$c' = 0$.

(2)$(x^\mu)' = \mu x^{\mu-1}$.

(3)$(\sin x)' = \cos x$.

(4)$(\cos x)' = -\sin x$.

(5)$(\tan x)' = \sec^2 x$.

(6)$(\cot x)' = -\csc^2 x$.

(7)$(\sec x)' = \tan x \sec x$.

(8)$(\csc x)' = -\csc x \cot x.$

(9)$(a^x)' = a^x \ln a.$

(10)$(e^x)' = e^x.$

(11)$(\log_a^x)' = \dfrac{1}{x \ln a}.$

(12)$(\ln x)' = \dfrac{1}{x}.$

(13)$(\arcsin x)' = \dfrac{1}{\sqrt{1-x^2}}.$

(14)$(\arccos x)' = -\dfrac{1}{\sqrt{1-x^2}}.$

(15)$(\arctan x)' = \dfrac{1}{1+x^2}.$

(16)$(\text{arccot} x)' = -\dfrac{1}{1+x^2}.$

2.2.2　和差积商的求导法则

定理 2.2.1　若函数 $f(x)$ 及 $g(x)$ 在点 x 都可导,则它们的和、差、积、商 $\dfrac{f(x)}{g(x)}(g(x) \neq 0)$ 在点 x 也可导,且

(1)$[f(x) \pm g(x)]' = f'(x) \pm g'(x).$

(2)$[f(x) \cdot g(x)]' = f'(x)g(x) \pm f(x)g'(x).$

(3)$\left(\dfrac{f(x)}{g(x)}\right)' = \dfrac{f'(x)g(x) - g'(x)f(x)}{g^2(x)}(g(x) \neq 0).$

以上三个法则均可用导数的定义及极限运算法则证明,下面仅给出法则(2)的证明,其他类似.

证明:由导数定义

$[f(x) \cdot g(x)]'$

$= \lim\limits_{h \to 0} \dfrac{f(x+h)g(x+h) - f(x)g(x)}{h}$

$= \lim\limits_{h \to 0} \dfrac{f(x+h)g(x+h) - f(x)g(x+h) + f(x)g(x+h) - f(x)g(x)}{h}$

$= \lim\limits_{h \to 0} \dfrac{[f(x+h) - f(x)]g(x+h)}{h} + \lim\limits_{h \to 0} \dfrac{f(x)[g(x+h) - g(x)]}{h}$

$= f'(x)g(x) \pm f(x)g'(x).$

推论:

(1) 公式(1)可推广到有限个可导函数上去,即 $(u+v+w)' = u' + v' + w'$.

(2) 公式(2)可推广到有限个可导函数上去,即 $(uvw)' = u'vw + uv'w + uvw'$.

(3) $f(x)$ 可导,即 $[cf(x)]' = cf'(x)$.

2.2.3 反函数的求导法则

为了求指数函数(对数函数的反函数)与反三角函数(三角函数的反函数)的导数,我们总结出了反函数求导法则.

定理 2.2.2(反函数求导法则) 如果单调连续函数 $x = \varphi(y)$ 在区间 I_y 内可导,且 $x' = \varphi'(y) \neq 0$,那么它的反函数 $y = f(x)$ 在其对应区间 $I_x = \{x \mid x = \varphi(y), y \in I_y\}$ 内也可导,且有

$$y' = f'(x) = \frac{1}{\varphi'(y)} \text{ 或 } \frac{\mathrm{d}y}{\mathrm{d}x} = \frac{1}{\dfrac{\mathrm{d}x}{\mathrm{d}y}}.$$

证明:由于函数 $x = \varphi(y)$ 在区间 I_y 上单调、连续且可导,故而其反函数 $y = f(x)$ 存在,其在区间 I_x 上单调、连续. 任取 $x \in I_x$,设 x 在其领域内有非零增量 Δx,由函数 $y = f(x)$ 的单调性可知

$$\Delta y = f(x + \Delta x) - f(x) \neq 0.$$

则有

$$\frac{\Delta y}{\Delta x} = \frac{1}{\dfrac{\Delta x}{\Delta y}}.$$

由于函数 $y = f(x)$ 连续,所以

$$\lim_{\Delta x \to 0} \Delta y = 0,$$

从而

$$\lim_{\Delta x \to 0} \frac{\Delta y}{\Delta x} = \lim_{\Delta x \to 0} \frac{1}{\dfrac{\Delta x}{\Delta y}} = \frac{1}{\varphi'(y)}.$$

又由于函数 $x = \varphi(y)$ 在区间 I_y 内可导,且 $x' = \varphi'(y) \neq 0$,故而,函数 $y = f(x)$ 在区间 I_x 内可导,且

$$y' = f'(x) = \frac{1}{\varphi'(y)}.$$

2.2.4 复合函数的求导法则

前面我们讨论了函数的四则运算求导法则和反函数的求导法则,求出

了基本初等函数的导数,但是大量的初等函数是由基本初等函数经过有限次复合运算得到的,例如 $\operatorname{lntan}\dfrac{x}{2}$,$e^{x^5}$,$\sin\dfrac{2x}{1+x^2}$,$\cos^2\dfrac{x}{1+x^2}$ 等,利用前面讨论过的求导法则就无法求其导数.接下来,我们就来讨论复合函数的求导法则.

定理 2. 2. 3(复合函数的求导法则)　如果函数 $u=\varphi(x)$ 在点 x 处可导,函数 $y=f(u)$ 在点 $u=\varphi(x)$ 处可导,那么复合函数 $y=f[\varphi(x)]$ 在点 x 处可导,且有

$$\frac{\mathrm{d}y}{\mathrm{d}x}=f'(u)\varphi'(x).$$

证明:设自变量在点 x 处的改变量为 Δx,函数 $u=\varphi(x)$ 的改变量为 Δu,函数 $y=f(u)$ 在相应的 u 处的改变量为 Δy.由于函数 $y=f(u)$ 在点 u 处可导,因此当 $\Delta u\neq 0$ 时,有

$$\lim_{\Delta u\to 0}\frac{\Delta y}{\Delta u}=f'(u),$$

根据函数极限与无穷小的关系,得

$$\frac{\Delta y}{\Delta u}=f'(u)+\alpha,$$

其中,α 为当 $\Delta u\to 0$ 时的无穷小.从而

$$\Delta y=f'(u)\Delta u+\alpha\Delta u.$$

当 $\Delta u=0$ 时,α 无定义,由于这时 $\Delta y=f(u+\Delta u)-f(u)=0$,因此可规定当 $\Delta u=0$ 时,$\alpha=0$,这样上式也成立.用 Δx 除上式两边,得

$$\frac{\Delta y}{\Delta x}=f'(u)\frac{\Delta u}{\Delta x}+\alpha\frac{\Delta u}{\Delta x}.$$

由于函数 $u=\varphi(x)$ 在点 x 处可导,所以 $\lim\limits_{\Delta x\to 0}\dfrac{\Delta u}{\Delta x}=\varphi'(x)$,由可导必连续可知 $\varphi(x)$ 在点 x 处连续,故当 $\Delta x\to 0$ 时,$\Delta u\to 0$,从而得 $\lim\limits_{\Delta x\to 0}\alpha=\lim\limits_{\Delta u\to 0}\alpha=0$,因此

$$\lim_{\Delta x\to 0}\frac{\Delta y}{\Delta x}=\lim_{\Delta x\to 0}\Big[f'(u)\frac{\Delta u}{\Delta x}+\alpha\frac{\Delta u}{\Delta x}\Big]$$
$$=f'(u)\cdot\lim_{\Delta x\to 0}\frac{\Delta u}{\Delta x}+\lim_{\Delta x\to 0}\alpha\cdot\lim_{\Delta x\to 0}\frac{\Delta u}{\Delta x}$$
$$=f'(u)\varphi'(x),$$

即

$$\frac{\mathrm{d}y}{\mathrm{d}x}=f'(u)\varphi'(x)\text{ 或}\frac{\mathrm{d}y}{\mathrm{d}x}=\frac{\mathrm{d}y}{\mathrm{d}u}\cdot\frac{\mathrm{d}u}{\mathrm{d}x}.$$

复合函数的求导法则表明,复合函数 $y=f[\varphi(x)]$ 的因变量 y 对自变

量 x 的导数等于因变量 y 对中间变量 u 的导数乘以中间变量 u 对于自变量 x 的导数. 习惯上称此法则为链式法则.

2.3 隐函数及由参数方程所确定的 函数的导数相关变化率

2.3.1 隐函数求导法则

函数的解析表达方式有两种, 一种用 $y = f(x)$ 的形式来表示, 例如 $y = 2 + x\sin x, y = \ln\sqrt{1 - x^2}$ 等, 它们都是用变量 x 的表达式 $f(x)$ 来表示因变量 y, 这样的函数叫作显函数. 但有些函数的表达式却不是这样. 例如, 方程

$$x^2 - x + y^3 = 1$$

和

$$y = x + \sin(xy) = 0$$

分别确定了一个函数, 即对自变量 x 在某个区间 I 上的任一取值, 都有 y 的一个确定的值与之对应, 使得 x, y 满足所考虑的方程. 这种由方程 $F(x, y) = 0$ 形式表示的因变量 y 与自变量 x 的(或因变量 x 与自变量 y 的)函数关系, 称为隐函数.

有的隐函数可以化成显函数, 如从 $x^2 - x + y^3 = 1$ 可解出 $y = \sqrt[3]{1 + x - x^2}$. 这种过程称为隐函数的显化. 但是, 多数隐函数无法显化或者只能局部显化, 例如 $y = x + \sin(xy) = 0$ 所确定的隐函数就不能显化. 而方程 $x^2 + y^2 = a^2 (a > 0)$ 确定的隐函数, 当限制 $|x| \leqslant a, 0 \leqslant y \leqslant a$ 时可显化为 $y = \sqrt{a^2 - x^2}$, 当限制 $|x| \leqslant a, -a \leqslant y \leqslant 0$ 时可显化为 $y = -\sqrt{a^2 - x^2}$.

由于前面介绍的求导方法都是针对显函数的, 因此, 我们面临的问题是: 隐函数(不显化)是否能求导? 如果能, 应如何求导? 问题的答案是: 对于隐函数, 在一定条件下, 可以直接从确定隐函数的方程中对含有自变量的各项求导来求函数的导数, 而不需要先把它表为显函数再求导.

事实上, $y = y(x)$ 是由方程 $F(x, y) = 0$ 确定的隐函数, 将 $y = y(x)$ 代入方程中, 得到恒等式

$$F[x, y(x)] = 0.$$

利用复合函数的求导法则,在恒等式两边对自变量 x 求导数(这时,视 y 为中间变量),就可以求得一个含有 $\dfrac{\mathrm{d}y}{\mathrm{d}x}$ 的方程,只要能从中解出 $\dfrac{\mathrm{d}y}{\mathrm{d}x}$(视 $\dfrac{\mathrm{d}y}{\mathrm{d}x}$ 为未知量)即可.

在有些情况下,即使是显函数,通过取对数化为隐函数求导反而更方便,尤其是对于幂指函数和乘积形式的函数的求导.

幂指数函数的一般形式可以表示为

$$y = \left[u(x)\right]^{v(x)} (u > 0),$$

对幂指数函数求导,常采用的方法是,先对幂指数函数的两边取对数,即

$$\ln y = v(x)\ln u(x),$$

将两边对 x 求导可得

$$\frac{1}{y}y' = v'(x)\ln u(x) + \frac{v(x)}{u(x)}u'(x),$$

于是有

$$y' = \left[u(x)\right]^{v(x)}\left[v'(x)\ln u(x) + \frac{v(x)}{u(x)}u'(x)\right].$$

这种求导方法叫作取对数求导法.

2.3.2　由参数方程所确定的函数的求导法

若由参数方程

$$\begin{cases} x = \varphi(t) \\ y = \psi(t) \end{cases} \tag{2.3.1}$$

可确定 y 与 x 之间的函数关系,则称此函数为由参数方程(2.3.1)所确定的函数.下面我们来求这类函数的导数.

设 $x = \varphi(t)$ 的反函数为 $t = \varphi^{-1}(x)$,并设它满足反函数求导的条件,于是视 y 为复合函数

$$y = \psi(t) = \psi\left[\varphi^{-1}(x)\right].$$

利用反函数和复合函数求导法则,得

$$\frac{\mathrm{d}y}{\mathrm{d}x} = \frac{\mathrm{d}y}{\mathrm{d}t}\frac{\mathrm{d}t}{\mathrm{d}x} = \frac{\dfrac{\mathrm{d}y}{\mathrm{d}t}}{\dfrac{\mathrm{d}x}{\mathrm{d}t}} = \frac{\psi'(t)}{\varphi'(t)}.$$

于是得到由参数方程(2.3.1)所确定的函数的求导公式为

$$\frac{\mathrm{d}y}{\mathrm{d}x} = \frac{\psi'(t)}{\varphi'(t)}.$$

如果 $\varphi''(t), \psi''(t)$ 存在,则按照复合函数求导法则和商的求导方法可得

y 对 x 的二阶导数

$$y'' = \frac{\mathrm{d}y'}{\mathrm{d}x} = \frac{\mathrm{d}y'}{\mathrm{d}t}\frac{\mathrm{d}t}{\mathrm{d}x} = \frac{\mathrm{d}}{\mathrm{d}t}\left(\frac{\psi'(t)}{\varphi'(t)}\right)\cdot\frac{1}{\varphi'(t)}$$
$$= \frac{\psi''(t)\varphi'(t) - \psi'(t)\varphi''(t)}{\left[\varphi'(t)\right]^2}.$$

最后这个式子比较复杂,不便记忆和使用. 在实际计算中,当 $y' = \frac{\psi'(t)}{\varphi'(t)}$ 已经求得且形式较简单时,常用最后第二式,即 $y'' = \frac{\mathrm{d}}{\mathrm{d}t}\left(\frac{\psi'(t)}{\varphi'(t)}\right)\cdot\frac{1}{\varphi'(t)}$ 来求 y''.

2.4 函数的微分及其在近似计算中的应用

2.4.1 微分的定义

当函数 $y = f(x)$ 满足一定条件的时候,如果自变量 x 有一定的增量 Δx,其对应的函数值增量 Δy 可表示为 $\Delta y = A\Delta x + o(\Delta x)$,其中,$A$ 是不依赖于 Δx 的常数,而 $o(\Delta x)$ 是比 Δx 高阶的无穷小. 那么,当 $A \neq 0$,且 $|\Delta x|$ 很小时,就可以用 Δx 的线性函数 $A\Delta x$ 来近似代替 Δy,即 $\Delta y \approx A\Delta x$,这里的 $A\Delta x$,就称为 Δy 的线性主部.

定义 2.4.1 设函数 $y = f(x)$ 在点 x_0 的一个邻域中有定义,Δx 是 x 在点 x_0 的增量,且 $x_0 + \Delta x$ 仍处于该邻域中,如果当 $\Delta x \rightarrow 0$ 时,函数相应的增量 $\Delta y = f(x_0 + \Delta x) - f(x_0)$ 可表示为 $\Delta y = A\Delta x + o(\Delta x)$,其中,$A$ 是仅依赖于 x_0 而与 Δx 无关的常数,$o(\Delta x)$ 是比 Δx 高阶的无穷小量,则称函数 $y = f(x)$ 在点 x_0 处可微,并称 $A\Delta x$ 为 $y = f(x)$ 在点 x_0 相应于自变量增量 Δx 的微分,记作 $\mathrm{d}y\big|_{x=x_0}$,$\mathrm{d}f\big|_{x=x_0}$ 或简写为 $\mathrm{d}y,\mathrm{d}f$,即 $\mathrm{d}y\big|_{x=x_0} = A\Delta x$.

定理 2.4.1 函数 $y = f(x)$ 在 x_0 点可微的充分必要条件是 $y = f(x)$ 在点 x_0 可导,且有 $\mathrm{d}y\big|_{x=x_0} = f'(x_0)\Delta x$.

如果函数 $y = f(x)$ 在区间 I 内每一点可导,则 $\exists x \in I$,有 $\mathrm{d}y = f'(x)\mathrm{d}x$,称其为函数的微分,即 $\frac{\mathrm{d}y}{\mathrm{d}x} = f'(x)$. 这就是说,函数的微分 $\mathrm{d}y$ 与自变量的微分 $\mathrm{d}x$ 之商等于该函数的导数,因此,导数也叫作微商.

如图 2.4.1 所示,在直角坐标系中,函数 $y = f(x)$ 的图形是一条曲线. 对于某一固定的 x_0 值,曲线上有一个确定点 $M(x_0, y_0)$,当自变量 x 有微小

增量 Δx 时,就得到曲线上另一点 $N(x_0 + \Delta x, y_0 + \Delta y)$. 易知,$MQ = \Delta x$,$QN = \Delta y$. 过点 M 作曲线的切线 MT,它的倾角为 α,则 $QP = MQ \cdot \tan\alpha = \Delta x \cdot f'(x_0)$,即 $dy = QP$. 由此可见,对于可微函数 $y = f(x)$ 而言,当 Δy 是曲线 $y = f(x)$ 上点的纵坐标的增量时,dy 就是曲线切线上点的纵坐标的相应增量. 当 $|\Delta x|$ 很小时,$|\Delta y - dy|$ 比 $|\Delta x|$ 小得多. 因此,在点 M 的邻近,就可以用切线段来近似代替曲线段. 在局部范围内用线性函数近似代替非线性函数,在几何上就是局部用切线段近似代替曲线段,这在数学上称为非线性函数的局部线性化,这是微分学的基本思想方法之一.

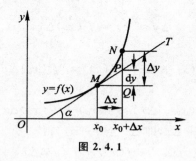

图 2.4.1

2.4.2　微分的运算法则

函数和、差、积、商一阶微分的计算法则和求导法则相类似,可以归结为如下定理.

定理 2.4.2　如果函数 $y = f(x)$ 及 $z = g(x)$ 都在点 x 处可微,那么它们的和、差、积、商(除分母为零的点外)都在点 x 处可微,且有如下公式:

(1) $d[f(x) \pm g(x)] = df(x) \pm dg(x)$.

(2) $d[f(x)g(x)] = g(x)df(x) + f(x)dg(x)$.

(3) $d\left[\dfrac{f(x)}{g(x)}\right] = \dfrac{g(x)df(x) - f(x)dg(x)}{g^2(x)}$,其中,$g(x) \neq 0$.

特别地,常数 c 与函数 $f(x)$ 的乘积 $cf(x)$ 的微分计算公式为 $d[cf(x)] = cdf(x)$.

对于复合函数的微分法则,设函数 $y = f(u)$ 与 $u = g(x)$ 都可导,则复合函数 $y = f[g(x)]$ 的微分为 $dy = y'_x dx = f'(u)g'(x)dx$. 由于 $g'(x)dx = du$,所以,复合函数 $y = f[g(x)]$ 的微分公式也可以写成 $dy = y'_x dx = f'(u)du$ 或 $dy = y'_u du$.

2.4.3 微分在近似计算中的应用

现在,我们在微分基本概念的基础上进一步讨论微分在近似计算中的应用.

2.4.3.1 函数值的近似计算

根据前面的讨论可知,如果 $y = f(x)$ 在点 x_0 处导数 $f'(x_0) \neq 0$ 且 $|\Delta x|$ 很小时有

$$\Delta y \approx \mathrm{d}y = f'(x_0)\Delta x,$$

即

$$f(x_0 + \Delta x) - f(x_0) \approx f'(x_0)\Delta x,$$

从而

$$f(x_0 + \Delta x) \approx f(x_0) + f'(x_0)\Delta x,$$

在上式中,令 $x = x_0 + \Delta x$,即 $\Delta x = x - x_0$,得

$$f(x) \approx f(x_0) + f'(x_0)\Delta x,$$

利用上述公式可近似地求出 x_0 附近的点 x 的函数值 $f(x)$.

例 2.4.1 计算 $\sqrt{8.9}$ 的近似值.

解:先选取函数 $f(x) = \sqrt{x}$,即要计算

$$f(8.9) = \sqrt{8.9}, x = 8.9,$$

再选取 x_0,使 $f(x_0)$ 与 $f'(x_0)$ 容易计算,且满足 $|x - x_0|$ 很小. 显然,取 $x_0 = 9$ 较为合适. 易得

$$f(9) = \sqrt{9} = 3, f'(9) = \frac{1}{2\sqrt{x}}\bigg|_{x=9} = \frac{1}{6},$$

最后,利用微分近似公式可得

$$\sqrt{8.9} \approx f(9) + f'(9)(8.9 - 9)$$

$$= 3 + \frac{1}{6} \times (-0.1)$$

$$\approx 2.98.$$

例 2.4.2 求 $\sin 46°$ 的近似值.

解:设 $f(x) = \sin x, f'(x) = \cos x$,取 $x_0 = \frac{\pi}{4}, \Delta x = \frac{\pi}{180}$.根据公式

$$f(x_0 + \Delta x) \approx f(x_0) + f'(x_0)\Delta x$$

可得

$$\sin 46° = \sin(45° + 1°) = \sin\left(\frac{\pi}{4} + \frac{\pi}{180}\right)$$

$$\approx \sin\frac{\pi}{4} + \left(\cos\frac{\pi}{4}\right) \cdot \frac{\pi}{180}$$

$$= \frac{\sqrt{2}}{2} + \frac{\sqrt{2}}{2}\frac{\pi}{180} \approx 0.719\,4.$$

2.4.3.2　函数值的误差估计

设 y 是 x 的函数,即 $y = f(x)$,如果测得 x 的值为 x_0,且测量发生的误差为 Δx,那么计算 y 时将产生误差

$$\Delta y = f(x_0 + \Delta x) - f(x_0),$$

我们把 $|\Delta x|$ 和 $|\Delta y|$ 分别称为 x 和 y 的绝对误差;而把 $\left|\dfrac{\Delta x}{x}\right|$ 和 $\left|\dfrac{\Delta y}{y}\right|$ 分别称为 x 和 y 的相对误差.下面利用微分来研究 x 的误差 Δx 与 y 的误差 Δy 之间的关系.

当 $|\Delta x|$ 很小时,由近似公式

$$\Delta y \approx \mathrm{d}y = f'(x_0)\Delta x,$$

得

$$|\Delta y| = |f'(x_0)||\Delta x|.$$

利用 $|\Delta y| = |f'(x_0)||\Delta x|$,我们可以解决应用中经常出现的一些误差估计问题,其中包括:

(1)已知测量 x 所产生的误差,估计由 x 的误差所引起的 y 的误差.

(2)根据 y 所允许的误差,近似地确定测量 x 所允许的误差(即误差限).

2.5　高阶导数与高阶微分

2.5.1　高阶导数

定义 2.5.1　如果函数 $y = f(x)$ 的导数 $f'(x)$ 在点 x_0 处的导数

$$(f'(x))'\big|_{x=x_0}$$

存在,则称其为函数 $y = f(x)$ 在点 x_0 处的二阶导数,记作

$$f''(x_0),\ y''\big|_{x=x_0},\ \frac{\mathrm{d}^2 y}{\mathrm{d}x^2}\Big|_{x=x_0},\ \frac{\mathrm{d}^2 f}{\mathrm{d}x^2}\Big|_{x=x_0},$$

此时称函数 $y = f(x)$ 在点 x_0 二阶可导.

如果函数 $y = f(x)$ 在区间 I 的每一个点二阶可导,则称此函数在区间 I 二阶可导,称 $f''(x)$ 为 $f(x)$ 的二阶导函数,简称为二阶导数. 依此类推,函数 $f(x)$ 的 $n-1$ 阶导数的导数称为函数 $f(x)$ 的 n 阶导数,记为

$$y^{(n)}\big|_{x=x_0}, f^{(n)}(x_0), \frac{\mathrm{d}^{(n)} y}{\mathrm{d}x^{(n)}}\bigg|_{x=x_0}, \frac{\mathrm{d}^{(n)} f}{\mathrm{d}x^{(n)}}\bigg|_{x=x_0}.$$

如果函数 $y = f(x)$ 在区间 I 上每一个点都是 n 阶可导(区间 I 的端点处为单侧可导),那么得到区间 I 上的 n 阶导函数

$$y^{(n)}, f^{(n)}(x), \frac{\mathrm{d}^{(n)} y}{\mathrm{d}x^{(n)}}, \frac{\mathrm{d}^{(n)} f}{\mathrm{d}x^{(n)}}.$$

如果 $f^{(n)}(x)$ 在区间 I 上连续,那么称函数 $f(x)$ 在区间 I 上 n 阶连续可导,记为

$$f(x) \in C^{(n)}(I).$$

如果 $\forall n \in \mathbb{R}, f(x) \in C^{(n)}(I)$,那么称函数 $f(x)$ 在区间 I 上无限阶可导,记为

$$f(x) \in C^{(\infty)}(I).$$

二阶或者二阶以上的导数统称为高阶导数,相应地,把 $f(x)$ 称为零阶导数,函数 $f(x)$ 的一阶导数,二阶导数,三阶导数可以记作

$$y', y'', y''',$$

而从 4 阶导数起,则记为

$$y^{(4)}, y^{(5)}, \cdots$$

显然,高阶导数不需要使用新的公式,只要对导函数继续求导就可以了.

2.5.2 高阶导数的求导法则和 Leibniz 公式

定理 2.5.1 设函数 $u(x), v(x)$ 在区间 I 上 n 阶可导,$\alpha, \beta \in \mathbb{R}$,则在 I 上 $\alpha u(x) + \beta v(x), u(x)v(x)$ 均 n 阶可导,且

(1) $[\alpha u(x) + \beta v(x)]^{(n)} = \alpha u^{(n)}(x) + \beta v^{(n)}(x)$.

(2) $[f(ax + b)]^{(n)} = a^{(n)} f^{(n)}(ax + b)$.

定义 2.5.2 设 $u(x), v(x)$ 存在 n 阶导数,则

$$(uv)^{(n)} = \sum_{k=0}^{n} C_n^k u^{(n-k)} (v)^{(k)}$$

其中,$u^{(0)} = u, C_n^k = \dfrac{n!}{k!(n-k)!}$,规定 $0! = 1$. 这个公式即为 Leibniz 公式.

下面用数学归纳法来证明这个公式.

当 $n = 1$ 时,公式

$$(uv)' = uv' + u'v = C_1^0 u^{(0)} v' + C_1^0 u' v^{(0)}$$

成立；

设 n 时公式成立，则 $n+1$ 时公式也成立：

$$(uv)^{(n+1)} = C_n^0 (u^{(0)} v^{(n)})' + C_n^1 (u'(v)^{(n-1)})' + \cdots + C_n^n (u^{(n)} v^{(0)})'$$
$$= C_n^0 u^{(0)} v^{n+1} + C_n^1 u' v^{(n)} + C_n^2 u'' v^{(n-1)} + \cdots + C_n^n u^{(n)} v' +$$
$$C_{n+1}^0 u^{(0)} v^{(n+1)} + C_{n+1}^1 u' v^{(n)} + C_{n+1}^2 u'' v^{(n-1)} + \cdots + C_{n+1}^n u^{(n+1)} v^{(0)}$$
$$= \sum_{k=0}^{n+1} C_{n+1}^k u^{(k)} v^{(n+1-k)}.$$

其中，用到了 $C_n^0 = C_{n+1}^0$，$C_n^1 + C_n^0 = C_{n+1}^1$，$C_n^2 + C_n^1 = C_{n+1}^2$ 等.

2.5.3 高阶微分

类似于高阶导数，可以定义函数的高阶微分，如函数 $y = f(x)$ 的二阶微分是一阶微分 $\mathrm{d}y$ 的微分 $\mathrm{d}(\mathrm{d}y)$，记作 $\mathrm{d}^2 y$. 而函数 $y = f(x)$ 的 n 阶微分则可定义为 $n-1$ 阶微分的微分，记作 $\mathrm{d}^n y = \mathrm{d}(\mathrm{d}^{n-1} y)$. 由于 $y = f(x)$ 的一阶微分是 $\mathrm{d}y = f'(x)\mathrm{d}x$，从而二阶微分为 $\mathrm{d}^2 y = f''(x)\mathrm{d}x$. 一般地，函数的 n 阶微分可以表示为 $\mathrm{d}^n y = \mathrm{d}(\mathrm{d}^{n-1} y) = f^{(n)}(x)\mathrm{d}x^n$.

2.6 微分中值定理及其应用

2.6.1 罗尔定理

如图 2.6.1 所示，设函数 $y = f(x)$ 在区间 $[a,b]$ 上的图像是一条连续光滑的曲线弧，该曲线在区间 (a,b) 内每一点处都存在不垂直于 x 轴的切线，且区间 $[a,b]$ 的两个端点的函数值相等，即 $f(a) = f(b)$，则可以发现在

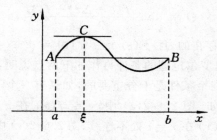

图 2.6.1

曲线弧上的最高点或最低点处,曲线有水平切线,即有 $f'(\xi) = 0$.把这种现象描述出来,就是罗尔定理.

定理 2.6.1(罗尔定理)   如果函数 $y = f(x)$ 满足如下三个条件:

(1) 在闭区间 $[a,b]$ 上连续.

(2) 在开区间 (a,b) 内可导.

(3) 区间 $[a,b]$ 的两个端点的函数值相等,即 $f(a) = f(b)$.

那么在 (a,b) 内至少有一点 $\xi(a < \xi < b)$,使得

$$f'(\xi) = 0.$$

证明:由于 $y = f(x)$ 在闭区间 $[a,b]$ 上连续,根据闭区间上连续函数的性质,$y = f(x)$ 在 $[a,b]$ 上必有最大值 M 和最小值 m,现分两种可能来讨论.

(1) 若 $M = m$,则 $y = f(x)$ 恒为常数,这时 $f'(x) = 0$,所以 (a,b) 内任一点都可以取作 ξ,使得 $f'(\xi) = 0$.

(2) 若 $M > m$,则 M 和 m 中至少有一个不等于区间端点的函数值 $f(a) = f(b)$,不妨设 $M \neq f(a)$,则在开区间 (a,b) 内至少有一点,使得 $f(\xi) = M$.

由于 $f(\xi)$ 为最大值,所以不论 Δx 为正或为负,只要 $\xi + \Delta x \in [a,b]$,则总有

$$f(\xi + \Delta x) - f(\xi) \leqslant 0.$$

当 $\Delta x > 0$ 时,有

$$\frac{f(\xi + \Delta x) - f(\xi)}{\Delta x} \leqslant 0.$$

根据极限的保号性知

$$f'_+(\xi) = \lim_{\Delta x \to 0^+} \frac{f(\xi + \Delta x) - f(\xi)}{\Delta x} \leqslant 0.$$

同样,当 $\Delta x < 0$ 时,有

$$\frac{f(\xi + \Delta x) - f(\xi)}{\Delta x} \geqslant 0,$$

所以

$$f'_-(\xi) = \lim_{\Delta x \to 0^-} \frac{f(\xi + \Delta x) - f(\xi)}{\Delta x} \geqslant 0.$$

由条件知,$f'(\xi)$ 是存在的,且 $f'(\xi) = f'_+(\xi) = f'_-(\xi)$,故 $f'(\xi) = 0$.

在这里,我们对罗尔定理的条件再作如下两点说明:

(1) 定理中的三个条件是十分重要的,如果有一个不满足,定理的结论就可能不成立.例如,图 2.6.2(a) 中,$y = f(x)$ 在 $x = b$ 处不连续;图 2.6.2(b) 中 $y = f(x)$ 在 $x = c$ 处不连续;图 2.6.2(c) 中,$y = f(x)$ 在 $x = c$ 处不可导;图 2.6.2(d) 中,$f(a) \neq f(b)$.显然,图 2.6.2 中的四个图形均不

存在 ξ,使 $f'(\xi) = 0$.

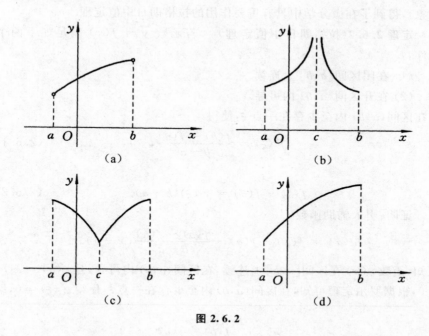

图 2.6.2

(2)定理中的条件是充分的,但不是必要的. 如图 2.6.3 所示,其中的函数 $y = f(x)$ 对定理中的三个条件均不满足,但也可能存在一点 ξ,使得 $f'(\xi) = 0$.

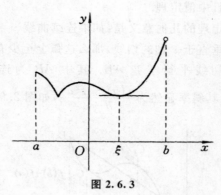

图 2.6.3

2.6.2　拉格朗日中值定理

罗尔定理中, $f(a) = f(b)$ 这个条件是相当特殊的,使定理的适用范围受到局限. 为此,拉格朗日在取消 $f(a) = f(b)$ 这个限制而保留罗尔定理中其余两个条件的情形下进行推广(这种推广方法在数学思想方法中称为弱抽象),得到了在微分学中具有重要作用的拉格朗日中值定理.

定理 2.6.2(拉格朗日中值定理) 若函数 $y = f(x)$ 满足如下两个条件:

(1)在闭区间$[a,b]$上连续.

(2)在开区间(a,b)内可导.

则在区间(a,b)内至少存在一点 ξ,使得

$$f'(\xi) = \frac{f(b) - f(a)}{b - a}, \tag{2.6.1}$$

即

$$f(b) - f(a) = f'(\xi)(b - a). \tag{2.6.2}$$

证明:引入辅助函数

$$\varphi(x) = f(x) - f(a) - \frac{f(b) - f(a)}{b - a}(x - a).$$

易知,函数 $\varphi(x)$ 在区间$[a,b]$上连续,在区间(a,b)内可导,且 $\varphi(a) = \varphi(b) = 0$,根据罗尔定理可知,在区间$(a,b)$内至少存在一点 ξ,使得 $\varphi'(\xi) = 0$,即有

$$f'(\xi) = \frac{f(b) - f(a)}{b - a},$$

即

$$f(b) - f(a) = f'(\xi)(b - a),$$

从而证明了拉格朗日中值定理.

拉格朗日中值定理的几何意义是:如果连续曲线 $y = f(x)$ 的弧 $\overset{\frown}{AB}$ 上除端点外处处有不垂直于 x 轴的切线,那么这弧上至少有一点 $C(\xi, f(\xi))$,使得在 C 点处的切线平行于弦 AB. 其中 AB 为连结 $A(a, f(a))$ 和 $B(b, f(b))$ 的线段,其斜率显然为 $\frac{f(b) - f(a)}{b - a}$,如图 2.6.4 所示.

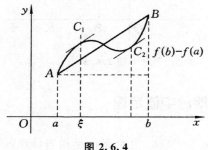

图 2.6.4

如果 $b < a$，则将 $f(x)$ 在区间 $[b, a]$ 上应用拉格朗日中值定理，仍然可得式 $(2.6.2)$，因此式 $(2.6.2)$ 对于 $b < a$ 也是成立的. 式 $(2.6.2)$ 称为拉格朗日中值公式.

因 $\xi \in (a, b)$，故可令

$$\xi = a + \theta(b - a), \theta \in (0, 1),$$

有时为了应用上的方便，也常常把拉格朗日中值公式改写成

$$f(b) - f(a) = f'[a + \theta(b - a)](b - a), \theta \in (0, 1). \quad (2.6.3)$$

拉格朗日中值定理在微分学中占有重要地位，有时也称该定理为微分中值定理. 由拉格朗日中值定理，可以得到两个有用的推论：

推论 2.6.1　函数 $f(x)$ 在区间 I 上的导数恒为零的充要条件是 $f(x)$ 在区间 I 上为一个常数，即

$$f'(x) = 0 \Leftrightarrow f(x) = C,$$

其中 $x \in I, C$ 为某个常数.

证明：显然充分性成立，再证必要性. 在区间 I 上任取两点 x_1 和 x_2，不妨设 $x_1 < x_2$，在区间 $[x_1, x_2]$ 上应用拉格朗日中值定理，得

$$f(x_2) - f(x_1) = f'(\xi)(x_2 - x_1), \xi \in (x_1, x_2).$$

由假定有 $f'(\xi) = 0$，所以 $f(x_2) - f(x_1) = 0$，即 $f(x_2) = f(x_1)$. 由于任意两点的函数值相等，故必有

$$f(x) = C.$$

需要注意的是，在上述证明中，虽不知道 ξ 的准确值，但并不妨碍公式 $(2.6.2)$ 的应用. 有时，应用公式 $(2.6.2)$ 时，只要知道 ξ 的范围，对 ξ 适当放大或缩小，还可以证明不等式.

推论 2.6.2　设函数 $f(x)$ 和 $g(x)$ 在闭区间 $[a, b]$ 上连续，在开区间 (a, b) 内可导且 $f'(x) \equiv g'(x)$，则在 $[a, b]$ 上有 $f(x) = g(x) + C$，其中 C 是常数.

令 $\varphi(x) = f(x) - g(x)$，对函数 $\varphi(x)$ 利用推论 2.6.1 即可证得该推论.

2.6.3　柯西中值定理

拉格朗日中值定理还可以推广到两个函数的情形，即有柯西（Cauchy）中值定理.

定理 2.6.3（柯西中值定理）　设函数 $f(x)$ 和 $g(x)$ 都在 $[a, b]$ 上连续，在 (a, b) 上可导，且 $\forall x \in (a, b), g'(x) \neq 0$，则 $\exists \xi \in (a, b)$ 使得

$$\frac{f(b) - f(a)}{g(b) - g(a)} = \frac{f'(\xi)}{g'(\xi)}. \quad (2.6.4)$$

证明：由拉格朗日定理，在条件 $g'(x) \neq 0$ 下，

$$g(b) - g(a) = g'(\eta)(b-a) \neq 0, \eta \in (a,b).$$

作函数

$$F(x) = f(x) - \frac{f(b)-f(a)}{g(b)-g(a)}[g(x)-g(a)].$$

易验证 $F(x)$ 在 $[a,b]$ 上满足罗尔定理条件，从而存在 $\xi \in (a,b)$ 使得 $F'(\xi) = 0$，即

$$f(\xi) = \frac{f(b)-f(a)}{g(b)-g(a)}g'(\xi).$$

由于 $g'(\xi) \neq 0$，这就得到(2.6.4).

例 2.6.1 设函数 $f(x)$ 在 $[0,1]$ 上连续，在 $(0,1)$ 内可导，试证明至少存在一点 $\xi \in (0,1)$，使

$$f'(\xi) = 2\xi[f(1)-f(0)].$$

证明：题设结论可变形为

$$\frac{f(1)-f(0)}{1-0} = \frac{f'(\xi)}{2\xi} = \frac{f'(x)}{(x^2)'}\bigg|_{x=\xi}.$$

因此，可设 $g(x) = x^2$，则 $f(x)$，$g(x)$ 在 $[0,1]$ 上满足柯西中值定理的条件，所以在 $(0,1)$ 内至少存在一点 ξ，使

$$\frac{f(1)-f(0)}{1-0} = \frac{f'(\xi)}{2\xi},$$

即

$$f'(\xi) = 2\xi[f(1)-f(0)].$$

在本节最后，再说明两点：

(1) 三个微分中值定理都指出 ξ 是存在的，但没有给出 ξ 的具体数值，这并不影响定理的应用，因为在很多情况下，常常只要知道 ξ 的存在性就足够了.

(2) 在公式(2.6.4)中令 $g(x) = x$，就得到公式(2.6.1)，在公式(2.6.1)中令 $f(a) = f(b)$，就得到公式($f'(\xi) = 0$. 可见罗尔定理是拉格朗日中值定理的特殊情形，柯西中值定理可看作是拉格朗日中值定理的推广.

2.7 洛必达法则

2.7.1 未定式极限与洛必达法则

如果当 $x \to x_0$(或 $x \to \infty$)时，两个函数 $f(x)$ 与 $g(x)$ 都趋于零或都趋

于无穷大,则极限 $\lim\limits_{x \to x_0} \dfrac{f(x)}{g(x)}\left(\text{或} \lim\limits_{x \to \infty} \dfrac{f(x)}{g(x)}\right)$ 可能存在,也可能不存在,通常把这种极限称为未定式,并分别记为 $\dfrac{0}{0}$ 或 $\dfrac{\infty}{\infty}$ 型未定式. 例如,$\lim\limits_{x \to 0} \dfrac{\sin x}{x}$ 是 $\dfrac{0}{0}$ 型未定式,$\lim\limits_{x \to +\infty} \dfrac{x^3}{e^x}$ 是 $\dfrac{\infty}{\infty}$ 型未定式.

未定式的值等于其分子、分母各自导数比的极限. 这种规律具有普遍性. 一般地,对于 $\lim\limits_{x \to x_0} \dfrac{f(x)}{g(x)}$ 为 $\dfrac{0}{0}$ 或 $\dfrac{\infty}{\infty}$ 型未定式,有如下定理.

定理 2.7.1　如果函数 $f(x)$ 和 $g(x)$ 满足条件:

(1) $\lim\limits_{x \to x_0} f(x) = \lim\limits_{x \to x_0} g(x) = 0$(或 ∞).

(2) 在点 x_0 的某去心邻域 $\overset{\circ}{U}(x_0)$ 内,$f'(x)$ 和 $g'(x)$ 都存在,且 $g'(x) \neq 0$.

(3) $\lim\limits_{x \to x_0} \dfrac{f'(x)}{g'(x)} = A$(或 ∞).

则有

$$\lim\limits_{x \to x_0} \dfrac{f(x)}{g(x)} = \lim\limits_{x \to x_0} \dfrac{f'(x)}{g'(x)} = A(\text{或} \infty).$$

这就是说,当 $\lim\limits_{x \to x_0} \dfrac{f'(x)}{g'(x)}$ 存在时,$\lim\limits_{x \to x_0} \dfrac{f(x)}{g(x)}$ 也存在且等于 $\lim\limits_{x \to x_0} \dfrac{f'(x)}{g'(x)}$;当 $\lim\limits_{x \to x_0} \dfrac{f'(x)}{g'(x)}$ 为无穷大时,$\lim\limits_{x \to x_0} \dfrac{f(x)}{g(x)}$ 也为无穷大.

这种在一定条件下,通过分子、分母分别求导,再求极限来确定未定式极限值的方法,称为洛必达法则.

在洛必达法则中,$x \to x_0$ 可以改成 $x \to \infty$,$x \to x_0^+$,$x \to x_0^-$,$x \to +\infty$,$x \to -\infty$,这时只要把定理中 x_0 的邻域 $\overset{\circ}{U}(x_0)$ 作相应的改动即可.

2.7.2　其他类型未定式($0 \cdot \infty, \infty - \infty, 0^0, 1^\infty, \infty^0$)的极限

(1) 对于 $0 \cdot \infty$ 型,可将乘积化为商的形式,即化为 $\dfrac{0}{0}$ 或 $\dfrac{\infty}{\infty}$ 型的未定式来计算.

例 2.7.1　求极限 $\lim\limits_{x \to +\infty} x^2 e^{-x}$.

解:这是一个 $0 \cdot \infty$ 型未定式,通过函数形式的转换可以将其变为 $\dfrac{\infty}{\infty}$ 型未定式,进而利用洛必达法则进行求解. 即

$$\lim\limits_{x \to +\infty} x^2 e^{-x} = \lim\limits_{x \to +\infty} \dfrac{x^2}{e^x} = \lim\limits_{x \to +\infty} \dfrac{2x}{e^x} = \lim\limits_{x \to +\infty} \dfrac{2}{e^x} = 0.$$

(2) 对于 $\infty - \infty$ 型,可利用通分或将式子变形化为 $\frac{0}{0}$ 型的未定式来计算.

例 2.7.2 求极限 $\lim\limits_{x \to 1}\left(\dfrac{x}{x-1} - \dfrac{1}{\ln x}\right)$.

解:这是一个 $\infty - \infty$ 型未定式,对其变形可得

$$\lim_{x \to 1}\left(\frac{x}{x-1} - \frac{1}{\ln x}\right) = \lim_{x \to 1}\frac{x\ln x - x + 1}{(x-1)(\ln x)},$$

显然,$\lim\limits_{x \to 1}\dfrac{x\ln x - x + 1}{(x-1)(\ln x)}$ 是一个 $\frac{0}{0}$ 型未定式,根据洛必达法则可得

$$\begin{aligned}
\lim_{x \to 1}\left(\frac{x}{x-1} - \frac{1}{\ln x}\right) &= \lim_{x \to 1}\frac{x\ln x - x + 1}{(x-1)(\ln x)} \\
&= \lim_{x \to 1}\frac{\ln x + 1 - 1}{\ln x + \dfrac{x-1}{x}} \\
&= \lim_{x \to 1}\frac{x\ln x}{x\ln x + x - 1} \\
&= \lim_{x \to 1}\frac{\ln x + 1}{\ln x + 1 + 1} \\
&= \frac{1}{2}.
\end{aligned}$$

(3) 对于 $0^0, \infty^0, 1^\infty$ 型,可通过取对数化为 $0 \cdot \infty$ 型,再化为 $\frac{0}{0}$ 或 $\frac{\infty}{\infty}$ 型;也可先化为以 e 为底的指数函数的极限,再通过求指数的极限,将指数化为 $\frac{0}{0}$ 或 $\frac{\infty}{\infty}$ 型.

例 2.7.3 求极限 $\lim\limits_{x \to 0^+} x^x$.

解:首先确定极限是 0^0 型未定式,对其进行转化,令 $y = x^x$,取对数可得

$$\ln y = x\ln x,$$

因为

$$\begin{aligned}
\lim_{x \to 0^+}\ln y &= \lim_{x \to 0^+} x\ln x = \lim_{x \to 0^+}\frac{\ln x}{\dfrac{1}{x}} \\
&= \lim_{x \to 0^+}\frac{\dfrac{1}{x}}{-\dfrac{1}{x^2}} = \lim_{x \to 0^+}(-x) \\
&= 0,
\end{aligned}$$

所以

$$\lim_{x \to 0^+} e^{\ln y} = e^0 = 1.$$

例 2.7.4　求极限 $\lim\limits_{x \to 0^+} (\cot x)^{\frac{1}{\ln x}}$.

解：这是一个 ∞^0 型未定式，通过函数形式的转换变为

$$\lim_{x \to 0^+} (\cot x)^{\frac{1}{\ln x}} = \lim_{x \to 0^+} e^{\frac{\ln \cot x}{\ln x}} = e^{\lim\limits_{x \to 0^+} \frac{\ln \cot x}{\ln x}},$$

而 $\lim\limits_{x \to 0^+} \dfrac{\ln \cot x}{\ln x}$ 是一个 $\dfrac{\infty}{\infty}$ 型未定式，由洛必达法则得

$$\lim_{x \to 0^+} (\cot x)^{\frac{1}{\ln x}} = e^{\lim\limits_{x \to 0^+} \frac{\ln \cot x}{\ln x}} = e^{\lim\limits_{x \to 0^+} \frac{\frac{1}{\cot x}(-\csc^2 x)}{\frac{1}{x}}}$$

$$= e^{-\lim\limits_{x \to 0^+} \frac{x}{\sin x \cos x}} = e^{-1}.$$

例 2.7.5　求 $\lim\limits_{x \to 0} (\cos x)^{\frac{1}{x^2}}$.

解：这是 1^∞ 型未定式，令 $y = (\cos x)^{\frac{1}{x^2}}$，取对数得 $\ln y = \dfrac{\ln \cos x}{x^2}$，则

$$\lim_{x \to 0} \ln y = \lim_{x \to 0} \frac{\ln \cos x}{x^2} = \lim_{x \to 0} \frac{\frac{1}{\cos x}(-\sin x)}{2x} = -\lim_{x \to 0} \frac{\tan x}{2x} = -\frac{1}{2},$$

从而

$$\lim_{x \to 0} (\cos x)^{\frac{1}{x^2}} = \lim y = \lim e^{\ln y} = e^{-\frac{1}{2}}.$$

也可以直接化为以 e 为底的指数函数求极限，即

$$\lim_{x \to 0} (\cos x)^{\frac{1}{x^2}} = \lim_{x \to 0} e^{\frac{1}{x^2} \ln \cos x} = e^{\lim\limits_{x \to 0} \frac{1}{x^2} \ln \cos x}$$

$$= e^{\lim\limits_{x \to 0} \frac{-\tan x}{2x}} = e^{-\frac{1}{2}}.$$

2.8　泰勒公式

　　对于一些比较复杂的函数，为了便于研究，往往希望用一些简单的函数来近似表达. 多项式函数是最为简单的一类函数，因此多项式经常被用于近似地表达某个函数. 数学家泰勒研究发现，具有直到 $n+1$ 阶导数的函数在一个点的邻域内的值可以用函数在该点的函数值及各阶导数值组成的 n 次多项式近似表达，进而总结出了著名的泰勒公式. 下面，我们就对泰勒公式展开讨论.

　　由前面的讨论可知，如果函数 $f(x)$ 在点 x_0 可导，则有

$$f(x) = f(x_0) + f'(x_0)(x - x_0) + o(x - x_0),$$

即在点 x_0 附近，用一次多项式 $f(x_0)+f'(x_0)(x-x_0)$ 近似表示 $f(x)$ 时，其误差为 $(x-x_0)$ 的高阶无穷小. 然而，用这个一次多项式来近似计算 $f(x)$ 时，其精确度往往还不能够满足实际需要，而且用 $f(x_0)+f'(x_0)(x-x_0)$ 来作近似计算也不能具体估算误差的大小. 因此，我们希望能够找出一个关于 $(x-x_0)$ 的 n 次多项式

$$P_n(x) = a_0 + a_1(x-x_0) + a_2(x-x_0)^2 + \cdots + a_n(x-x_0)^n$$

$$(2.8.1)$$

来近似表示函数 $f(x)$，并且满足如下条件：

(1) 当 $x \to x_0$ 时，$f(x)-P_n(x)$ 是比 $(x-x_0)^n$ 高阶的无穷小.

(2) 能够写出误差 $|f(x)-P_n(x)|$ 的具体表达式.

下面我们来讨论这个问题. 假设 $P_n(x)$ 和 $f(x)$ 在点 x_0 处满足

$$P_n(x_0) = f(x_0), \quad P'_n(x_0) = f'(x_0)$$

$$P''_n(x_0) = f''(x_0), \cdots P_n^{(n)}(x_0) = f^{(n)}(x_0)$$

我们将用这些等式来确定多项式(2.8.1)的系数 $a_0, a_1, a_2, \cdots, a_n$. 为此，对式(2.8.1)求各阶导数，然后分别代入以上等式，得

$$a_0 = f(x_0), 1 \cdot a_1 = f'(x_0), 2! \cdot a_2 = f''(x_0), \cdots, n! \cdot a_n = f^{(n)}(x_0).$$

于是

$$a_0 = f(x_0), a_1 = f'(x_0), a_2 = \frac{f''(x_0)}{2!}, \cdots, a_n = \frac{f^{(n)}(x_0)}{n!}.$$

把求得的系数 $a_0, a_1, a_2, \cdots, a_n$ 代入式(2.8.1)，就得到

$$P_n(x) = f(x_0) + f'(x_0)(x-x_0) + \frac{f''(x_0)}{2!}(x-x_0)^2 + \cdots +$$

$$\frac{f^{(n)}(x_0)}{n!}(x-x_0)^n. \tag{2.8.2}$$

下面的定理表明，多项式(2.8.2)的确是我们要找的 n 次多项式.

定理 2.8.1（泰勒中值定理） 如果函数 $f(x)$ 在含有 x_0 的某个开区间 (a,b) 内具有直到 $(n+1)$ 阶的导数，则对任一 $x \in (a,b)$，有

$$f(x) = f(x_0) + f'(x_0)(x-x_0) + \frac{f''(x_0)}{2!}(x-x_0)^2 + \cdots +$$

$$\frac{f^{(n)}(x_0)}{n!}(x-x_0)^n + R_n(x), \tag{2.8.3}$$

其中

$$R_n(x) = \frac{f^{(n+1)}(\xi)}{(n+1)!}(x-x_0)^{n+1}, \tag{2.8.4}$$

这里 ξ 是 x_0 与 x 之间的某个值.

证明：令 $R_n(x) = f(x)-P_n(x)$，这里 $P_n(x)$ 由式(2.8.2)表示，因此，

只需证明(2.8.4)式即可.

由假设可知,$R_n(x)$ 在(a,b) 内具有直到$(n+1)$ 阶的导数,且

$$R_n(x_0) = R'_n(x_0) = R''_n(x_0) = \cdots = R_n^{(n)}(x_0) = 0,$$

在以 x_0 及 x 为端点的区间上对函数$R_n(x)$ 及$(x-x_0)^{n+1}$ 应用柯西中值定理(显然,这两个函数满足柯西中值定理的条件),得

$$\frac{R_n(x)}{(x-x_0)^{n+1}} = \frac{R_n(x) - R_n(x_0)}{(x-x_0)^{n+1} - 0} = \frac{R'_n(\xi_1)}{(n+1)(\xi_1-x_0)^n},$$

其中,ξ_1 在 x 与 x_0 之间. 再在以 x_0 和 ξ_1 为端点的区间上对函数 $R'_n(x)$ 与 $(n+1)(x-x_0)^n$ 应用柯西中值定理,得

$$\frac{R'_n(\xi_1)}{(n+1)(\xi_1-x_0)^n} = \frac{R'_n(\xi_1) - R'_n(x_0)}{(n+1)(\xi_1-x_0)^n - 0} = \frac{R''_n(\xi_2)}{n(n+1)(\xi_2-x_0)^{n-1}},$$

其中,ξ_2 在 x_0 与 ξ_1 之间. 照此方法继续做下去,经过$(n+1)$ 次后,得

$$\frac{R_n(x)}{(x-x_0)^{n+1}} = \frac{R_n^{(n+1)}(\xi)}{(n+1)!}, \tag{2.8.5}$$

其中,ξ 在 x_0 与 ξ_n 之间,从而也在 x_0 与 x 之间. 因为

$$P_n^{(n+1)}(x) = 0,$$

所以

$$R_n^{(n+1)}(x) = f^{(n+1)}(x),$$

由此及式(2.8.5)推出式(2.8.4).

多项式(2.8.2)称为函数 $f(x)$ 按$(x-x_0)$ 的幂展开的 n 次近似多项式,$R_n(x)$ 的表达式(2.8.4)称为拉格朗日型余项,而公式(2.8.3)称为 $f(x)$ 按$(x-x_0)$ 的幂展开的带有拉格朗日型余项的 n 阶泰勒公式.

当 $n=0$ 时,泰勒公式变成拉格朗日中值公式

$$f(x) = f(x_0) + f'(\xi)(x-x_0),$$

其中,ξ 在 x_0 与 x 之间. 因此,泰勒中值定理是拉格朗日中值定理的推广.

由泰勒中值定理可知,在用多项式 $P_n(x)$ 近似表达函数 $f(x)$ 时,其误差为 $|R_n(x)|$. 如果对于某个固定的 n,当 $x \in (a,b)$ 时,$|f^{(n+1)}(x)| \leqslant M$,则有估计式

$$|R_n(x)| = \left| \frac{f^{(n+1)}(\xi)}{(n+1)!}(x-x_0)^{n+1} \right| \leqslant \frac{M}{(n+1)!} |x-x_0|^{n+1} \tag{2.8.6}$$

$$\lim_{x \to x_0} \frac{R_n(x)}{(x-x_0)^n} = 0.$$

由此可见,当 $x \to x_0$ 时,误差 $|R_n(x)|$ 是比$(x-x_0)^n$ 高阶的无穷小,即

$$R_n(x) = o[(x-x_0)^n]. \tag{2.8.7}$$

这样,就可以根据(2.8.6)来确定 n,使得(2.8.2)定义的 $P_n(x)$ 满足所需要的精确度.

在不需要写出余项的精确表达式时,n 阶泰勒公式也可表示成

$$f(x) = f(x_0) + f'(x_0)(x - x_0) + \frac{f''(x_0)}{2!}(x - x_0)^2 + \cdots +$$

$$\frac{f^{(n)}(x_0)}{n!}(x - x_0)^n + o[(x - x_0)^n]. \tag{2.8.8}$$

$R_n(x)$ 的表达式(2.8.7)称为佩亚诺型余项,公式(2.8.8)称为 $f(x)$ 按 $(x - x_0)$ 的幂展开的带有佩亚诺型余项的 n 阶泰勒公式.

在泰勒公式(2.8.3)中,如果取 $x_0 = 0$,则 ξ 在 0 与 x 之间.因此可令 $\xi = \theta x (0 < \theta < 1)$,从而泰勒公式变成较简单的形式,即所谓带有拉格朗日型余项的麦克劳林公式

$$f(x) = f(0) + f'(0)x + \frac{f''(0)}{2!}x^2 + \cdots + \frac{f^{(n)}(0)}{n!}x^n +$$

$$\frac{f^{(n+1)}(\theta x)}{(n+1)!}x^{n+1}, 0 < \theta < 1. \tag{2.8.9}$$

例 2.8.1 写出函数 $f(x) = x^3 \ln x$ 在 $x_0 = 1$ 处的四阶泰勒公式.

解:函数 $f(x) = x^3 \ln x$ 的各阶导数为

$$f(x) = x^3 \ln x,$$
$$f'(x) = 3x^2 \ln x + x^2,$$
$$f''(x) = 6x \ln x + 5x,$$
$$f'''(x) = 6\ln x + 11,$$
$$f^{(4)}(x) = \frac{6}{x},$$
$$f^{(5)}(x) = -\frac{6}{x^2},$$

将 $x_0 = 1$ 代入可得

$$f(1) = 0, f'(1) = 1, f''(1) = 5, f'''(1) = 11, f^{(4)}(1) = 6$$

将 $x = \xi$ 代入 $f^{(5)}(x) = -\frac{6}{x^2}$ 中可得

$$f^{(5)}(\xi) = -\frac{6}{\xi^2},$$

所以 $f(x) = x^3 \ln x$ 在 $x_0 = 1$ 处的四阶泰勒公式为

$$f(x) = x^3 \ln x = (x - 1) + \frac{5}{2!}(x - 1)^2 + \frac{11}{3!}(x - 1)^3 +$$

$$\frac{6}{4!}(x - 1)^4 - \frac{6}{5!\xi^2}(x - 1)^5.$$

其中，ξ 介于 1 与 x 之间.

例 2.8.2　写出函数 $f(x) = e^x$ 的带有拉格朗日型余项的麦克劳林公式.

解：因为
$$f(x) = f'(x) = f''(x) = \cdots = f^{(n)}(x) = f^{(n+1)}(x) = e^x,$$
所以
$$f(0) = f'(0) = f''(0) = \cdots = f^{(n)}(0) = 1, f^{(n+1)}(\theta x) = e^{\theta x}.$$
把它们代入公式（2.8.9）得到
$$e^x = 1 + x + \frac{x^2}{2!} + \cdots + \frac{x^n}{n!} + \frac{e^{\theta x}}{(n+1)!} x^{n+1},$$
$$0 < \theta < 1, x \in (-\infty, +\infty)$$

例 2.8.3　利用泰勒公式求 $\sin 10°$ 的近似值.

解：将 $10°$ 换算成弧度，即
$$x = 10° = \frac{\pi}{18} \approx 0.174\,533 < 0.2$$
若用一阶泰勒公式来求 $\sin 10°$ 的近似值，即
$$\sin x = \sin 10° = \sin(0.174\,533) \approx x = 0.174\,533$$
误差估计为
$$|R_1(x)| = \left| \frac{1}{2} \sin\left(\xi + \frac{2\pi}{2}\right) \cdot (0.174\,533)^2 \right| < \frac{1}{2}(0.2)^2 = 0.02$$
若用三阶泰勒公式计算 $\sin 10°$ 的近似值，则有
$$\sin x = \sin 10° = \sin(0.174\,533) \approx x - \frac{x^3}{3!}$$
$$= 0.174\,533 - \frac{1}{6}(0.174\,533)^3$$
$$\approx 0.18.$$
误差估计为
$$|R_3(x)| = \frac{1}{4!} \left| \sin\left(\xi + \frac{4\pi}{2}\right) \right| (0.174\,533)^4$$
$$< \frac{1}{24} \times (0.2)^4 < 10^{-5}.$$

若题目要求其误差不能超过 10^{-6}，则应当先估计余项 $R_n(x)$ 的上界
$$|R_n(x)| = \frac{1}{(n+1)!} \left| \sin\left(x + \frac{n+1}{2}\pi\right) \cdot x^{n+1} \right|,$$
取 n 为何值时，能使误差 $|R_n(x)| < 10^{-6}$？解如下不等式
$$|R_n(0.174\,533)| \leqslant \frac{1}{(n+1)!} (0.174\,533)^{n+1} < 10^{-6},$$

由于一般情况解上述不等式比较麻烦,因此不如我们取适当的 n 值验证一下,例如取 $n = 5$,则有

$$|R_n(0.174\ 533)| \leqslant \frac{1}{(5+1)!}(0.174\ 533)^{5+1} \approx 4 \times 10^{-8},$$

上述精度已经超出了要求的,所以得到一个关于 $\sin 10°$ 的误差小于 10^{-6} 的近似值为

$$\sin 10° = \sin(0.174\ 533)$$

$$\approx 0.174\ 533 - \frac{1}{6} \times (0.174\ 533)^3 + \frac{1}{120} \times (0.174\ 533)^5$$

$$\approx 0.173\ 647.$$

2.9　导数在经济学中的应用

2.9.1　最小成本问题

例 2.9.1　设某厂每天生产某种产品 Q 个单位时的总成本函数为

$$C(Q) = Q^2 - 3Q + 1\ 600.$$

(1) 当每天生产多少个单位的产品时,可使平均成本最低?

(2) 求出该产品的边际成本,并求当平均成本最低时,边际成本与平均成本的关系.

解:(1) 设产品的平均成本为

$$\overline{C}(Q) = \frac{C(Q)}{Q} = Q - 3 + \frac{1\ 600}{Q}.$$

于是

$$\overline{C}'(Q) = 1 - \frac{1\ 600}{Q^2},$$

令 $\overline{C}'(Q) = 0$,得唯一驻点 $Q = 40$. 又因为

$$\overline{C}''(Q) = \frac{3\ 200}{Q^3} > 0,$$

所以 $Q = 40$ 为 $\overline{C}(Q)$ 的极小值点,且为最小值点. 因此,当 $Q = 40$ 时,其平均成本最小.

最小平均成本为 $\overline{C}(40) = 77$.

(2) 该产品的边际成本为

$$C'(Q) = 2Q - 3.$$

当 $Q = 40$ 时,边际成本为 $C'(40) = 77$,即当平均成本最低时,其边际成本等于平均成本.这是经济学中的一个重要结论.

2.9.2　最大利润问题

例 2.9.2　某商品进价为每件 20 元,根据经验,当销售价为每件 60 元时,每日可售出 100 件.市场调查表明,销售价下降 10%,可使日销售量增加 30%.如果商家决定一次性降价售出这批商品时,问当销售价定为多少时,商家才能获得最大利润?

解:设销售价定为 P 元时,日销售量为 Q 件,于是每天获得的利润函数为

$$R = (P-20)Q, \tag{2.9.1}$$

根据题意可知,Q 为 P 的线性函数,设为

$$Q = a + bP,$$

其中,a,b 均为常数,从而有

$$\begin{cases} 100 = a + 60b \\ 130 = a + 54b \end{cases}$$

解方程组得 $a = 400, b = -5$,所以有

$$Q = 400 - 5P. \tag{2.9.2}$$

将式(2.9.2)代入式(2.9.1),得到日利润

$$R = (P-20)(400-5P).$$

令

$$R' = 500 - 10P = 0,$$

从而得到唯一的驻点 $P = 50$. 又因为

$$R'' = -10 < 0,$$

所以当 $P = 50$ 时,$R(P)$ 取极大值,且取得最大值,即当销售价定为每件 50 元时,此时商家可获得最大利润.

注:在该例题中,如果设该商品的售价从 P_1 降为 P_2 时,对应的日销售量从 Q_1 增加到 Q_2,则根据题设,它们应满足关系式:

$$\frac{P_1 - P_2}{P_1} = \frac{1}{3} \cdot \frac{Q_2 - Q_1}{Q_1},$$

即

$$Q_2 = Q_1 + 3Q_1\left(1 - \frac{P_2}{P_1}\right).$$

又当 $P_1 = 60$ 时,$Q_1 = 100$,代入上式,得

$$Q_2 = 400 - 5P_2,$$

与式(2.9.2)相同.确定日销售量与价格的关系式是解决这类问题的关键.

例 2.9.3 某工厂在一个月生产某产品 Q 件时,总成本费为

$$C(Q) = 5Q + 200(万元),$$

得到的收益为

$$R(Q) = 10Q - 0.01Q^2(万元).$$

试问一个月生产多少件产品,所获利润最大?

解:根据题意可知利润为

$$\begin{aligned}
L(Q) &= R(Q) - C(Q) \\
&= 10Q - 0.01Q^2 - 5Q - 200 \\
&= 5Q - 0.01Q^2 - 200,
\end{aligned}$$

其中$(0 < Q < +\infty)$,显然最大利润一定在$(0, +\infty)$内取得.设

$$L'(Q) = 5 - 0.02Q = 0,$$

得 $Q = 250$.又因为

$$L''(Q) = -0.02 < 0,$$

所以$L(250) = 425(万元)$为的一个极大值,从而一个月生产250件产品时,可取得最大利润425万元.

由于 $L(Q)$ 取得最大值的必要条件为$L'(Q) = 0$,即$R'(Q) = C'(Q)$,于是取得最大利润的必要条件为

边际收益 = 边际成本

又 $L(Q)$ 取得最大值的充分条件是:

$L''(Q) < 0$,即$L''(Q) < 0$,故取得最大利润的充分条件为

边际收益的变化率 < 边际成本的变化率

此即为最大利润原则.

2.9.3　最大收益问题

例 2.9.4 设某商品的单价为 P 时,售出的商品数量 Q 可表示为 $Q = \dfrac{100}{1+P} - 4$.试问当该产品的单价 P 取何值时,其销售额最大?

解:设商品的销售额为 R,则

$$R = PQ = P\left(\frac{100}{1+P} - 4\right),$$

从而有

$$R' = \frac{100}{1+P} - 4 - \frac{100P}{(1+P)^2} = \frac{4[25 - (1+P)^2]}{(1+P)^2}.$$

令 $R' = 0$,得到唯一的驻点 $P_0 = 4$.

当 $P < 4$ 时 $R' > 0$,即销售额随单价 P 增加而增加;当 $P > 4$ 时 $R' < 0$,即销售额随单价 P 增加而减少.故当 $P = 4$ 时,销售额 R 取得最大值,最大销售额为 $R(4) = 64$.

2.9.4　最大税收问题

例 2.9.5　某种商品的平均成本为 $\overline{C}(x) = 2$,价格函数为 $P(x) = 20 - 4x(x$ 为商品数量),国家向企业每件商品征税为 t.

(1) 生产商品多少时,利润最大?

(2) 在企业取得最大利润的情况下,t 为何值时才能使总税收最大?

解:(1) 总成本

$$C(x) = x\overline{C}(x) = 2x,$$

总收益为

$$R(x) = xP(x) = 20x - 40x^2,$$

总税收为

$$T(x) = tx,$$

总利润为

$$L(x) = R(x) - C(x) - T(x) = (18 - t)x - 4x^2.$$

设

$$L'(x) = 18 - t - 8x = 0,$$

可得

$$x = \frac{18 - t}{8},$$

又因为

$$L''(x) = -8 < 0,$$

所以

$$L\left(\frac{18 - t}{8}\right) = \frac{(18 - t)^2}{16}$$

为其最大利润.

(2) 取得最大利润时的税收为

$$T = tx = \frac{t(18 - t)}{8} = \frac{18t - t^2}{8}(x > 0)$$

设

$$T' = \frac{9 - t}{4} = 0,$$

得 $t = 9$. 又因为

$$T'' = -\frac{1}{4} < 0,$$

所以当 $t = 9$ 时,总税收取得最大值

$$T(9) = \frac{81}{8},$$

此时总利润为

$$L = \frac{(18-9)^2}{16} = \frac{81}{16}.$$

第3章　定积分及其应用

3.1　定积分的概念与性质

3.1.1　定积分的概念

定义 3.1.1　设函数 $y = f(x)$ 在区间 $[a,b]$ 上有界,在区间 $[a,b]$ 中任意插入 $n-1$ 个分点

$$a = x_0 < x_1 < x_2 < \cdots < x_{i-1} < x_i < \cdots < x_{n-1} < x_n = b$$

把区间分为 n 个小区间

$$[x_0,x_1],[x_1,x_2],\cdots,[x_{i-1},x_i],\cdots,[x_{n-1},x_n]$$

记小区间 $[x_{i-1},x_i]$ 的长度为

$$\Delta x_i = x_i - x_{i-1}(i = 1,2,\cdots,n).$$

在每个小区间 $[x_{i-1},x_i]$ 上任取一点 $\xi_i(x_{i-1} \leqslant \xi_i \leqslant x_i)$,作乘积的和式

$$S = \sum_{i=1}^{n} f(\xi_i)\Delta x_i$$

如果不论对区间 $[a,b]$ 采取何种分法及 ξ_i 如何选取,当最大区间长度 $\lambda \to 0$ 时,和式 S 的极限 I 存在,则称此极限 I 为函数 $f(x)$ 在区间 $[a,b]$ 上的定积分,记作 $\int_a^b f(x)\mathrm{d}x$,即

$$\int_a^b f(x)\mathrm{d}x = I = \lim_{\lambda \to 0} \sum_{i=1}^{n} f(\xi_i)\Delta x_i.$$

其中,"$\int$" 称为积分号,$f(x)$ 称为被积函数,$f(x)\mathrm{d}x$ 称为被积表达式,x 称为积分变量,a 与 b 分别称为积分的上限与下限,$[a,b]$ 称为积分区间.

根据定积分的定义,前面两个实例可分别写成定积分的形式:

曲边梯形的面积

$$A = \int_a^b f(x)\mathrm{d}x.$$

变速直线运动的物体所经过的路程

$$s = \int_a^b v(t) \mathrm{d}t.$$

如果函数 $f(x)$ 在区间 $[a,b]$ 上的定积分存在,则称 $f(x)$ 在 $[a,b]$ 上可积. 那么,在什么条件下,$f(x)$ 在 $[a,b]$ 上一定可积呢?我们有如下两条定积分存在定理:

定理 3.1.1 函数 $f(x)$ 在区间 $[a,b]$ 上连续,则 $f(x)$ 在区间 $[a,b]$ 上可积.

定理 3.1.2 函数 $f(x)$ 在区间 $[a,b]$ 上有界,并且只有有限个第一类间断点,则 $f(x)$ 在区间 $[a,b]$ 上可积.

例 3.1.1 利用定义计算定积分 $\int_0^1 x^3 \mathrm{d}x$.

解:因为 $f(x) = x^3$ 在积分区间 $[0,1]$ 上连续,所以 $\int_0^1 x^3 \mathrm{d}x$ 存在,又因为定积分与区间 $[0,1]$ 的分割(任意)及点 ξ_i 的取法(任意)都是无关的,为了便与计算,不妨把区间 $[0,1]$ 分成 n 等分,分点为 $x_i = \dfrac{i}{n}(i=1,2,\cdots,n-1)$,每个小区间 $[x_{i-1},x_i]$ 的长度为 $\Delta x_i = \dfrac{1}{n}(i=1,2,\cdots,n)$,取 $\xi_i = x_i(i=1,2,\cdots,n)$,于是有

$$
\begin{aligned}
\sum_{i=1}^n f(\xi_i) \Delta x_i &= \sum_{i=1}^n \xi_i^3 \Delta x_i = \sum_{i=1}^n x_i^3 \Delta x_i \\
&= \sum_{i=1}^n \left(\frac{i}{n}\right)^3 \frac{1}{n} = \frac{1}{n^4} \sum_{i=1}^n i^3 \\
&= \frac{1}{n^4} \cdot \frac{1}{4} n^2 (n+1)^2 \\
&= \frac{1}{4} \left(1 + \frac{1}{n}\right)^2,
\end{aligned}
$$

故

$$
\begin{aligned}
\int_0^1 x^3 \mathrm{d}x &= \lim_{\lambda \to 0} \sum_{i=1}^n f(\xi_i) \Delta x_i = \lim_{\lambda \to 0} \sum_{i=1}^n \xi_i^3 \Delta x_i \\
&= \lim_{n \to \infty} \frac{1}{4} \left(1 + \frac{1}{n}\right)^2 = \frac{1}{4}.
\end{aligned}
$$

本例中,对于任意一个确定的自然数 n 来说,积分和

$$\sum_{i=1}^n f(\xi_i) \Delta x_i = \frac{1}{4} \left(1 + \frac{1}{n}\right)^2$$

是定积分 $\int_0^1 x^3 \mathrm{d}x$ 的近似值. 通常,n 值取得越大,近似精度就越高.

3.1.2　定积分的性质

为了理论与计算的需要,我们介绍定积分的基本性质,在下面的讨论中,均假定定积分在区间$[a,b]$上可积.

性质 3.1.1　被积函数的常数因子可以提到积分号的外面,即

$$\int_a^b kf(x)\mathrm{d}x = k\int_a^b f(x)\mathrm{d}x(k\ 为常数).$$

证明:

$$\int_a^b kf(x)\mathrm{d}x = \lim_{\lambda \to 0}\sum_{i=1}^n kf(\xi_i)\Delta x_i = \lim_{\lambda \to 0}k\sum_{i=1}^n f(\xi_i)\Delta x_i$$

$$= k\lim_{\lambda \to 0}\sum_{i=1}^n f(\xi_i)\Delta x_i = k\int_a^b f(x)\mathrm{d}x.$$

性质 3.1.2　两个函数和(差)的定积分等于它们定积分的和(差),即

$$\int_a^b [f(x) \pm g(x)]\mathrm{d}x = \int_a^b f(x)\mathrm{d}x \pm \int_a^b g(x)\mathrm{d}x.$$

证明:

$$\int_a^b [f(x) \pm g(x)]\mathrm{d}x = \lim_{\lambda \to 0}\sum_{i=1}^n [f(\xi_i) \pm g(\xi_i)]\Delta x_i$$

$$= \lim_{\lambda \to 0}\sum_{i=1}^n [f(\xi_i)\Delta x_i \pm g(\xi_i)\Delta x_i]$$

$$= \lim_{\lambda \to 0}\sum_{i=1}^n f(\xi_i)\Delta x_i \pm \lim_{\lambda \to 0}\sum_{i=1}^n g(\xi_i)\Delta x_i$$

$$= \int_a^b f(x)\mathrm{d}x \pm \int_a^b g(x)\mathrm{d}x.$$

性质 3.1.3(积分区间的可加性)　对于任意三个实数 a,b,c,恒有

$$\int_a^b f(x)\mathrm{d}x = \int_a^c f(x)\mathrm{d}x + \int_c^b f(x)\mathrm{d}x.$$

证明:因为函数 $f(x)$ 在$[a,b]$上可积,所以不论怎样分割$[a,b]$,积分和的极限总是不变的. 因此,我们分区间时,选 c 为一分点,那么,$[a,b]$上的积分和等于$[a,c]$上的积分和加上$[c,b]$上的积分和,即

$$\sum_{[a,b]} f(\xi_i)\Delta x_i = \sum_{[a,c]} f(\xi'_i)\Delta x_i + \sum_{[c,b]} f(\xi''_i)\Delta x_i.$$

当 $\lambda \to 0$ 时,上式两端取极限,得

$$\int_a^b f(x)\mathrm{d}x = \int_a^c f(x)\mathrm{d}x + \int_c^b f(x)\mathrm{d}x.$$

不论 a,b,c 的相对位置如何,总有

$$\int_a^b f(x)\mathrm{d}x = \int_a^c f(x)\mathrm{d}x + \int_c^b f(x)\mathrm{d}x.$$

事实上,假设 $a < b < c$ 时,由于

$$\int_a^c f(x)\mathrm{d}x = \int_a^b f(x)\mathrm{d}x + \int_b^c f(x)\mathrm{d}x,$$

所以

$$\int_a^b f(x)\mathrm{d}x = \int_a^c f(x)\mathrm{d}x - \int_b^c f(x)\mathrm{d}x$$

$$= \int_a^c f(x)\mathrm{d}x + \int_c^b f(x)\mathrm{d}x.$$

性质 3.1.4 若 $f(x) = k(k$ 为常数),则

$$\int_a^b f(x)\mathrm{d}x = \int_a^b k\,\mathrm{d}x = k(b-a),$$

特别地,当 $k = 1$ 时,有

$$\int_a^b 1\mathrm{d}x = \int_a^b \mathrm{d}x = b - a.$$

性质 3.1.5 若在区间 $[a,b]$ 上,有 $f(x) \geqslant g(x)$,则在区间 $[a,b]$ 上必有

$$\int_a^b f(x)\mathrm{d}x \geqslant \int_a^b g(x)\mathrm{d}x.$$

证明:

$$\int_a^b f(x)\mathrm{d}x - \int_a^b g(x)\mathrm{d}x = \int_a^b [f(x) - g(x)]\mathrm{d}x$$

$$= \lim_{\lambda \to 0} \sum_{i=1}^n [f(\xi_i) - g(\xi_i)]\Delta x_i.$$

由于 $f(x_i) \geqslant g(x_i), \Delta x_i \geqslant 0(i = 1,2,\cdots,n)$,所以

$$\int_a^b f(x)\mathrm{d}x - \int_a^b g(x)\mathrm{d}x \geqslant 0,$$

即

$$\int_a^b f(x)\mathrm{d}x \geqslant \int_a^b g(x)\mathrm{d}x.$$

性质 3.1.6 设 M 和 m 分别是 $f(x)$ 在区间 $[a,b]$ 上的最大值与最小值,则

$$m(b-a) \leqslant \int_a^b f(x)\mathrm{d}x \leqslant M(b-a)(a < b).$$

证明:因 $m \leqslant f(x) \leqslant M$,有

$$\int_a^b m\,\mathrm{d}x \leqslant \int_a^b f(x)\mathrm{d}x \leqslant \int_a^b M\,\mathrm{d}x,$$

由性质 3.1.1 和性质 3.1.2 得

$$m(b-a) \leqslant \int_a^b f(x)\mathrm{d}x \leqslant M(b-a).$$

性质 3.1.6 常用于估计积分值的大致范围.

性质 3.1.7（积分中值定理）　如果函数 $f(x)$ 在闭区间 $[a,b]$ 上连续，则在 $[a,b]$ 上至少有一点 ξ，使下式成立

$$\int_a^b f(x)\mathrm{d}x = f(\xi)(b-a)\,(a \leqslant \xi \leqslant b),$$

这个公式称为积分中值公式.

证明：因为 $f(x)$ 在闭区间 $[a,b]$ 上连续，所以 $f(x)$ 在 $[a,b]$ 上取得最大值 M 和最小值 m，由性质 3.1.6 可得

$$m(b-a) \leqslant \int_a^b f(x)\mathrm{d}x \leqslant M(b-a)\,(a < b),$$

即

$$m \leqslant \frac{1}{b-a}\int_a^b f(x)\mathrm{d}x \leqslant M.$$

由闭区间上连续函数的介值定理可知，在 $[a,b]$ 内至少存在一点 ξ，使得

$$f(\xi) = \frac{1}{b-a}\int_a^b f(x)\mathrm{d}x\,(a \leqslant \xi \leqslant b),$$

即

$$\int_a^b f(x)\mathrm{d}x = f(\xi)(b-a).$$

易知 $\int_a^b f(x)\mathrm{d}x = f(\xi)(b-a)$（$\xi$ 介于 a,b 之间）对于 $a > b$ 或 $a < b$ 都成立.

积分中值定理有明显的几何意义：在 $[a,b]$ 上至少存在一点 ξ，使得以 $[a,b]$ 为底边、高为 $f(\xi)$ 的一个矩形的面积等于以 $[a,b]$ 为底边，以曲线 $y = f(x)$ 为曲边的曲边梯形的面积（图 3.1.1）.

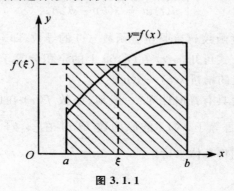

图 3.1.1

从几何的角度容易看出,数值 $\mu = \dfrac{1}{b-a}\displaystyle\int_a^b f(x)\mathrm{d}x$ 表示连续曲线 $y = f(x)$ 在 $[a,b]$ 上的平均高度,也就是函数 $f(x)$ 在 $[a,b]$ 上的平均值,这是有限个数的平均值概念的推广.

3.2　微积分基本公式

根据定积分的定义计算定积分,即按分割—求近似值—累加—取极限的方法计算定积分不是一件容易的事. 事实上,除了一些特殊情形外,这种方法往往无法计算. 为此必须寻求一种简单的计算方法. 从不定积分和定积分的定义发现,不定积分是作为微分的逆运算定义的,定积分是作为积分和定义的,从表面上看,它们是毫不相干的,那么实质上它们之间是否就没有联系呢?人们经过长期探索,最终揭示了它们之间的内在联系,即定积分计算的有力工具——著名的微分基本定理——牛顿-莱布尼茨公式.

3.2.1　变速直线运动中位置函数与速度函数之间的关系

若质点作变速直线运动,其速度 $v(t)$ 为连续函数,则由定积分的定义可知,质点从时刻 a 到时刻 $b(a < b)$ 所通过的路程为

$$s = \int_a^b v(t)\mathrm{d}t,$$

另一方面,这段路程又可以表示为位置函数 $s(t)$ 在 $[a,b]$ 上的增量,即

$$s = s(b) - s(a),$$

由此可见,位置函数 $s(t)$ 与速度函数 $v(t)$ 有如下关系:

$$\int_a^b v(t)\mathrm{d}t = s(b) - s(a).$$

我们已知速度函数 $v(t)$ 是位置函数 $s(t)$ 的导数,即 $s(t)$ 是 $v(t)$ 的一个原函数. 因此,由上式可知,$v(t)$ 在 $[a,b]$ 上的定积分等于 $v(t)$ 的一个原函数 $s(t)$ 在 $[a,b]$ 上的增量 $s(b) - s(a)$.

这个结论是否具有普遍性呢?一般地,函数 $f(x)$ 在区间 $[a,b]$ 上的定积分 $\displaystyle\int_a^b f(x)\mathrm{d}x$ 是否等于 $f(x)$ 的原函数 $F(x)$ 在 $[a,b]$ 上的增量 $F(b) - F(a)$ 呢?下面我们将具体来讨论.

3.2.2 积分上限的函数及其导数

设函数 $f(x)$ 在 $[a,b]$ 上连续,对任意 $x \in [a,b]$,$f(t)$ 在 $[a,x]$ 上连续,对应于每一个 x 值,积分 $\int_a^x f(t)\mathrm{d}t$ 是一个确定的值,即

$$\Phi(x) = \int_a^x f(t)\mathrm{d}t,$$

$\Phi(x)$ 为定义在 $[a,b]$ 上的一个函数,称此函数为积分上限的函数或变上限积分函数,其几何意义如图 3.2.1 所示.

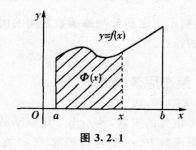

图 3.2.1

关于积分上限的函数,有如下重要结论:

定理 3.2.1 如果 $f(x)$ 在 $[a,b]$ 上连续,则积分上限的函数 $\Phi(x) = \int_a^x f(t)\mathrm{d}t$ 在 $[a,b]$ 上可导,并且其导数是

$$\Phi'(x) = \frac{\mathrm{d}}{\mathrm{d}x}\int_a^x f(t)\mathrm{d}t = f(x), x \in [a,b].$$

证明:当上限 x 获得增量 Δx 时,$\Phi(x)$ 便得到增量 $\Delta\Phi(x)$:

$$\begin{aligned}
\Delta\Phi(x) &= \Phi(x + \Delta x) - \Phi(x) = \int_a^{x+\Delta x} f(t)\mathrm{d}t - \int_a^x f(t)\mathrm{d}t \\
&= \left(\int_a^x f(t)\mathrm{d}t + \int_x^{x+\Delta x} f(t)\mathrm{d}t\right) - \int_a^x f(t)\mathrm{d}t \\
&= \int_x^{x+\Delta x} f(t)\mathrm{d}t.
\end{aligned}$$

如图 3.2.2 所示,根据积分中值定理可得 $\Delta\Phi(x) = f(\xi)\Delta x$,其中 ξ 为 x 与 $x+\Delta x$ 之间的一点. 于是有 $\dfrac{\Delta\Phi(x)}{\Delta x} = f(\xi)$. 注意到当 $\Delta x \to 0$ 时有 $\xi \to x$,由 $f(x)$ 的连续性知

$$\Phi'(x) = \lim_{\Delta x \to 0} \frac{\Delta\Phi(x)}{\Delta x} = \lim_{\xi \to x} f(\xi) = f(x).$$

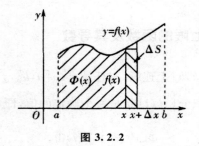

图 3.2.2

由定理 3.2.1 可知：如果 $f(x)$ 在 $[a,b]$ 上连续，则积分上限的函数 $\Phi(x) = \int_a^x f(t)\mathrm{d}t$ 是 $f(x)$ 在 $[a,b]$ 上的一个原函数. 这不仅证明连续函数的原函数必然存在，而且揭示了定积分与原函数之间的内在联系，提供了通过原函数来计算定积分的途径.

3.2.3　牛顿 - 莱布尼茨公式

现在我们证明一个重要的定理，他给出了用原函数计算定积分的公式.

定理 3.2.2　如果函数 $F(x)$ 是连续函数 $f(x)$ 在闭区间 $[a,b]$ 上的一个原函数，则

$$\int_a^b f(x)\mathrm{d}x = F(b) - F(a).$$

证明：因为 $f(x)$ 在 $[a,b]$ 上连续，$\Phi(x) = \int_a^x f(t)\mathrm{d}t$ 是 $f(x)$ 在 $[a,b]$ 上的一个原函数，又已知 $F(x)$ 是 $f(x)$ 在 $[a,b]$ 上的一个原函数，所以

$$F(x) - \Phi(x) = C (a \leqslant x \leqslant b).$$

令 $x = a$，得 $C = F(a)$，代入上式得

$$F(x) - \Phi(x) = F(a),$$

即

$$\int_a^x f(t)\mathrm{d}t = F(x) - F(a),$$

在上式中令 $x = b$，得

$$\int_a^b f(t)\mathrm{d}t = F(b) - F(a),$$

将积分变量换为 x，得

$$\int_a^b f(x)\mathrm{d}x = F(b) - F(a).$$

常把公式 $\int_a^b f(x)\mathrm{d}x = F(b) - F(a)$ 称为牛顿 - 莱布尼茨公式，它表明连续

函数在$[a,b]$上的定积分等于它的任一原函数在$[a,b]$上的增量,这为定积分的计算提供了有力的工具.通常又把牛顿－莱布尼茨公式称为微积分基本公式.

3.3　定积分的换元法和分部积分法

3.3.1　换元积分法

牛顿－莱布尼茨公式给出了计算定积分最基本的方法,在不定积分中,我们知道换元积分法是可以求出一些函数的原函数的.实际上,在一定条件下,是可以用换元积分法来直接计算定积分的.下面就来讨论定积分的换元积分法.

定理 3.3.1　设函数$f(x)$在$[a,b]$上连续,作变量代换$x=\varphi(t)$,它满足一下三个条件:

(1)$\varphi(\alpha)=a,\varphi(\beta)=b$.

(2) 当t在$[\alpha,\beta]$(或$[\beta,\alpha]$)上变化时,$x=\varphi(t)$的值在$[a,b]$上变化.

(3)$\varphi'(t)$在$[\alpha,\beta]$(或$[\beta,\alpha]$)上连续.

则下述定积分换元公式成立:

$$\int_a^b f(x)\mathrm{d}x = \int_\alpha^\beta f[\varphi(t)]\varphi'(t)\mathrm{d}t.$$

证明:由假设可知,定积分换元公式两端的被积函数都是连续的,因此公式两端的定积分都存在,且被积函数的原函数也都存在.

假设$F(x)$是$f(x)$在$[a,b]$上的一个原函数,由牛顿－莱布尼茨公式得

$$\int_a^b f(x)\mathrm{d}x = F(b)-F(a),$$

另一方面,利用复合函数求导法则得

$$\frac{\mathrm{d}F[\varphi(t)]}{\mathrm{d}t} = \frac{\mathrm{d}F(x)}{\mathrm{d}x}\cdot\frac{\mathrm{d}x}{\mathrm{d}t} = f(x)\cdot\varphi'(t)$$
$$= f[\varphi(t)]\varphi'(t),$$

这表明$F[\varphi(t)]$是$f[\varphi(t)]\varphi'(t)$在$[\alpha,\beta]$上的一个原函数,因此

$$\int_\alpha^\beta f[\varphi(t)]\varphi'(t)\mathrm{d}t = F[\varphi(\beta)]-F[\varphi(\alpha)]$$
$$= F(b)-F(a),$$

从而

$$\int_a^b f(x)\mathrm{d}x = \int_\alpha^\beta f[\varphi(t)]\varphi'(t)\mathrm{d}t.$$

注意:(1)在定积分换元公式中用 $x = \varphi(t)$ 把原来的变量 x 代换成新变量 t 时,积分限也要换成相应于新变量的积分限,简称"换元换限";

(2)求出 $f[\varphi(t)]\varphi'(t)$ 的一个原函数 $\Phi(t)$ 后,直接把新变量 t 的上下限代入 $\Phi(t)$ 中相减即可,不必像计算不定积分那样把 $\Phi(t)$ 变换成原来变量 x 的函数.

例 3.3.1 已知 $f(x)$ 在 $[-a,a]$ 上连续($a > 0$),证明:

(1)若 $f(x)$ 是偶函数,则 $\int_{-a}^a f(x)\mathrm{d}x = 2\int_0^a f(x)\mathrm{d}x$.

(2)若 $f(x)$ 是奇函数,则 $\int_{-a}^a f(x)\mathrm{d}x = 0$.

证明:因为 $\int_{-a}^a f(x)\mathrm{d}x = \int_{-a}^0 f(x)\mathrm{d}x + \int_0^a f(x)\mathrm{d}x$,对积分 $\int_{-a}^0 f(x)\mathrm{d}x$ 作变换 $x = -t$,可得

$$\int_{-a}^0 f(x)\mathrm{d}x = -\int_a^0 f(-t)\mathrm{d}x = \int_0^a f(-t)\mathrm{d}t = \int_0^a f(-x)\mathrm{d}x,$$

于是

$$\int_{-a}^a f(x)\mathrm{d}x = \int_0^a f(-x)\mathrm{d}x + \int_0^a f(x)\mathrm{d}x = \int_0^a [f(x) + f(-x)]\mathrm{d}x.$$

(1)当 $f(x)$ 是偶函数时,有 $f(-x) = f(x)$,故

$$\int_{-a}^a f(x)\mathrm{d}x = \int_0^a 2f(x)\mathrm{d}x = 2\int_0^a f(x)\mathrm{d}x,$$

(2)当 $f(x)$ 是奇函数时,有 $f(-x) = -f(x)$,故

$$\int_{-a}^a f(x)\mathrm{d}x = 0.$$

3.3.2 分部积分法

设函数 $u(x)$、$v(x)$ 在 $[a,b]$ 上具有连续的导数,那么,根据导数运算法则有

$$(uv)' = u'v + uv'.$$

上式两端同时在 $[a,b]$ 上积分,得

$$\int_a^b (uv)'\mathrm{d}x = \int_a^b u'v\mathrm{d}x + \int_a^b uv'\mathrm{d}x,$$

即

$$[uv]_a^b = \int_a^b u'v\mathrm{d}x + \int_a^b uv'\mathrm{d}x,$$

从而

$$\int_a^b uv'\,\mathrm{d}x = \left[uv\right]_a^b - \int_a^b u'v\,\mathrm{d}x,$$

或

$$\int_a^b u\,\mathrm{d}v = \left[uv\right]_a^b - \int_a^b v\,\mathrm{d}u,$$

这就是定积分的分部积分公式.

　　应用定积分的分部积分公式的关键是适当地选择 u 与 v,选择办法和求不定积分时的情形类似. 在应用定积分的分部积分公式时,对已经积出的部分 uv,可以先用上、下限代入,不必等求 $\int u\,\mathrm{d}v$ 后再一起代入上、下限.

　　例 3.3.2　计算 $J_n = \int_0^{\frac{\pi}{2}} \sin^n x\,\mathrm{d}x = \int_0^{\frac{\pi}{2}} \cos^n x\,\mathrm{d}x.$

　　解:$J_0 = \int_0^{\frac{\pi}{2}}\mathrm{d}x = \dfrac{\pi}{2}$,$J_1 = \int_0^{\frac{\pi}{2}}\sin x\,\mathrm{d}x = 1.$

　　当 $n \geqslant 2$ 时,令 $u = \sin^{n-1}x$,$\mathrm{d}v = \sin x\,\mathrm{d}x$,则 $\mathrm{d}u = (n-1)\sin^{n-2}x\cos x\,\mathrm{d}x$,$v = -\cos x.$ 于是

$$J_n = \int_0^{\frac{\pi}{2}}\sin^n x\,\mathrm{d}x = \int_0^{\frac{\pi}{2}}\sin^{n-1}x \cdot \sin x\,\mathrm{d}x = -\int_0^{\frac{\pi}{2}}\sin^{n-1}x\,\mathrm{d}\cos x$$

$$= \left[-(\sin x)^{n-1}\cos x\right]\Big|_0^{\frac{\pi}{2}} + (n-1)\int_0^{\frac{\pi}{2}}\sin^{n-2}x \cdot \cos^2 x\,\mathrm{d}x$$

$$= (n-1)\int_0^{\frac{\pi}{2}}\sin^{n-2}x\,\mathrm{d}x - (n-1)\int_0^{\frac{\pi}{2}}\sin^n x\,\mathrm{d}x$$

$$= (n-1)J_{n-2} - (n-1)J_n,$$

移项后的递推公式

$$J_n = \frac{n-1}{n}J_{n-2}\,(n \geqslant 2),$$

因此

$$J_{2m+1} = \frac{2m}{2m+1} \cdot \frac{2m-2}{2m-1} \cdot \cdots \cdot \frac{2}{3} \cdot 1,$$

$$J_{2m} = \frac{2m-1}{2m} \cdot \frac{2m-3}{2m-2} \cdot \cdots \cdot \frac{1}{2} \cdot \frac{\pi}{2}\,(m = 1,2,\cdots).$$

　　令 $x = \dfrac{\pi}{2} - t$,有

$$\int_0^{\frac{\pi}{2}}\cos^n x\,\mathrm{d}x = -\int_{\frac{\pi}{2}}^0 \cos^n\left(\frac{\pi}{2} - t\right)\mathrm{d}t = \int_0^{\frac{\pi}{2}}\sin^n t\,\mathrm{d}t,$$

因而这两个积分是相等的.

3.4　定积分在几何学上的应用

3.4.1　利用定积分计算平面图形的面积

在直角坐标系下,由曲线 $y=f(x)(y\geqslant 0)$ 与直线 $x=a$、$x=b(a<b)$ 以及 x 轴所围成的曲边梯形的面积为 $A=\int_a^b f(x)\mathrm{d}x$;若不要求 $y\geqslant 0$,那么所围的面积为 $A=\int_a^b |f(x)|\mathrm{d}x$. 一般地,如图 3.4.1(a) 所示,由连续曲线 $y=f(x)$、$y=g(x)(g(x)\leqslant f(x))$ 及直线 $x=a$、$x=b(a<b)$ 所围成的平面图形面积为 $A=\int_a^b [f(x)-g(x)]\mathrm{d}x$;如图 3.4.1(b) 所示,由两条连续曲线 $x=\varphi(y)$、$x=\psi(y)(\psi(y)\leqslant\varphi(y))$ 及直线 $y=c$、$y=d(c<d)$ 所围成的曲边梯形的面积为 $A=\int_c^d [\varphi(y)-\psi(y)]\mathrm{d}y$.

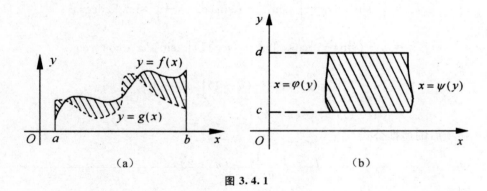

（a）　　　　　　　　　　　（b）

图 3.4.1

在极坐标系下,若函数 $r=r(\theta)$ 在区间 $[\alpha,\beta]$ 上连续,且 $r(\theta)\geqslant 0$,那么,要计算由曲线 $r=r(\theta)$ 与矢径 $\theta=\alpha$ 及 $\theta=\beta$ 所围成的图形(图 3.4.2)所示,则可取 θ 为积分变量,其变化区间是 $[\alpha,\beta]$. 在 $[\alpha,\beta]$ 的任一小区间 $[\theta,\theta+\mathrm{d}\theta]$ 上,用半径为 $r=r(\theta)$、中心角为 $\mathrm{d}\theta$ 的圆扇形 OAB 去近似代替相应的窄曲边扇形 OAC,从而得到 $\Delta A\approx\dfrac{1}{2}r^2(\theta)\mathrm{d}\theta$,即曲边扇形的面积微元为 $\mathrm{d}A=\dfrac{1}{2}r^2(\theta)\mathrm{d}\theta$,于是,所求曲边扇形的面积为 $A=\dfrac{1}{2}\int_\alpha^\beta r^2(\theta)\mathrm{d}\theta$.

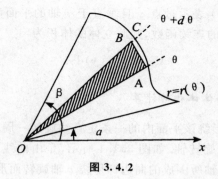

图 3.4.2

3.4.2　利用定积分计算立体的体积

3.4.2.1　平行截面面积已知的立方体的体积计算

如图 3.4.3 所示,设有一立体介于过点 $x=a,x=b(a<b)$ 且垂直于 x 轴的两平面之间,以 $A(x)$ 表示过点 x 且垂直于 x 轴的平面截它所得的截面面积,又知 $A(x)$ 为 x 的连续函数,求此立体的体积.下面我们用元素法推导公式.

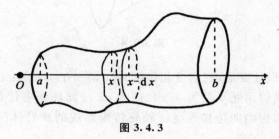

图 3.4.3

（1）取 x 为积分变量,它的变化区间为$[a,b]$,在区间$[a,b]$上任取一小区间$[x,x+\mathrm{d}x]$.

（2）设与此小区间相对应的那部分立体的体积为 ΔV,则 ΔV 近似于以 $A(x)$ 为底,以 $\mathrm{d}x$ 为高的柱体的体积,从而得到体积元素为

$$\mathrm{d}V = A(x)\mathrm{d}x.$$

（3）以 $A(x)\mathrm{d}x$ 为被积表达式,在区间$[a,b]$上作定积分,就是所求的立体的体积,即

$$V_x = \int_a^b A(x)\mathrm{d}x.$$

同理可知,设有一立体介于过点 $y=c,y=d(c<d)$,且垂直于 y 轴的

两平面之间，以 $A(y)$ 表示过点 y 且垂直于 y 轴的平面截它所得的截面面积，又知 $A(y)$ 为 y 的连续函数，则此立体的体积为

$$V_y = \int_a^b A(y)\mathrm{d}y.$$

3.4.2.2　旋转体体积的计算

由一个平面图形绕该平面内的一条定直线旋转一周而成的立体称为旋转体，这条直线叫作旋转轴. 如图 3.4.4 所示，是由曲线 $y = f(x)$ 与直线 $x = a, x = b$ 以及 x 轴所围成的曲边梯形绕 x 轴旋转而形成的旋转体，我们来考虑该旋转体体积的计算问题.

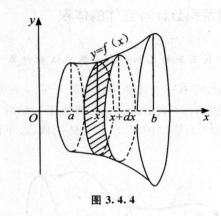

图 3.4.4

取 x 作为积分变量，它的变化区间是 $[a,b]$. 在 $[a,b]$ 上任取一小区间 $[x, x + \mathrm{d}x]$，我们用底半径为 $f(x)$、高为 $\mathrm{d}x$ 的圆柱体去代替 $[x, x + \mathrm{d}x]$ 上以 $f(x)$ 为曲边的曲边梯形绕 x 轴旋转而形成的旋转体的体积 ΔV，于是有

$$\Delta V \approx \pi [f(x)]^2 \mathrm{d}x,$$

即体积元素为

$$\mathrm{d}V = \pi [f(x)]^2 \mathrm{d}x,$$

从而所求体积为

$$V = \int_a^b \pi [f(x)]^2 \mathrm{d}x = \pi \int_a^b f^2(x)\mathrm{d}x.$$

类似地，由曲线 $x = \varphi(y)$ 与直线 $y = c, y = d$ 及 y 轴所围成的曲边梯形绕 y 轴旋转而形成的旋转体的体积公式为

$$V = \pi \int_a^b \varphi^2(y)\mathrm{d}y.$$

3.4.3　利用定积分计算平面曲线的弧长

曲线段即曲线的一部分,也称为弧,是圆弧概念的推广. 曲线段的长度称为弧长,表示曲线弧的记号与圆弧相同. 如图 3.4.5 所示,设有曲线 $y = f(x)$,我们来计算这条曲线位于 $x = a$ 及 $x = b$ 之间的那一段的弧长,即 $\overset{\frown}{AB}$ 的长度.

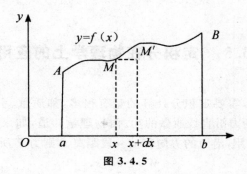

图 3.4.5

在 $[a,b]$ 上任取一个小区间 $[x,x+\mathrm{d}x]$,我们设法寻求位于该小区间上方的那一段弧,即 $\overset{\frown}{MM'}$ 的长度的近似表达式,由图 3.4.5 可知,$\overset{\frown}{MM'}$ 的长近似等于弦 $\overline{MM'}$ 的长,故得到 $\overset{\frown}{MM'}$ 的长度的近似表达式

$$\Delta s \approx \sqrt{(\mathrm{d}x)^2 + (\mathrm{d}y)^2} = \sqrt{1 + (y')^2}\,\mathrm{d}x,$$

即弧长元素为

$$\mathrm{d}s = \sqrt{(\mathrm{d}x)^2 + (\mathrm{d}y)^2} = \sqrt{1 + (y')^2}\,\mathrm{d}x. \tag{3.4.1}$$

从而所求曲线(段)的弧长是

$$s = \int_a^b \sqrt{1 + (y')^2}\,\mathrm{d}x. \tag{3.4.2}$$

如果曲线方程为参数形式 $\begin{cases} x = \varphi(t) \\ y = \psi(t) \end{cases}, t \in [t_1,t_2]$,那么由 (3.4.1) 式知,弧长元素为

$$\mathrm{d}s = \sqrt{[\varphi'(t)]^2 + [\psi'(t)]^2}\,\mathrm{d}t,$$

从而所求曲线(段)的弧长是

$$s = \int_{t_1}^{t_2} \sqrt{[\varphi'(t)]^2 + [\psi'(t)]^2}\,\mathrm{d}t. \tag{3.4.3}$$

如果曲线方程由极坐标形式 $r = r(\theta), \theta \in [\alpha,\beta]$ 给出,且 $r'(\theta)$ 在 $[\alpha,\beta]$ 上连续,将 θ 视为参数,由极坐标与直角坐标的关系可得曲线的参数方程为

$$\begin{cases} x = r(\theta)\cos\theta \\ y = r(\theta)\sin\theta \end{cases}, \theta \in [\alpha, \beta],$$

从而

$$\begin{cases} x'(\theta) = r'(\theta)\cos\theta - r(\theta)\sin\theta \\ y'(\theta) = r'(\theta)\sin\theta + r(\theta)\cos\theta \end{cases}.$$

于是,由式(3.4.3)得

$$s = \int_\alpha^\beta \sqrt{[r'(\theta)]^2 + r^2(\theta)}\, \mathrm{d}\theta.$$

3.5   定积分在物理学上的应用

在物理学上,需要定积分计算的量有很多,如质量、引力和功等.在这里,我们来考察变力沿直线所做的功.由物理学知道,如果物体在运动过程中受常力 F 的作用,沿力的方向移动一段距离 s,则力 F 所做的功为

$$W = F \cdot s,$$

如果物体在变力 $F(x)$ 作用下沿 x 轴由 a 处移动到 b 处,求变力 $F(x)$ 所做的功.

这一问题需要利用定积分(微元法)求解,由于变力 $F(x)$ 是连续变化的,故可以设想在区间微元 $[x, x+\mathrm{d}x]$ 上作用力 $F(x)$ 保持不变,常力所做的功可以看作变力 $F(x)$ 所做功的近似值,从而功的微元为 $\mathrm{d}W = F(x)\mathrm{d}x$,因此得整个区间上变力所做的功可以表示为定积分

$$W = \int_a^b F(x)\mathrm{d}x.$$

例 3.5.1   盛满某种均匀液体的半球状容器的半径(即深度)为 10 m,设液体的密度为 σ,试计算将容器内的液体全部抽出容器所做的功.

解:如图 3.5.1 所示,建立平面坐标系,那么容器内壁曲面(半球)与坐标平面 xOy 的交集所满足的方程为 $x^2 + y^2 = 100, 0 \leqslant x \leqslant 10$.在 x 轴的区间 $[0, 10]$ 上任取一小区间 $[x, x+\mathrm{d}x]$,容器内相应于这个小区间的一薄层水的体积近似等于 $\pi y^2 \mathrm{d}x = \pi(100 - x^2)\mathrm{d}x$,因而其重量为 $\mu\pi(100 - x^2)\mathrm{d}x$,这里 $\mu = \sigma g$ 是液体的比重(g 是重力加速度).由于现在做的功为克服重力所做的功,故将上述薄层液体抽出容器所需做的功为

$$\mathrm{d}W = x\mu\pi(100 - x^2)\mathrm{d}x$$

这就是功的微元.从而,将液体全部抽出容器所做的总功为

$$W = \int_0^{10} x\mu\pi(100 - x^2)\mathrm{d}x = \mu\pi\int_0^{10} x(100 - x^2)\mathrm{d}x$$

$$= \mu\pi \left(50x^2 - \frac{1}{4}x^4\right) \Big|_0^{10} = 2\,500\sigma g\pi.$$

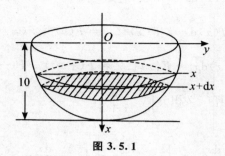

图 3.5.1

3.6　无穷区间上的广义积分

定义 3.6.1　设函数 $f(x)$ 在区间 $[a, +\infty)$ 上连续,如果极限

$$\lim_{b \to +\infty} \int_a^b f(x)\mathrm{d}x$$

存在,则称此极限为函数 $f(x)$ 在无穷区间 $[a, +\infty)$ 上的广义积分,记为 $\int_a^{+\infty} f(x)\mathrm{d}x$,即

$$\int_a^{+\infty} f(x)\mathrm{d}x = \lim_{b \to +\infty} \int_a^b f(x)\mathrm{d}x,$$

这时也称广义积分 $\int_a^{+\infty} f(x)\mathrm{d}x$ 收敛;如果极限 $\lim\limits_{b \to +\infty} \int_a^b f(x)\mathrm{d}x$ 不存在,则称广义积分 $\int_a^{+\infty} f(x)\mathrm{d}x$ 发散.

　　类似地,可定义函数在无穷区间 $(-\infty, b]$ 上的广义积分

$$\int_{-\infty}^b f(x)\mathrm{d}x = \lim_{a \to -\infty} \int_a^b f(x)\mathrm{d}x.$$

定义 3.6.2　函数 $f(x)$ 在无穷区间 $(+\infty, -\infty)$ 上的广义积分定义为

$$\int_{-\infty}^{+\infty} f(x)\mathrm{d}x = \int_{-\infty}^a f(x)\mathrm{d}x + \int_a^{+\infty} f(x)\mathrm{d}x,$$

其中,a 为任意实数,当上式右端两个积分都收敛时,称广义积分 $\int_{-\infty}^{+\infty} f(x)\mathrm{d}x$ 是收敛的;否则,称广义积分 $\int_{-\infty}^{+\infty} f(x)\mathrm{d}x$ 是发散的.

　　上述广义积分统称为无穷限的广义积分.
　　若 $F(x)$ 是 $f(x)$ 的一个原函数,记

$$F(+\infty) = \lim_{x \to +\infty} F(x), F(-\infty) = \lim_{x \to -\infty} F(x),$$

则广义积分可表示为(如果极限存在)

$$\int_a^{+\infty} f(x)\mathrm{d}x = F(x)\Big|_a^{+\infty} = F(+\infty) - F(a),$$

$$\int_{-\infty}^b f(x)\mathrm{d}x = F(x)\Big|_{-\infty}^b = F(b) - F(-\infty),$$

$$\int_{-\infty}^{+\infty} f(x)\mathrm{d}x = F(x)\Big|_{-\infty}^{+\infty} = F(+\infty) - F(-\infty).$$

例 3.6.1 计算广义积分 $\displaystyle\int_{-\infty}^{+\infty} \frac{\mathrm{d}x}{1+x^2}$

解:

$$\begin{aligned}
\int_{-\infty}^{+\infty} \frac{\mathrm{d}x}{1+x^2} &= \int_{-\infty}^0 \frac{\mathrm{d}x}{1+x^2} + \int_0^{+\infty} \frac{\mathrm{d}x}{1+x^2}\\
&= \lim_{a\to-\infty}\int_a^0 \frac{\mathrm{d}x}{1+x^2} + \lim_{b\to+\infty}\int_0^b \frac{\mathrm{d}x}{1+x^2}\\
&= \lim_{a\to-\infty}\big[\arctan x\big]_a^0 + \lim_{b\to+\infty}\big[\arctan x\big]_0^b\\
&= -\lim_{a\to-\infty}\arctan a + \lim_{b\to+\infty}\arctan b\\
&= -\left(-\frac{\pi}{2}\right) + \frac{\pi}{2} = \pi.
\end{aligned}$$

这个广义积分的几何意义是:当 $a\to-\infty$, $b\to+\infty$ 时,虽然图 3.6.1 中阴影部分向左、右无限延伸,但其面积却有极限值 π. 简单地说,它位于曲线 $y = \dfrac{1}{1+x^2}$ 的下方,x 轴上方的图形的面积.

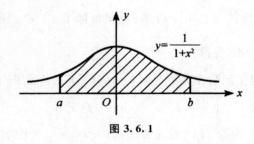

图 3.6.1

3.7 反常积分

前面讨论的定积分有两个限制:积分区间有限与被积函数有界. 但在理论研究和实际应用中常常会遇到突破这两条限制的积分,即积分区间无限或被积函数无界的积分,通常称这类积分为反常积分.

3.7.1　无穷限的反常积分

例 3.7.1　求由曲线 $y = e^{-x}$，x 轴及 y 轴所围图形的面积 A.

解：由曲线 $y = e^{-x}$，x 轴及 y 轴所围的平面图形并不封闭. 根据定积分的几何意义，所求面积 A 可用无穷区间上的积分表示为 $A = \int_0^{+\infty} e^{-x} dx$. 如图 3.7.1 所示，若作直线 $x = b(b > 0)$，那么由曲线 $y = e^{-x}$，x 轴与 y 轴及 $x = b$ 所围图形的面积为

$$\int_0^b e^{-x} dx = -e^{-x} \Big|_0^b = 1 - e^{-b}.$$

当 $b \to +\infty$ 时，曲边梯形的面积的极限就等于面积 A，即

$$A = \int_0^{+\infty} e^{-x} dx = \lim_{b \to +\infty} \int_0^b e^{-x} dx = \lim_{b \to +\infty} (1 - e^{-b}) = 1.$$

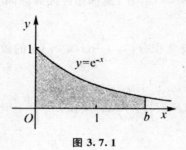

图 3.7.1

定义 3.7.1　有界函数 $f(x)$ 在无穷区间上的积分称为无穷限积分

（1）若函数 $f(x)$ 在区间 $[a, +\infty)$ 上是连续的，取 $b > a$，则

$$\int_a^{+\infty} f(x) dx = \lim_{b \to +\infty} \int_a^b f(x) dx. \tag{3.7.1}$$

（2）若函数 $f(x)$ 在区间 $(-\infty, b]$ 上是连续的，取 $a < b$，则

$$\int_{-\infty}^b f(x) dx = \lim_{a \to -\infty} \int_a^b f(x) dx. \tag{3.7.2}$$

（3）若函数 $f(x)$ 在区间 $(-\infty, +\infty)$ 上是连续的，取任意常数 c，则

$$\int_{-\infty}^{+\infty} f(x) dx = \int_{-\infty}^c f(x) dx + \int_c^{+\infty} f(x) dx$$

$$= \lim_{t \to -\infty} \int_t^c f(x) dx + \lim_{t \to +\infty} \int_c^t f(x) dx. \tag{3.7.3}$$

如果式（3.7.1）、式（3.7.2）中的极限存在，我们称相应无穷区间上的无穷限积分收敛，且极限值就是反常积分值；反之若极限不存在，则称无穷限积分发散.

对于式(3.7.3),若 $\int_{-\infty}^{c} f(x)\mathrm{d}x$ 和 $\int_{c}^{+\infty} f(x)\mathrm{d}x$ 都收敛,则无穷限积分 $\int_{-\infty}^{+\infty} f(x)\mathrm{d}x$ 收敛,否则发散.

结合牛顿 - 莱布尼茨公式可得如下结果:

设 $f(x)$ 的一个原函数为 $F(x)$,记

$$F(+\infty) = \lim_{x \to +\infty} F(x), F(-\infty) = \lim_{x \to -\infty} F(x),$$

则有

$$\int_{a}^{+\infty} f(x)\mathrm{d}x = F(x)\big|_{a}^{+\infty} = F(+\infty) - F(a),$$

$$\int_{-\infty}^{b} f(x)\mathrm{d}x = F(x)\big|_{-\infty}^{b} = F(b) - F(-\infty),$$

$$\int_{-\infty}^{+\infty} f(x)\mathrm{d}x = F(x)\big|_{-\infty}^{+\infty} = F(+\infty) - F(-\infty).$$

若 $F(+\infty)$ 与 $F(-\infty)$ 存在,则称相应无穷区间上的无穷限积分收敛,否则发散.

例 3.7.2 讨论反常积分 $\int_{a}^{+\infty} \dfrac{1}{x^p}\mathrm{d}x(a > 0)$ 的敛散性.

解:当 $p = 1$ 时,

$$\int_{a}^{+\infty} \frac{1}{x^p}\mathrm{d}x = \int_{a}^{+\infty} \frac{1}{x}\mathrm{d}x = \ln|x|\,\bigg|_{a}^{+\infty} = +\infty,$$

当 $p \neq 1$ 时,

$$\int_{a}^{+\infty} \frac{1}{x^p}\mathrm{d}x = \left(\frac{1}{1-p}x^{1-p}\right)\bigg|_{a}^{+\infty} = \begin{cases} \dfrac{a^{1-p}}{p-1}, p > 1 \\ +\infty, p < 1 \end{cases}.$$

综上,当 $p \leqslant 1$ 时,反常积分 $\int_{a}^{+\infty} \dfrac{1}{x^p}\mathrm{d}x$ 发散;当 $p > 1$ 时,反常积分 $\int_{a}^{+\infty} \dfrac{1}{x^p}\mathrm{d}x$ 收敛于 $\dfrac{a^{1-p}}{p-1}$.

例 3.7.3 求 $\int_{0}^{+\infty} x\mathrm{e}^{-x^2}\mathrm{d}x$.

解:

$$\begin{aligned} \int_{0}^{+\infty} x\mathrm{e}^{-x^2}\mathrm{d}x &= -\frac{1}{2}\int_{0}^{+\infty} \mathrm{e}^{-x^2}\mathrm{d}(-x^2) \\ &= -\frac{1}{2}\mathrm{e}^{-x^2}\bigg|_{0}^{+\infty} \\ &= -\frac{1}{2}(0-1) = \frac{1}{2}. \end{aligned}$$

例 3.7.4 求 $\int_0^{+\infty} t\mathrm{e}^{-pt}\mathrm{d}t (p > 0$ 的常数$)$.

解：

$$\int_0^{+\infty} t\mathrm{e}^{-pt}\mathrm{d}t = -\frac{1}{p}\int_0^{+\infty} t\mathrm{d}(\mathrm{e}^{-pt}) = -\frac{1}{p}\left[t\mathrm{e}^{-pt}\Big|_{+\infty}^0 - \int_0^{+\infty}\mathrm{e}^{-pt}\mathrm{d}t\right]$$

$$= -\frac{1}{p}\left[t\mathrm{e}^{-pt}\Big|_{+\infty}^0 + \frac{1}{p}\mathrm{e}^{-pt}\Big|_{+\infty}^0\right],$$

其中

$$\lim_{t\to+\infty} t\mathrm{e}^{-pt} = \lim_{t\to+\infty}\frac{t}{\mathrm{e}^{pt}} = \lim_{t\to+\infty}\frac{1}{p\mathrm{e}^{pt}} = 0,$$

于是

$$\int_0^{+\infty} t\mathrm{e}^{-pt}\mathrm{d}t = -\frac{1}{p^2}\mathrm{e}^{-pt}\Big|_{+\infty}^0 = \frac{1}{p^2}.$$

例 3.7.5 求 $\int_{-\infty}^0 \frac{\mathrm{e}^x}{1+\mathrm{e}^x}\mathrm{d}x$.

解：

$$\int_{-\infty}^0 \frac{\mathrm{e}^x}{1+\mathrm{e}^x}\mathrm{d}x = \int_{-\infty}^0 \frac{\mathrm{d}(\mathrm{e}^x+1)}{1+\mathrm{e}^x} = \ln|1+\mathrm{e}^x|\Big|_{-\infty}^0 = \ln 2.$$

例 3.7.6 求 $\int_{-\infty}^{+\infty} \frac{1}{1+x^2}\mathrm{d}x$.

解： $\int_{-\infty}^{+\infty} \frac{1}{1+x^2}\mathrm{d}x = \arctan x\Big|_{-\infty}^{+\infty} = \frac{\pi}{2} - \left(-\frac{\pi}{2}\right) = \pi.$

例 3.7.7 求 $\int_{-\infty}^{+\infty} \frac{x}{1+x^2}\mathrm{d}x$.

解： 由于

$$\int_0^{+\infty} \frac{x}{1+x^2}\mathrm{d}x = \frac{1}{2}\int_0^{+\infty}\frac{\mathrm{d}(x^2+1)}{1+x^2} = \frac{1}{2}\ln(x^2+1)\Big|_0^{+\infty} = +\infty,$$

可知，反常积分 $\int_0^{+\infty} \frac{1}{1+x^2}\mathrm{d}x$ 发散，因此，反常积分 $\int_{-\infty}^{+\infty} \frac{x}{1+x^2}\mathrm{d}x$ 发散.

3.7.2 无界函数的反常积分

例 3.7.8 如图 3.7.2 所示，求曲线 $y = \frac{1}{\sqrt{x}}$，直线 $x = 0, x = 1$ 与 x 轴所围成的"开口曲边梯形"的面积.

解： 因为当 $x \to 0^+$ 时，$\frac{1}{\sqrt{x}} \to +\infty$，故函数 $y = \frac{1}{\sqrt{x}}$ 在 $x = 0$ 处是无穷的

（无界函数），为无穷型间断点．

给定很小的 $\varepsilon > 0$，那么在区间 $[\varepsilon, 1]$ 上由曲线 $y = \dfrac{1}{\sqrt{x}}$ 所围成的曲边梯形的面积为

$$\int_{\varepsilon}^{1} \frac{1}{\sqrt{x}} \mathrm{d}x = 2\sqrt{x} \Big|_{\varepsilon}^{1} = 2 - 2\sqrt{\varepsilon},$$

于是

$$\lim_{\varepsilon \to 0^{+}} \int_{\varepsilon}^{1} \frac{1}{\sqrt{x}} \mathrm{d}x = \lim_{\varepsilon \to 0^{+}} \left(2\sqrt{x} \Big|_{\varepsilon}^{1} \right) = \lim_{\varepsilon \to 0^{+}} (2 - 2\sqrt{\varepsilon}) = 2.$$

我们把这个极限值理解为函数 $y = \dfrac{1}{\sqrt{x}}$ 在区间 $(0,1)$ 上的反常积分，记为 $\int_{0}^{1} \dfrac{1}{\sqrt{x}} \mathrm{d}x$.

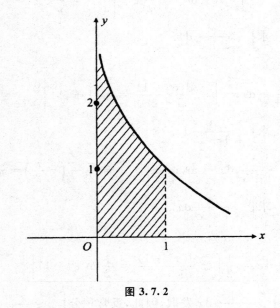

图 3.7.2

定义 3.7.2 当被积函数 $f(x)$ 在有限区间 $[a,b]$ 上存在无界的点（至多有限个），则称 $\int_{a}^{b} f(x)\mathrm{d}x$ 为瑕积分．使函数 $f(x)$ 在 $[a,b]$ 上无界的点称为函数 $f(x)$ 的瑕点．

（1）若函数 $f(x)$ 在区间 $[a,b]$ 上是连续的，a 是 $f(x)$ 的瑕点，则

$$\int_{a}^{b} f(x)\mathrm{d}x = \lim_{t \to a^{+}} \int_{t}^{b} f(x)\mathrm{d}x. \tag{3.7.4}$$

（2）若函数 $f(x)$ 在区间 $[a,b]$ 上是连续的，b 是 $f(x)$ 的瑕点，则

$$\int_a^b f(x)\mathrm{d}x = \lim_{t\to b^-}\int_a^t f(x)\mathrm{d}x. \tag{3.7.5}$$

（3）若函数 $f(x)$ 在区间 $[a,c)$ 与 $(a,b]$ 上都是连续的，c 是 $f(x)$ 的瑕点，则

$$\int_a^b f(x)\mathrm{d}x = \int_a^c f(x)\mathrm{d}x + \int_c^b f(x)\mathrm{d}x$$

$$= \lim_{t\to c^-}\int_a^t f(x)\mathrm{d}x + \lim_{t\to c^+}\int_t^b f(x)\mathrm{d}x. \tag{3.7.6}$$

如果式（3.7.4）和式（3.7.5）中的极限存在，我们称瑕积分 $\int_a^b f(x)\mathrm{d}x$ 收敛，且极限值就是积分值；反之若极限不存在，则称瑕积分 $\int_a^b f(x)\mathrm{d}x$ 发散.

对于式（3.7.6），若瑕积分 $\int_a^c f(x)\mathrm{d}x$ 和 $\int_c^b f(x)\mathrm{d}x$ 都收敛，则瑕积分 $\int_a^b f(x)\mathrm{d}x$ 收敛，否则发散.

同理，瑕积分也可以表示为牛顿 - 莱布尼茨公式的形式，但必须满足原函数在瑕点处连续.

例 3.7.9　求 $\int_0^a \dfrac{\mathrm{d}x}{\sqrt{a^2-x^2}}(a>0)$.

解：$\lim\limits_{x\to a^-}\dfrac{1}{\sqrt{a^2-x^2}}=+\infty$，故点 $x=a$ 是 $\dfrac{1}{\sqrt{a^2-x^2}}$ 的瑕点，于是

$$\int_0^a \frac{\mathrm{d}x}{\sqrt{a^2-x^2}} = \int_0^a \frac{d\left(\frac{1}{a}x\right)}{\sqrt{1-\left(\frac{x}{a}\right)^2}} = \arcsin\frac{x}{a}\bigg|_0^{a^-}$$

$$= \lim_{x\to a^-}\arcsin\frac{x}{a} - 0 = \frac{\pi}{2}.$$

例 3.7.10　讨论反常积分 $\int_0^1 \dfrac{1}{x^q}\mathrm{d}x$ 的敛散性.

解：当 $q=1$ 时，$x=0$ 为瑕点，

$$\int_0^1 \frac{1}{x^q}\mathrm{d}x = \int_0^1 \frac{1}{x}\mathrm{d}x = \ln x\bigg|_{0^+}^1 = 0 - \lim_{x\to 0^+}\ln x = +\infty,$$

当 $q\neq 1$ 时，$x=0$ 为瑕点，

$$\int_0^1 \frac{1}{x^q}\mathrm{d}x = \frac{1}{1-q}x^{1-q}\bigg|_{0^+}^1 = \begin{cases} +\infty, & q>1 \\ \dfrac{1}{1-q}, & q<1 \end{cases},$$

因此,当 $q < 1$ 时,反常积分 $\int_0^1 \frac{1}{x^q} \mathrm{d}x$ 收敛于 $\frac{1}{1-q}$;当 $q \geqslant 1$ 时,反常积分 $\int_0^1 \frac{1}{x^q} \mathrm{d}x$ 发散.

例 3.7.11 讨论反常积分 $\int_{-1}^1 \frac{1}{x^2} \mathrm{d}x$ 的敛散性.

解:函数 $f(x) = \frac{1}{x^2}$ 在 $[-1,1]$ 上除 $x = 0$ 外连续,$\lim\limits_{x \to 0} \frac{1}{x^2} = \infty$,故 $x = 0$ 为瑕点.

由于

$$\int_{-1}^0 \frac{1}{x^2} \mathrm{d}x = \left(-\frac{1}{x}\right)\Big|_{-1}^{0^+} = +\infty,$$

即反常积分 $\int_{-1}^0 \frac{1}{x^2} \mathrm{d}x$ 发散.所以,反常数积分 $\int_{-1}^1 \frac{1}{x^2} \mathrm{d}x$ 发散.

注:若疏忽在区间 $[-1,1]$ 内有被积函数的瑕点 $x = 0$,就会导致以下错误

$$\int_{-1}^1 \frac{1}{x^2} \mathrm{d}x = \left(-\frac{1}{x}\right)\Big|_{-1}^1 = -2.$$

例 3.7.12 求 $\int_0^{+\infty} \frac{\mathrm{d}x}{\sqrt{x(x+1)^3}}$.

解:这个反常积分既是无穷限积分又是瑕积分($x = 0$ 为瑕点).

令 $x = \frac{1}{t}$,则当 $x \to 0^+$ 时,$t \to +\infty$;$x \to +\infty$ 时,$t \to 0^+$,$\mathrm{d}x = -\frac{1}{t^2}\mathrm{d}t$. 于是

$$\int_0^{+\infty} \frac{1}{\sqrt{x(x+1)^3}}\mathrm{d}x = -\int_{+\infty}^0 \frac{\mathrm{d}t}{t^2\sqrt{\frac{1}{t}\left(1+\frac{1}{t}\right)^3}} = \int_0^{+\infty} \frac{\mathrm{d}t}{\sqrt{(1+t)^3}}$$

$$= \int_0^{+\infty} \frac{\mathrm{d}(t+1)}{\sqrt{(1+t)^{\frac{3}{2}}}} = \frac{1}{1-\frac{3}{2}}(1+t)^{-\frac{1}{2}}\Big|_0^{+\infty} = 2.$$

最后,介绍一类用反常积分形式表达的函数,即 Γ 函数,Γ 函数在概率论与数理统计中与某概率分布有着密切联系,且经常用到.

3.7.3 Γ 函数

定义 3.7.3 含参变量 $s(s > 0)$ 的反常积分

$$\Gamma(s) = \int_0^{+\infty} x^{s-1} \mathrm{e}^{-x} \mathrm{d}x$$

称为 Γ 函数.

Γ 函数的性质如下:

(1) $\Gamma(s+1) = s\Gamma(s)(s > 0)$.

证明: $\Gamma(s+1) = \displaystyle\int_0^{+\infty} \mathrm{e}^{-x} x^s \mathrm{d}x = -\int_0^{+\infty} x^s \mathrm{d}(\mathrm{e}^{-x})$

$$= (-x^s \mathrm{e}^{-x}) \Big|_0^{+\infty} + s \int_0^{+\infty} \mathrm{e}^{-x} x^{s-1} \mathrm{d}x$$

$$= s \int_0^{+\infty} \mathrm{e}^{-x} x^{s-1} \mathrm{d}x = s\Gamma(s).$$

一般地,对任何正整数 n,有 $\Gamma(n+1) = n!$.

(2) 当 $s \to 0^+$ 时,$\Gamma(s) \to +\infty$.

证明:由于

$$\Gamma(s) = \frac{\Gamma(s+1)}{s}, \Gamma(1) = 1,$$

$\Gamma(s)$ 连续且可导,故

$$\lim_{s \to 0^+} \Gamma(s+1) = \Gamma(1) = 1,$$

于是

$$\lim_{s \to 0^+} \Gamma(s) = \lim_{s \to 0^+} \frac{\Gamma(s+1)}{s} = +\infty.$$

(3) 余元公式

$$\Gamma(s) \cdot \Gamma(1-s) = \frac{\pi}{\sin \pi s}, (0 < s < 1)$$

特别地,$s = \dfrac{1}{2}, \Gamma\left(\dfrac{1}{2}\right) = \sqrt{\pi}$.

例 3.7.13 利用 Γ 函数计算下列反常积分.

(1) $\displaystyle\int_0^{+\infty} \mathrm{e}^{-x} x^5 \mathrm{d}x$.

(2) $\displaystyle\int_0^{+\infty} \mathrm{e}^{-x} x^{\frac{3}{2}} \mathrm{d}x$.

解:(1) $\displaystyle\int_0^{+\infty} \mathrm{e}^{-x} x^5 \mathrm{d}x = \Gamma(6) = 5! = 120$.

(2) $\displaystyle\int_0^{+\infty} \mathrm{e}^{-x} x^{\frac{3}{2}} \mathrm{d}x = \Gamma\left(\frac{5}{2}\right) = \frac{3}{2} \Gamma\left(\frac{3}{2}\right) = \frac{3}{2} \cdot \frac{1}{2} \Gamma\left(\frac{1}{2}\right) = \frac{3}{4}\sqrt{\pi}$.

例 3.7.14 求 $\displaystyle\int_0^{+\infty} \mathrm{e}^{-x^2} x^5 \mathrm{d}x$.

解: $\displaystyle\int_0^{+\infty} \mathrm{e}^{-x^2} x^5 \mathrm{d}x = \frac{1}{2} \int_0^{+\infty} \mathrm{e}^{-x^2} (x^2)^2 \mathrm{d}x^2 = \frac{1}{2} \Gamma(3) = \frac{1}{2} \cdot 2! = 1$.

第4章 不定积分

4.1 不定积分的概念与性质

前面我们介绍了函数的导数、微分及其应用,现在我们来考虑相反的问题:已知某函数的导函数,求该函数本身. 这就是积分学的基本问题之一——不定积分.

4.1.1 原函数与不定积分的概念

定义 4.1.1 如果在区间 I 上,可导函数 $F(x)$ 的导函数为 $f(x)$,即对任意 $x \in I$,都有
$$F'(x) = f(x) \text{ 或 } \mathrm{d}F(x) = f(x)\mathrm{d}x,$$
那么函数 $F(x)$ 称为 $f(x)$ 在区间 I 上的一个原函数.

例如,因 $(x^2)' = 2x$,$(\sin x)' = \cos x$ 在$(-\infty, +\infty)$上成立,故 x^2 和 $\sin x$ 分别是 $2x$ 和 $\cos x$ 在$(-\infty, +\infty)$上的一个原函数.

又如,因 $(\ln x)' = \dfrac{1}{x}$ 在$(0, +\infty)$上成立,故 $\ln x$ 是 $\dfrac{1}{x}$ 在$(0, +\infty)$上的一个原函数.

对于给定的函数 $f(x)$,具备什么条件才有原函数,有下面的定理(证明在下一章给出).

定理 4.1.1(原函数存在定理) 如果函数 $f(x)$ 在区间 I 上连续,那么 $f(x)$ 在该区间上一定存在原函数.

对于原函数再说明两点:

(1) 如果 $F(x)$ 是 $f(x)$ 的一个原函数,那么对任何常数 C,显然也有
$$[F(x) + C]' = f(x),$$
即对任何常数 C,$F(x) + C$ 也是 $f(x)$ 的原函数. 因此,若 $f(x)$ 有一个原函数,则 $f(x)$ 就有无穷多个原函数.

(2) 如果 $F(x)$ 和 $G(x)$ 都是 $f(x)$ 的原函数,那么由拉格朗日中值定理

的推论 2.6.2 可知,它们在区间 I 上相差一个常数.

由以上两点说明,若 $F(x)$ 是 $f(x)$ 在区间 I 上的一个原函数,则 $f(x)$ 的全体原函数可表示为 $F(x) + C(C$ 为任意常数$)$. 由此,我们引入下述概念.

定义 4.1.2　函数 $f(x)$ 在区间 I 上的全体原函数,称为 $f(x)$ 的不定积分,记作

$$\int f(x) \mathrm{d}x.$$

其中,$\int$ 称为积分号,$f(x)$ 称为被积函数,$f(x)\mathrm{d}x$ 称为被积表达式,x 称为积分变量,C 称为积分常数.

例 4.1.1　求 $\int x^2 \mathrm{d}x$.

解:因为 $\left(\dfrac{x^3}{3}\right)' = x^2$,所以 $\dfrac{x^3}{3}$ 是 x^2 的一个原函数.

因此,$\int x^2 \mathrm{d}x = \dfrac{x^3}{3} + C$.

例 4.1.2　求 $\int \dfrac{1}{x} \mathrm{d}x$.

解:当 $x > 0$ 时,因为 $(\ln x)' = \dfrac{1}{x}$,所以 $\ln x$ 是 $\dfrac{1}{x}$ 在区间 $(0, +\infty)$ 内的一个原函数.

因此,当 $x > 0$ 时,$\int \dfrac{1}{x} \mathrm{d}x = \ln x + C$;当 $x < 0$ 时,因为 $[\ln(-x)]' = \dfrac{1}{-x}(-1) = \dfrac{1}{x}$,所以 $\ln(-x)$ 是 $\dfrac{1}{x}$ 在区间 $(-\infty, 0)$ 内的一个原函数. 因此,当 $x < 0$ 时,$\int \dfrac{1}{x} \mathrm{d}x = \ln(-x) + C$.

把上述结论合写成:$\int \dfrac{1}{x} \mathrm{d}x = \ln|x| + C$.

函数 $f(x)$ 的任意一个原函数 $y = F(x)$ 的图形称为 $f(x)$ 的一条积分曲线,这条曲线上任一点$(x, y = F(x))$ 处的切线斜率等于 $f(x)$. 曲线 $y = F(x)$ 沿 y 轴方向上下平移,可得到 $f(x)$ 的任何一条积分曲线. 因此不定积分 $\int f(x) \mathrm{d}x$ 在几何上表示全体积分曲线所组成的曲线组. 它的特点是:经过其中任意积分曲线上横坐标相同的点的切线斜率都等于 $f(x)$,也就是各切线相互平行(图 4.1.1).

在求 $f(x)$ 的原函数时,有时需要求一个满足条件 $y_0 = F(x_0)$ 的原函

数 $F(x)$,在几何上就是求一条通过点(x_0,y_0)的积分曲线. 这个条件 $y_0 = F(x_0)$ 一般称为初始条件,由它可唯一地确定积分常数 C 的值.

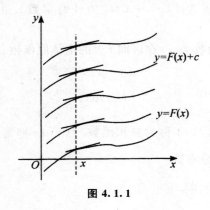

图 4.1.1

4.1.2 不定积分的性质

根据不定积分的定义,可以推得不定积分的性质.

性质 4.1.1 $\left(\int f(x)\mathrm{d}x \right)' = f(x)$ 或 $\mathrm{d}\left(\int f(x)\mathrm{d}x \right) = f(x)\mathrm{d}x.$

性质 4.1.2 $\int F'(x)\mathrm{d}x = F(x) + C$ 或 $\int \mathrm{d}F(x) = F(x) + C.$

这两个性质说明:微分运算与积分运算具有互逆性. 两个运算连在一起时,$\mathrm{d}\int$ 完全抵消,$\int \mathrm{d}$ 抵消后相差一常数. 如下口诀可供记忆时参考:"先积后导,作用抵消;先导后积,不忘加 C."

性质 4.1.3 $\int kf(x)\mathrm{d}x = k\int f(x)\mathrm{d}x(k$ 是非零常数$).$

即被积函数的非零常数因子可以提到积分号外面.

性质 4.1.4 $\int [f(x) \pm g(x)]\mathrm{d}x = \int f(x)\mathrm{d}x \pm \int g(x)\mathrm{d}x.$

即可积函数的代数和的不定积分等于各个函数的不定积分的代数和.

综合性质 4.1.3 和性质 4.1.4 得到不定积分的线性性质:有限个函数 $f_i(x)(i = 1,2,3,\cdots,n)$ 的线性组合的不定积分等于各个函数的不定积分的线性组合,即

$$\int \sum_{i=1}^{n} k_i f_i(x)\mathrm{d}x = \sum_{i=1}^{n} k_i \int f_i(x)\mathrm{d}x.$$

例 4.1.3 求 $\int \sqrt{x}\,(x^2 - 5)\mathrm{d}x.$

解：

$$\int \sqrt{x}\,(x^2-5)\,\mathrm{d}x = \int (x^{\frac{5}{2}}-5x^{\frac{1}{2}})\,\mathrm{d}x = \int x^{\frac{5}{2}}\,\mathrm{d}x - \int 5x^{\frac{1}{2}}\,\mathrm{d}x$$

$$= \int x^{\frac{5}{2}}\,\mathrm{d}x - 5\int x^{\frac{1}{2}}\,\mathrm{d}x = \frac{1}{1+\frac{5}{2}}x^{\frac{5}{2}+1} - 5\cdot\frac{1}{1+\frac{1}{2}}x^{\frac{1}{2}+1} + C$$

$$= \frac{2}{7}x^{\frac{7}{2}} - \frac{10}{3}x^{\frac{3}{2}} + C.$$

例 4.1.4 求 $\displaystyle\int \frac{(1-x)^2}{\sqrt{x}}\,\mathrm{d}x$.

解：$\displaystyle\int \frac{(1-x)^2}{\sqrt{x}}\,\mathrm{d}x = \int \frac{1-2x+x^2}{\sqrt{x}}\,\mathrm{d}x = \int (x^{-\frac{1}{2}}-2\sqrt{x}+x^{\frac{3}{2}})\,\mathrm{d}x$

$$= \int x^{-\frac{1}{2}}\,\mathrm{d}x - 2\int \sqrt{x}\,\mathrm{d}x + \int x^{\frac{3}{2}}\,\mathrm{d}x$$

$$= \frac{1}{1-\frac{1}{2}}x^{-\frac{1}{2}+1} - 2\cdot\frac{1}{1+\frac{1}{2}}x^{\frac{1}{2}+1} + \frac{1}{1+\frac{3}{2}}x^{\frac{3}{2}+1} + C$$

$$= 2\sqrt{x} - \frac{4}{3}x^{\frac{3}{2}} + \frac{2}{5}x^{\frac{5}{2}} + C.$$

例 4.1.5 求 $\displaystyle\int \frac{x^2}{x^2+1}\,\mathrm{d}x$.

解：$\displaystyle\int \frac{x^2}{x^2+1}\,\mathrm{d}x = \int \frac{x^2+1-1}{x^2+1}\,\mathrm{d}x = \int \left(1-\frac{1}{1+x^2}\right)\mathrm{d}x$

$$= \int 1\,\mathrm{d}x - \int \frac{1}{1+x^2}\,\mathrm{d}x = x - \arctan x + C.$$

例 4.1.6 求 $\displaystyle\int \tan^2 x\,\mathrm{d}x$.

解：基本积分表中没有这种类型的积分，先利用三角恒等变换成表中所列类型的积分，然后再逐项求积分.

$$\int \tan^2 x\,\mathrm{d}x = \int (\sec^2 -1)\,\mathrm{d}x = \int \sec^2 x\,\mathrm{d}x - \int \mathrm{d}x = \tan x - x + C.$$

例 4.1.7 求 $\displaystyle\int \sin^2 \frac{x}{2}\,\mathrm{d}x$.

解：同例 4.1.6 一样，先利用三角恒等变形，然后逐项求积分.

$$\int \sin^2 \frac{x}{2}\,\mathrm{d}x = \int \frac{1}{2}(1-\cos x)\,\mathrm{d}x = \frac{1}{2}\left(\int \mathrm{d}x - \int \cos x\,\mathrm{d}x\right)$$

$$= \frac{1}{2}(x - \sin x) + C.$$

例 4.1.8 求 $\displaystyle\int \frac{1}{\sin^2 x\cos^2 x}\,\mathrm{d}x$.

解:同例 4.1.6 一样,先利用三角恒等变形,再求积分.

$$\int \frac{1}{\sin^2 x \cos^2 x} dx = \int \frac{\sin^2 x + \cos^2 x}{\sin^2 x \cos^2 x} dx = \int \left(\frac{1}{\cos^2 x} + \frac{1}{\sin^2 x} \right) dx$$

$$= \int \frac{1}{\cos^2 x} dx + \int \frac{1}{\sin^2 x} dx$$

$$= \int \sec^2 x dx + \int \csc^2 x dx$$

$$= \tan x - \cot x + C.$$

例 4.1.9　求 $\int (10^x + \cot^2 x) dx$.

解:$\int (10^x + \cot^2 x) dx = \int 10^x dx + \int \cot^2 x dx = \int 10^x dx + \int (\csc^2 x - 1) dx$

$$= \int 10^x dx + \int \csc^2 x dx - \int dx$$

$$= \frac{10^x}{\ln 10} - \cot x - x + C.$$

例 4.1.10　求 $\int \frac{x^4 + 1}{x^2 + 1} dx$.

解:被积函数的分子和分母都是多项式,通过多项式除法,可以把它化成基本积分表中所列类型的积分,再逐项求积分.

$$\int \frac{x^4 + 1}{x^2 + 1} dx = \int \frac{(x^4 - 1) + 2}{x^2 + 1} dx = \int \left(x^2 - 1 + \frac{2}{x^2 + 1} \right) dx$$

$$= \int x^2 dx - \int dx + 2 \int \frac{2}{1 + x^2} dx$$

$$= \frac{1}{3} x^3 - x + 2 \arctan x + C.$$

例 4.1.11　设 $\int x f(x) dx = x^3 - \ln x + C$,求不定积分 $\int f(x) dx$.

解:对 $\int x f(x) dx = x^3 - \ln x + C$ 求导,得 $x f(x) = 3x^2 - \frac{1}{x}$,解得

$f(x) = 3x - \frac{1}{x^2}$. 所以,$\int f(x) dx = \int \left(3x - \frac{1}{x^2} \right) dx = \frac{3}{2} x^2 + \frac{1}{x} + C$.

例 4.1.12　一物体由静止开始运动,经 t 秒后的速度是 $3t^2$ m/s,问在 3 s 后物体离开出发点的距离是多少?

解:$s = \int v(t) dt = \int 3t^2 dt = t^3 + C$.

由 $t = 0$,$s = 0$,得 $C = 0$,所以物体运动方程为 $s = t^3$,3 s 后物体离出发点距离是 $s(3) = 27$ m.

4.2　不定积分的换元积分法

利用直接积分法所能计算的不定积分是非常有限的.因此,有必要进一步来研究不定积分的求法.从本节开始将介绍求不定积分的一些常用方法.利用这些方法可以求出更多的不定积分.

4.2.1　第一换元积分法(凑微分法)

例 4.2.1　求 $\int \sin 2x \, dx$.

分析:显然 $\sin 2x$ 的原函数不能用直接积分法求出.但基本积分公式中有 $\int \sin x \, dx = -\cos x + C$. 比较 $\int \sin x \, dx$ 和 $\int \sin 2x \, dx$,我们发现只是 $\sin 2x$ 中, x 的系数多了一个常数因子 2,因此如果凑上一个常数因子 2,使其成为 $\int \sin 2x \, dx = \frac{1}{2} \int \sin 2x \, d(2x)$,再令 $2x = u$,那么上述积分就变成 $\frac{1}{2} \int \sin u \, du$,从而就可以用公式求出这个不定积分.

解: $\int \sin 2x \, dx = \frac{1}{2} \int \sin 2x \cdot d(2x)$

$$\xlongequal{\text{令} 2x = u} \frac{1}{2} \int \sin u \, du = \frac{1}{2}(-\cos u + C_1)$$

$$= -\frac{1}{2} \cos 2x + C \left(\text{其中 } C = \frac{1}{2} C_1\right).$$

上述计算是引入新的变量 u,从而化原被积函数为关于 u 的一个简单函数,使不定积分变为可运用基本积分公式进行计算的简单积分.

下面定理对上述推导过程从理论上进行严格论证,由此进一步归纳成求不定积分的一个十分重要的方法——第一换元法.

定理 4.2.1　设函数 $f(u)$ 在区间 I 上有原函数 $F(u)$,而函数 $u = \varphi(x)$ 在区间 J 上可导且 $\varphi(J) \subseteq I$,则 $F[\varphi(x)]$ 是 $f[\varphi(x)]\varphi'(x)$ 在 J 上的原函数,即有换元公式

$$\int f[\varphi(x)]\varphi'(x) \, dx = \int f(u) \, du = F(u) + C = F[\varphi(x)] + C.$$

$$(4.2.1)$$

证明:因为 $F(u)$ 是 $f(u)$ 的原函数,所以 $\dfrac{dF}{du} = f(u)$. 又因为 $u = \varphi(x)$

在区间 J 上可导且 $\varphi(J) \subseteq I$，所以，根据复合函数求导法则得到

$$\frac{\mathrm{d}}{\mathrm{d}x}F[\varphi(x)] = \frac{\mathrm{d}F}{\mathrm{d}u} \cdot \frac{\mathrm{d}u}{\mathrm{d}x} = f(u)\varphi'(x) = f[\varphi(x)]\varphi'(x),$$

故 (4.2.1) 成立.

如何应用公式 (4.2.1) 来求不定积分? 设要求 $\int g(x)\mathrm{d}x$，如果函数 $g(x)$ 可以化为 $g(x) = f[\varphi(x)]\varphi'(x)$ 的形式，那么

$$\int g(x)\mathrm{d}x = \int f[\varphi(x)]\varphi'(x)\mathrm{d}x = [f(u)\mathrm{d}u]_{u=\varphi(x)},$$

这样，函数 $g(x)$ 的积分即转化为函数 $f(u)$ 的积分. 如果能求得 $f(u)$ 的原函数，那么也就得到了 $g(x)$ 的原函数. 这里，由于中间变量 u 的适当选取凑出了两个微分式: (1) $\mathrm{d}u = \varphi'(x)\mathrm{d}x$, (2) $\mathrm{d}F = f(u)\mathrm{d}u$, 因此，这种方法又名为"凑微分法".

例 4.2.2 求 $\int \dfrac{1}{3+2x}\mathrm{d}x$.

解: 被积函数 $\dfrac{1}{3+2x} = \dfrac{1}{u}$, $u = 3+2x$. 这里缺少 $\dfrac{\mathrm{d}u}{\mathrm{d}x} = 2$ 这样一个因子，但由于 $\dfrac{\mathrm{d}u}{\mathrm{d}x}$ 是个常数，故可改变系数凑出这个因子:

$$\frac{1}{3+2x} = \frac{1}{2} \cdot \frac{1}{3+2x} \cdot 2 = \frac{1}{2} \cdot \frac{1}{3+2x}(3+2x)',$$

从而令 $u = 3+2x$, 便有

$$\int \frac{1}{3+2x}\mathrm{d}x = \int \frac{1}{2} \cdot \frac{1}{3+2x}(3+2x)'\mathrm{d}x = \int \frac{1}{2} \cdot \frac{1}{u}\mathrm{d}u$$

$$= \frac{1}{2}\ln|u| + C = \frac{1}{2}\ln|3+2x| + C.$$

一般地，对于积分 $\int f(ax+b)\mathrm{d}x\,(a \neq 0)$, 总可作变换 $u = ax+b$, 把它化为

$$\int f(ax+b)\mathrm{d}x = \int \frac{1}{a}f(ax+b)\mathrm{d}(ax+b) = \frac{1}{a}\left[\int f(u)\mathrm{d}u\right]_{u=ax+b}.$$

方法应用熟练后，可略去中间的换元步骤，不必写出中间变量 $u = \varphi(x)$, 直接凑微分成基本积分公式的形式，从而避免回代的过程.

例 4.2.3 求 $\int \dfrac{\mathrm{d}x}{a^2 + x^2}$.

解:

$$\int \frac{\mathrm{d}x}{a^2 + x^2} = \int \frac{1}{a^2} \cdot \frac{1}{1 + \left(\dfrac{x}{a}\right)^2}\mathrm{d}x$$

$$= \frac{1}{a} \int \frac{1}{1+\left(\frac{x}{a}\right)^2} \mathrm{d}\left(\frac{x}{a}\right)$$

$$= \frac{1}{a} \arctan \frac{x}{a} + C.$$

类似可得

$$\int \frac{1}{\sqrt{a^2-x^2}} \mathrm{d}x = \arcsin \frac{x}{a} + C.$$

当被积函数中含有三角函数时,往往要利用三角恒等式对被积函数进行变形,然后再凑微分.

例 4.2.4 求 $\int \sin^3 x \mathrm{d}x$.

解:
$$\int \sin^3 x \mathrm{d}x = \int (1-\cos^2 x)\sin x \mathrm{d}x$$
$$= -\int (1-\cos^2 x)(\cos x)' \mathrm{d}x$$
$$= -\int (1-\cos^2 x)\mathrm{d}(\cos x)$$
$$= -\cos x + \frac{1}{3}\cos^3 x + C.$$

因为凑微分法的重点在如何凑出合适的微分形式 $\mathrm{d}[\varphi(x)]$,使积分式子变为 $f[\varphi(x)]\mathrm{d}[\varphi(x)]$ 的形式(凑微分),以下为常用的凑微分公式.

(1)$\mathrm{d}x = \frac{1}{a}\mathrm{d}(ax+b)$(其中 a,b 均为常数且 $a \neq 0$).

(2)$x\mathrm{d}x = \frac{1}{2}\mathrm{d}(x^2)$.

(3)$\frac{1}{x}\mathrm{d}x = \mathrm{d}(\ln|x|)$.

(4)$\frac{1}{x^2}\mathrm{d}x = -\mathrm{d}\left(\frac{1}{x}\right)$.

(5)$\frac{1}{\sqrt{x}}\mathrm{d}x = 2\mathrm{d}(\sqrt{x})$.

(6)$x^\mu \mathrm{d}x = \frac{1}{\mu+1}\mathrm{d}(x^{\mu+1})$(其中 $\mu \neq -1$).

(7)$\mathrm{e}^x \mathrm{d}x = \mathrm{d}(\mathrm{e}^x)$.

(8)$\cos x \mathrm{d}x = \mathrm{d}(\sin x)$.

(9)$\sin x \mathrm{d}x = -\mathrm{d}(\cos x)$.

(10)$\sec^2 x \mathrm{d}x = \mathrm{d}(\tan x)$.

(11)$\csc^2 x \mathrm{d}x = -\mathrm{d}(\cot x)$.

(12) $\dfrac{1}{\sqrt{1-x^2}}\mathrm{d}x = \mathrm{d}(\arcsin x) = -\mathrm{d}(\arccos x)$.

(13) $\dfrac{1}{1+x^2}\mathrm{d}x = \mathrm{d}(\arctan x) = -\mathrm{d}(\mathrm{arccot}\,x)$.

4.2.2　第二换元积分法

在第一换元积分法中,通过代换 $u = \varphi(x)$,将积分 $\displaystyle\int f[\varphi(x)]\varphi'(x)\mathrm{d}x$ 化为易求的积分 $f(u)\mathrm{d}u$. 但有时却相反,即通过适当的变量代换 $x = \varphi(t)$,将积分 $\displaystyle\int f(x)\mathrm{d}x$ 化为易求的积分 $\displaystyle\int f[\varphi(t)]\varphi'(t)\mathrm{d}t$,这种方法称为第二换元积分法.

定理 4.2.2　设 $x = \varphi(t)$ 是单调的可导函数,并且 $\varphi'(t) \neq 0$. $f[\varphi(t)]\varphi'(t)$ 具有原函数且为 $F(t)$,则有换元公式

$$\int f(x)\mathrm{d}x = \int f[\varphi(t)]\varphi'(t)\mathrm{d}t = F(t) + C = F[\varphi^{-1}(x)] + C,$$

$$(4.2.2)$$

其中,$\varphi^{-1}(x)$ 是 $x = \varphi(t)$ 的反函数.

证明:由已知条件有

$$F'(t) = f[\varphi(t)]\varphi'(t) = f(x) \cdot \dfrac{\mathrm{d}x}{\mathrm{d}t},$$

利用复合函数及反函数的求导法则,得到

$$\dfrac{\mathrm{d}}{\mathrm{d}x}F[\varphi^{-1}(x)] = \dfrac{\mathrm{d}F(t)}{\mathrm{d}t} \cdot \dfrac{\mathrm{d}t}{\mathrm{d}x} = F'(t) \cdot \dfrac{\mathrm{d}t}{\mathrm{d}x} = f(x) \cdot \dfrac{\mathrm{d}x}{\mathrm{d}t} \cdot \dfrac{\mathrm{d}t}{\mathrm{d}x} = f(x),$$

即 $F[\varphi^{-1}(x)]$ 是 $f(x)$ 的原函数. 所以有

$$\int f(x)\mathrm{d}x = F[\varphi^{-1}(x)] + C,$$

这就证明了公式(4.2.2).

例 4.2.5　求 $\displaystyle\int \sqrt{a^2 - x^2}\,\mathrm{d}x\,(a > 0)$.

解:令 $x = a\sin t\left(-\dfrac{\pi}{2} \leqslant t \leqslant \dfrac{\pi}{2}\right)$,则

$$\mathrm{d}x = a\cos t\mathrm{d}t,\quad \sqrt{a^2 - x^2} = \sqrt{a^2 - a^2\sin^2 t} = a\cos t,$$

于是

$$\int \sqrt{a^2 - x^2}\,\mathrm{d}x = \int a^2\cos^2 t\mathrm{d}t = a^2\int \dfrac{1 + \cos 2t}{2}\mathrm{d}t = \dfrac{a^2}{2}\int \mathrm{d}t + \dfrac{a^2}{2}\int \cos 2t\mathrm{d}t$$

$$= \frac{a^2}{2}t + \frac{a^2}{4}\sin 2t + C = \frac{a^2}{2}t + \frac{a^2}{2}\sin t \cdot \cos t + C.$$

由于 $x = a\sin t\left(-\frac{\pi}{2} \leqslant t \leqslant \frac{\pi}{2}\right)$，所以

$$\sin t = \frac{x}{a}, t = \arcsin\frac{x}{a}, \cos t = \sqrt{1-\sin^2 t} = \sqrt{1-\left(\frac{x}{a}\right)^2} = \frac{\sqrt{a^2-x^2}}{a},$$

从而

$$\int \sqrt{a^2-x^2}\,\mathrm{d}x = \frac{a^2}{2}\arcsin\frac{x}{a} + \frac{a^2}{2} \cdot \frac{x}{a} \cdot \frac{\sqrt{a^2-x^2}}{a} + C$$

$$= \frac{a^2}{2}\arcsin\frac{x}{a} + \frac{x}{2}\sqrt{a^2-x^2} + C.$$

例 4.2.6　求 $\int \dfrac{\mathrm{d}x}{\sqrt{x^2+a^2}}(a > 0)$.

解：设 $x = a\tan t\left(-\frac{\pi}{2} < t < \frac{\pi}{2}\right)$，则 $\mathrm{d}x = a\sec^2 t\mathrm{d}t$，于是

$$\int \frac{\mathrm{d}x}{\sqrt{x^2+a^2}} = \int \frac{a\sec^2 t}{a\sec t}\mathrm{d}t = \int \sec t\mathrm{d}t = \ln|\sec t + \tan t| + C.$$

为了把 $\sec t$ 换成 x 的函数，可根据 $\tan t = \dfrac{x}{a}$ 作辅助三角形（图 4.2.1），

于是有 $\sec t = \dfrac{\sqrt{x^2+a^2}}{a}$，因此

$$\int \frac{\mathrm{d}x}{\sqrt{x^2+a^2}} = \ln\left|\frac{\sqrt{x^2+a^2}}{a} + \frac{x}{a}\right| + C_1$$

$$= \ln\left|x + \sqrt{x^2+a^2}\right| + C,$$

其中 $C = C_1 - \ln a$.

例 4.2.7　求 $\int \dfrac{\mathrm{d}x}{\sqrt{x^2-a^2}}(a > 0)$.

解：令 $x = a\sec t, t \in \left(0, \frac{\pi}{2}\right) \cup \left(\pi, \frac{3\pi}{2}\right)$，则 $\mathrm{d}x = a\sec t\tan t\mathrm{d}t$，$\sqrt{x^2-a^2} = \sqrt{a^2\sec^2 t - a^2} = a\tan t$，于是

$$\int \frac{\mathrm{d}x}{\sqrt{x^2-a^2}} = \int \sec t\mathrm{d}t = \ln|\sec t + \tan t| + C_1,$$

根据 $\sec t = \dfrac{x}{a}$ 作辅助三角形（图 4.2.2），得 $\tan t = \dfrac{\sqrt{x^2-a^2}}{a}$，因此

$$\int \frac{\mathrm{d}x}{\sqrt{x^2-a^2}} = \ln\left|\frac{\sqrt{x^2-a^2}}{a} + \frac{x}{a}\right| + C_1$$

$$= \ln \left| x + \sqrt{x^2 - a^2} \right| + C,$$

其中 $C = C_1 - \ln a$.

即

$$\int \frac{\mathrm{d}x}{\sqrt{x^2 - a^2}} = \ln \left| x + \sqrt{x^2 - a^2} \right| + C.$$

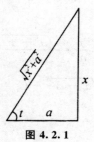
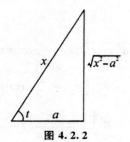

图 4.2.1　　　　　　　　图 4.2.2

从上面的三个例子可以看出:如果被积函数含有 $\sqrt{a^2 - x^2}$,可以作代换 $x = a\sin t$ 化去根式;如果被积函数含有 $\sqrt{x^2 + a^2}$,可以作代换 $x = a\tan t$ 化去根式;

如果被积函数含有 $\sqrt{x^2 - a^2}$,可以作代换 $x = a\sec t$ 化去根式.这三种代换统称为三角代换.但具体解题时要分析被积函数的具体情况,选取尽可能简捷的代换,不要拘泥于上述的变量代换.

例 4.2.8　求 $\int \dfrac{\mathrm{d}x}{x(1+x^4)}$.

解:令 $x = \dfrac{1}{t}$,则 $\mathrm{d}x = -\dfrac{1}{t^2}\mathrm{d}t$,

$$\int \frac{\mathrm{d}x}{x(1+x^4)} = \int \frac{-\dfrac{1}{t^2}\mathrm{d}t}{\dfrac{1}{t}\left(1+\dfrac{1}{t^4}\right)} = -\int \frac{t^3}{1+t^4}\mathrm{d}t = -\frac{1}{4}\int \frac{\mathrm{d}(1+t^4)}{1+t^4}$$

$$= -\frac{1}{4}\ln(1+t^4) + C = -\frac{1}{4}\ln\left(1+\frac{1}{x^4}\right) + C.$$

例 4.2.8 中令 $x = \dfrac{1}{t}$,这是一种很有用的变换,称为倒代换,利用它常可消去被积函数的分母中与根式相乘的变量因子 x.

4.3　不定积分的分部积分法

换元积分法解决了某种类型的不定积分,对有些积分,换元积分法也无能为力. 例如: 对于 $\int x\mathrm{e}^x\mathrm{d}x, \int x\cos x\mathrm{d}x, \int x^2\sin x\mathrm{d}x$ 等的类型, 换元积分法是无法求解的. 下面, 介绍一种新的求解不定积分的方法——分部积分法.

定理 4.3.1　设函数 $u=u(x), v=v(x)$ 都有连续的导数, 则有分部积分公式

$$\int u\mathrm{d}v = uv - \int v\mathrm{d}u.$$

一般地, 若求 $\int u\mathrm{d}v$ 有困难, 而求 $\int v\mathrm{d}u$ 又比较容易, 可以应用分部积分法.

如何正确选取 u, v 是分部积分法的关键所在, 确定 v 的过程就是凑微分的过程, 可以借鉴第一换元积分法.

下面分四种情况来介绍分部积分法的四种基本方法.

4.3.1　降次法

当被积函数为幂函数与三角函数或指数函数的乘积时, 就选择幂函数为 u 进行微分, 选三角函数或指数函数进行积分, 幂函数通过微分后次数降低一次, 所以称为降次法.

例 4.3.1　求 $\int x\sin 3x\mathrm{d}x$.

解: 令 $u=x, \mathrm{d}v=\sin 3x\mathrm{d}x, v=-\dfrac{1}{3}\cos 3x$, 根据分部积分公式可得

$$\int x\sin 3x\mathrm{d}x = \int x\mathrm{d}\left(-\frac{1}{3}\cos 3x\right) + \int \frac{1}{3}\cos 3x\mathrm{d}x$$

$$= -\frac{1}{3}x\cos 3x + \frac{1}{9}\sin 3x + C.$$

例 4.3.2　求不定积分 $\int x^2\mathrm{e}^x\mathrm{d}x$.

解: 令 $u=x^2, v=\mathrm{e}^x$, 则

$$\int x^2\mathrm{e}^x\mathrm{d}x = \int x^2\mathrm{d}(\mathrm{e}^x) = x^2\mathrm{e}^x - \int \mathrm{e}^x 2x\mathrm{d}x$$

$$= x^2\mathrm{e}^x - 2\int x\mathrm{d}(\mathrm{e}^x)$$

$$= x^2\mathrm{e}^x - 2\left(x\mathrm{e}^x - \int \mathrm{e}^x\mathrm{d}x\right)$$

$$= x^2\mathrm{e}^x - 2x\mathrm{e}^x + 2\mathrm{e}^x + C$$

$$= (x^2 - 2x + 2)\mathrm{e}^x + C.$$

4.3.2 转化法

当被积函数为反三角函数或对数函数与其他函数的乘积时,就选反三角函数或对数函数为 u 进行微分,选其他函数为 v' 进行积分,反三角函数或对数函数微分后转化成别的函数,故称转化法.

例 4.3.3　求不定积分 $\int x\arctan x\mathrm{d}x$.

解:令 $u(x) = \arctan x, x\mathrm{d}x = \mathrm{d}v(x)$,从而有

$$\mathrm{d}u(x) = \frac{1}{1+x^2}\mathrm{d}x, v(v) = \frac{1}{2}x^2,$$

所以有

$$\begin{aligned}
\int x\arctan x\mathrm{d}x &= \frac{1}{2}x^2\arctan x - \int \frac{x^2}{2}\frac{1}{1+x^2}\mathrm{d}x \\
&= \frac{1}{2}x^2\arctan x - \frac{1}{2}\int\left[1 - \frac{1}{1+x^2}\right]\mathrm{d}x \\
&= \frac{1}{2}x^2\arctan x - \frac{1}{2}\left[x - \arctan x\right] + C \\
&= \frac{1}{2}(x^2+1)\arctan x - \frac{1}{2}x + C.
\end{aligned}$$

4.3.3 循环法

当被积函数为指数函数与正弦函数(或余弦函数)的乘积时,应用两次分部积分后,都会还原到原来的函数,只是系数有些变化,等式两端含有系数不同的同一类积分,故称为循环法.通过移项就可以解除所求的不定积分,最后等式右端加上一个任意常数.

例 4.3.4　求 $\int \mathrm{e}^x\cos x\mathrm{d}x$.

解:

$$\begin{aligned}
\int \mathrm{e}^x\cos x\mathrm{d}x &= \int \cos x\mathrm{d}(\mathrm{e}^x) = \cos x\mathrm{e}^x - \int \mathrm{e}^x\mathrm{d}(\cos) \\
&= \cos x\mathrm{e}^x + \int \mathrm{e}^x\sin x\mathrm{d}x \\
&= \cos x\mathrm{e}^x + \int \sin x\mathrm{d}(\mathrm{e}^x) \\
&= \cos x\mathrm{e}^x + \sin x\mathrm{e}^x - \int \mathrm{e}^x\mathrm{d}(\sin x)
\end{aligned}$$

$$= \mathrm{e}^x(\cos x + \sin x) - \int \mathrm{e}^x \cos x \mathrm{d}x,$$

移项整理得

$$\int \mathrm{e}^x \cos x \mathrm{d}x = \frac{\mathrm{e}^x}{2}(\cos x + \sin x) + C.$$

4.3.4 递推法

当被积函数是某一函数的高次幂函数时,可以适当选取 u 和 v,通过分部积分后,得到该函数高次幂函数与低次幂函数的关系,即所谓的递推公式,故称递推法.

例 4.3.5 设 $I_n = \int \dfrac{\mathrm{d}x}{(x^2 + a^2)^n}$,其中,$n$ 为正整数,$a > 0$.

(1) 试证明 $I_{n+1} = \dfrac{x}{2na^2(x^2 + a^2)^n} + \dfrac{2n-1}{2na^2} I_n$.

(2) 求 I_2.

解:(1) 易得

$$
\begin{aligned}
I_n &= \int \frac{1}{(x^2 + a^2)^n} \mathrm{d}x = \frac{x}{(x^2 + a^2)^n} - \int x \cdot \mathrm{d}\left[\frac{1}{(x^2 + a^2)^n}\right] \\
&= \frac{x}{(x^2 + a^2)^n} + 2n \int \frac{x^2}{(x^2 + a^2)^{n+1}} \mathrm{d}x \\
&= \frac{x}{(x^2 + a^2)^n} + 2n \int \frac{\mathrm{d}x}{(x^2 + a^2)^n} - 2na^2 \int \frac{\mathrm{d}x}{(x^2 + a^2)^{n+1}} \\
&= \frac{x}{(x^2 + a^2)^n} + 2n I_n + 2na^2 I_{n+1},
\end{aligned}
$$

即有

$$I_{n+1} = \frac{x}{2na^2(x^2 + a^2)^n} + \frac{2n-1}{2na^2} I_n.$$

(2) 因为

$$I_1 = \int \frac{1}{x^2 + a^2} \mathrm{d}x = \frac{1}{a} \arctan \frac{x}{a} + C_1,$$

所以

$$
\begin{aligned}
I_2 &= \frac{x}{2a^2(x^2 + a^2)} + \frac{1}{2a^2}\left(\frac{1}{a} \arctan \frac{x}{a} + C_1\right) \\
&= \frac{x}{2a^2(x^2 + a^2)} + \frac{1}{2a^3} \arctan \frac{x}{a} + \frac{C_1}{2a^2}.
\end{aligned}
$$

令任意常数 $C = \dfrac{C_1}{2a^2}$,则

$$I_2 = \frac{x}{2a^2(x^2 + a^2)} + \frac{1}{2a^3}\arctan\frac{x}{a} + C.$$

4.4 有理函数的积分

有理函数是指由两个多项式的商所表示的函数,即具有形式

$$\frac{p(x)}{q(x)} = \frac{a_0 x^n + a_1 x^{n-1} + \cdots + a_{n-1}x + a_n}{b_0 x^m + b_1 x^{m-1} + \cdots + b_{m-1}x + b_m}$$

的函数,其中 m, n 都是非负整数,$a_0, a_1, \cdots, b_0, b_1, \cdots$ 都是实数,并且 $a_0 \neq 0$,$b_0 \neq 0$. 我们假定 $p(x), q(x)$ 无公因式,当 $n \geqslant m$ 时称这有理函数为假分式;当 $n < m$ 时称这有理函数为真分式.因为假分式总可以根据多项式除法写成一个多项式与一个真分式和的形式,所以这里只讨论真分式的积分方法.

先看如下几个式子:

$$\frac{6}{x-3} + \frac{5}{x-2} = \frac{11x - 27}{(x-3)(x-2)} \tag{4.4.1}$$

$$\frac{1}{x} - \frac{1}{x-1} + \frac{1}{(x-1)^2} = \frac{1}{x(x-1)^2} \tag{4.4.2}$$

$$\frac{2}{x+2} - \frac{x+1}{x^2+2x+2} = \frac{x^2+x+2}{(x+2)(x^2+2x+2)} \tag{4.4.3}$$

从上面三个式子可以看出等式左端是几个较简单的真分式的和,经通分合并后变为一个较复杂的真分式.不难想象,为了解决复杂的真分式的积分问题,可先把复杂的真分式分解成若干个简单的真分式的和,然后再对简单的真分式积分.下面介绍把复杂的真分式分解成若干个简单的真分式的方法.

观察上面三个式子:式(4.4.1)的右端分母有因式 $(x-3)$ 及 $(x-2)$,左端就有形如 $\frac{A}{x-3}$ 和 $\frac{B}{x-2}$ 的分式;式(4.4.2)的右端分母有因式 x 及 $(x-1)^2$,左端就有形如 $\frac{A}{x}$ 和 $\frac{B}{x-1} + \frac{C}{(x-1)^2}$ 的分式;式(4.4.3)的右端分母有形如 $(x+2)$ 及 (x^2+2x+2) 的因式,左端就有形如 $\frac{A}{x+2}$ 和 $\frac{Bx+C}{x^2+2x+2}$ 的分式.由代数学可知下列结论成立:

若真分式分母中有因式 $x-a$,则分解后对应有形如 $\frac{A}{x-a}$ 的分式;若真分式分母中有因式 $(x-a)^2$,则分解后对应有形如 $\frac{A}{x-a} + \frac{B}{(x-a)^2}$ 的分

式；若真分式分母中有因式 $(x^2 + px + q)(p^2 - 4q < 0)$，则分解后对应有形

如 $\dfrac{Ax + B}{x^2 + px + q}$ 的分式；真分式分母中有因式 $(x^2 + px + q)^k(p^2 - 4q < 0)$，则

分解后对应有形如 $\dfrac{A_1 x + B_1}{x^2 + px + q} + \dfrac{A_2 x + B_2}{(x^2 + px + q)^2} + \cdots + \dfrac{A_k x + B_k}{(x^2 + px + q)^k}$ 的分

式，我们容易证明：

$$\int \frac{A}{x - a}\mathrm{d}x = A\ln|x - a| + C,$$

$$\int \frac{A}{(x - a)^n}\mathrm{d}x = \frac{A}{(1 - n)(x - a)^{n-1}} + C,$$

$$\int \frac{Ax + B}{x^2 + px + q}\mathrm{d}x = \frac{A}{2}\ln(x^2 + px + q)$$

$$+ \left(B - \frac{Ap}{2}\right)\frac{1}{\sqrt{q - \dfrac{p^2}{4}}}\arctan \frac{x + \dfrac{p}{2}}{\sqrt{q - \dfrac{p^2}{4}}} + C,$$

其中，$p^2 - 4q < 0$.

对于 $\int \dfrac{Ax + B}{(x^2 + px + q)^k}\mathrm{d}x (p^2 - 4q < 0)$，把分母的二次质因式配方得

$$x^2 + px + q = \left(x + \frac{p}{2}\right)^2 + q - \frac{p^2}{4},$$

故令 $x + \dfrac{p}{2} = t$，并记 $x^2 + px + q = t^2 + a^2, Ax + B = At + b$，其中 $a^2 = q - \dfrac{p}{4}, b = B - \dfrac{Ap}{2}$. 于是容易得

$$\int \frac{Ax + B}{(x^2 + px + q)^k}\mathrm{d}x = -\frac{A}{2(k - 1)(t^2 + a^2)^{n-1}} + b\int \frac{b}{(t^2 + a^2)^n}\mathrm{d}t,$$

其中 $\int \dfrac{b}{(t^2 + a^2)^n}\mathrm{d}t$ 可由递推公式

$$\int \frac{\mathrm{d}x}{(x^2 + a^2)^n} = \frac{x}{2a^2(1 - n)(x^2 + a^2)^{n-1}} + \frac{2n - 3}{2a^2(1 - n)}\int \frac{\mathrm{d}x}{(x^2 + a^2)^{n-1}}$$

求出.

第5章　常微分方程与差分方程

5.1　微分方程的基本概念

先观察以下来自几何与物理学的简单实例,它与一个函数的变化率,即导数有关.

例5.1.1　已知 xOy 平面上的一条曲线通过点 $(\pi, -1)$,且该曲线上任何一点 (x, y) 处的切线的斜率为 $\cos x$,求这条曲线的方程.

分析:设所求的曲线的方程为 $y = y(x)$,那么,若把变量 y 看成自变量 x 的函数 $y(x)$,则求曲线的方程等价于求未知函数 $y(x)$. 据题设和导数的几何意义知,$y = y(x)$ 应满足如下等式:

$$\frac{\mathrm{d}y}{\mathrm{d}x} = \cos x \tag{5.1.1}$$

和条件

$$y(\pi) = -1 \text{ 即当 } x = \pi \text{ 时 } y = -1. \tag{5.1.2}$$

注意到积分是微分的逆运算,为了求出未知函数 $y(x)$,把式(5.1.1)两端积分得 $y = \displaystyle\int \cos x \,\mathrm{d}x$,即

$$y = \sin x + C \tag{5.1.3}$$

其中 C 是任意常数. 因为 $y(x)$ 满足条件(5.1.2),所以把 $x = \pi$,$y = -1$ 代入式(5.1.3),就可以求出 $C = -1$. 因此,所求的函数为:

$$y = \sin x - 1, \tag{5.1.4}$$

这就是所求的曲线的方程.

常微分方程的一般形式是:

例如:

(1) $y' = kx$,(k 为常数).

(2) $(y^2 - 3x^2)\mathrm{d}y + 2xy\,\mathrm{d}x = 0$.

(3) $mv^2(t) = mg - kv(t)$.

(4) $\dfrac{\mathrm{d}^2\theta}{\mathrm{d}t^2} + \dfrac{g}{l}\sin\theta = 0$($g, l$ 为常数).

(5) $yy'' = (2y')^2$.

以上方程均是微分方程,微分方程可以描述很多现象,如方程(3)和方程(4)描述的是某种变速直线方程.

定义 5.1.1　在微分方程中出现的未知函数导数(或偏导数)的最高阶数,称为微分方程的阶.

例如,方程(1)、方程(2)和方程(3)为一阶微分方程,方程(4)和方程(5)为二阶微分方程,通常 n 阶微分方程的一般形式为:

$$F(x, y, y', \cdots, y^{(n)}) = 0,$$

其中,x 是自变量,y 是未知函数,$F(x, y, y', \cdots, y^{(n)}) = 0$ 是已知函数,且一定含 $y^{(n)}$.

定义 5.1.2　若用某个函数及其各阶导数代入微分方程中,微分方程称为恒等式,则称此函数为微分方程的解.如果微分方程的解中含有独立的任意常数的个数等于微分方程的阶数,则称此解围微分方程的通解.

所谓"独立的任意常数",是指这些常数彼此没有任何联系,即不能合并.例如,设 $y = C_1 \sin^2 x + C_2 \sin^2 x$,则有 $y = C_1 \sin^2 x + C_2 \sin^2 x = (C_1 + C_2) \sin^2 x = C \sin^2 x$,即 C_1, C_2 可以合并为一个任意常数 C,所以这里的 C_1 和 C_2 就不是两个独立的任意常数,实际上只含有一个任意的常数.

定义 5.1.3(线性相关;线性无关)　设函数 $y_1(x), y_2(x)$ 是定义在区间 (a, b) 内的函数,若存在两个不全为零的数 k_1, k_2,使得对于内的任一恒有

$$k_1 y_1 + k_2 y_2 = 0$$

成立,则称函数 y_1, y_2 在 (a, b) 内线性相关,否则陈伟线性无关.

可见,y_1, y_2 线性相关的充分必要条件是 $\dfrac{y_1}{y_2}$ 在区间 (a, b) 内恒为常数.

若 $\dfrac{y_1}{y_2}$ 不恒为常数,则线性无关.

例如,e^x 与 e^{2x} 线性无关,e^x 与 $2e^x$ 线性相关.

显然,当 y_1, y_2 线性无关时,函数 $y = C_1 y_1 + C_2 y_2$ 中含有两个独立的任意常数 C_1, C_2.

为了得到合乎要求的特解,必须根据要求对微分方程附加一定的条件.这种由运动的初始状态(或函数在一特定点的状态)所给出的,用以确定通解中任意常数的附加条件称为初始条件.通常,一阶微分方程的初始条件为:

$$y(x_0) = y_0 \text{ 或 } y|_{x=x_0} = y_0.$$

其中,x_0, y_0 是两个常数,由此可以确定通解中的任一常数.二阶微分方程

的初始条件为

$$\begin{cases} y(x_0) = y_0 \\ y'(x_0) = y_0' \end{cases} \text{ 或 } \begin{cases} y|_{x=x_0} = y_0 \\ y'|_{x=x_0} = y_0' \end{cases},$$

其中 x_0, y_0, y_0' 是三个常数,由此可以确定通解中的两个任意常数.一个微分方程与其舒适条件构成的问题,成为初始值问题(或定解问题).求解某初值问题,就是求微分方程的特解.

5.2　可分离变量的微分方程及齐次方程

5.2.1　可分离变量的微分方程

定义 5.2.1　如果一阶微分方程能化为

$$\frac{\mathrm{d}y}{\mathrm{d}x} = f(x)g(y)$$

的形式,那么原方程称为可分离变量的微分方程或变量可分离的微分方程.
　　要解这类方程,先把原方程化为形式

$$\frac{\mathrm{d}y}{g(y)} = f(x)\mathrm{d}x,$$

该过程称为分离变量.再对上式两端积分

$$\int \frac{1}{g(y)}\mathrm{d}y = \int f(x)\mathrm{d}x + C,$$

便可得到所求的通解.
　　如果要求其特解,可将定解条件代入通解中求出任意常数 C,即可得到相应的特解.
　　例 5.2.1　求解微分方程

$$\frac{\mathrm{d}y}{\mathrm{d}x} = 2xy.$$

　　解:原微分方程分离变量后,得

$$\frac{1}{y}\mathrm{d}y = 2x\mathrm{d}x,$$

两端积分,得

$$\ln|y| = x^2 + C_1,$$

或

$$y = \pm\, \mathrm{e}^{C_1} \cdot \mathrm{e}^{x^2},$$

记 $C=\pm e^{C_1}$，于是方程的通解为
$$y=Ce^{x^2}\ (C\neq 0),$$
C 可以取正也可以取负. 当 $C=0$ 时，从上面的求解过程可知是不可以的；但 $C=0$ 时，$y=0$ 显然也是方程 $\dfrac{dy}{dx}=2xy$ 的解. 故
$$y=Ce^{x^2}\ (C\ \text{为任意常数})$$
是通解.

有时，在积分过程中写成 $\ln y=x^2+C_1$，化简得 $y=Ce^{x^2}$. 但我们理解 C 可以取负值、零和正值.

例 5.2.2　求微分方程 $(1+y^2)dx-xy(1+x^2)dy=0$ 满足初始条件 $y(1)=2$ 的特解.

解：原方程分离变量，得
$$\frac{y}{1+y^2}dy=\frac{1}{x(1+x^2)}dx,$$
或
$$\frac{y}{1+y^2}dy=\left(\frac{1}{x}-\frac{1}{1+x^2}\right)dx.$$
两端积分，得
$$\frac{1}{2}\ln(1+y^2)=\ln x-\frac{1}{2}\ln(1+x^2)+\frac{1}{2}\ln C,$$
即
$$\ln[(1+x^2)(1+y^2)]=\ln(Cx^2).$$
因此，通解为
$$(1+x^2)(1+y^2)=Cx^2.$$
这里 C 为任意常数.

把初始条件 $y(1)=2$ 代入通解，可得 $C=10$. 于是，所求特解为
$$(1+x^2)(1+y^2)=10x^2.$$

一般地，利用微分方程解决实际问题的步骤如下：

(1) 利用问题的性质建立微分方程，并写出初始条件.

(2) 求出方程的通解或特解.

5.2.2　齐次方程

定义 5.2.2　可化为形如
$$\frac{dy}{dx}=f\left(\frac{y}{x}\right)$$
的微分方程，称为一阶齐次微分方程，简称为齐次方程. 例如，方程
$$(xy-y^2)dx-(x^2-2xy)dy=0$$

可化为

$$\frac{\mathrm{d}y}{\mathrm{d}x} = \frac{xy - y^2}{x^2 - 2xy} = \frac{\dfrac{y}{x} - \left(\dfrac{y}{x}\right)^2}{1 - 2\left(\dfrac{y}{x}\right)}.$$

因此,它是一阶齐次微分方程.

齐次方程是一类可化为可分离变量的方程. 事实上,如果作变量替换

$$u = \frac{y}{x}, \tag{5.2.1}$$

则

$$y = ux, \frac{\mathrm{d}y}{\mathrm{d}x} = u + x\frac{\mathrm{d}u}{\mathrm{d}x},$$

将其代入方程(5.2.1),便得

$$u + x\frac{\mathrm{d}u}{\mathrm{d}x} = f(u).$$

这是变量可分离的方程. 分离变量并两端积分,得

$$\int \frac{1}{f(u) - u}\mathrm{d}u = \int \frac{1}{x}\mathrm{d}x. \tag{5.2.2}$$

求出积分后,将 u 还原成 $\dfrac{y}{x}$,便得所给齐次方程的通解.

例 5.2.3 解微分方程

$$y' - \frac{y}{x} = 2\tan\frac{y}{x}.$$

解:原方程可写成

$$y' = 2\tan\frac{y}{x} + \frac{y}{x},$$

这是齐次方程. 令 $u = \dfrac{y}{x}$,则 $f(u) = 2\tan u + u$. 代入式得

$$\int \frac{\mathrm{d}u}{2\tan u} = \int \frac{\mathrm{d}x}{x},$$

两端积分,得

$$\ln(\sin u) = 2\ln x + \ln C = \ln Cx^2,$$

即

$$\sin u = Cx^2.$$

将 $u = \dfrac{y}{x}$ 代入上式,便得原方程的通解为

$$\sin\frac{y}{x} = Cx^2.$$

5.3　一阶线性微分方程的求解方法及几何意义

5.3.1　一阶线性微分方程的求解方法

微分方程

$$\frac{\mathrm{d}y}{\mathrm{d}x} + P(x)y = Q(x) \tag{5.3.1}$$

称为一阶线性微分方程,其中 $P(x),Q(x)$ 为已知函数, $Q(x)$ 称为自由项.

当 $Q(x)$ 不恒等于零时,微分方程(5.3.1) 称为一阶非齐次线性微分方程;当 $Q(x) \equiv 0$ 时,方程(5.3.1) 化为

$$\frac{\mathrm{d}y}{\mathrm{d}x} + P(x)y = 0, \tag{5.3.2}$$

称为与一阶齐次线性微分方程. 并且,我们把方程(5.3.2) 称为与非齐次线性微分方程(5.3.1) 相对应的一阶齐次线性方程.

接下来,我们来讨论一阶线性微分方程的求解方法.

5.3.1.1　一阶齐次线性微分方程的求解方法

显然,一阶齐次线性方程(5.3.2)是一个可分离变量的微分方程,分离变量得

$$\frac{\mathrm{d}y}{y} = -P(x)\mathrm{d}x,$$

两边积分,有

$$\int \frac{\mathrm{d}y}{y} = -\int P(x)\mathrm{d}x,$$

得

$$\ln|y| = -\int P(x)\mathrm{d}x + \ln C_1,$$

于是得方程(5.3.2)的通解为

$$y = C\mathrm{e}^{-\int P(x)\mathrm{d}x}. \tag{5.3.3}$$

其中, $C = \pm C_1$ 为任意常数.

5.3.1.2　一阶非齐次线性微分方程的求解方法(常数变易法)

由于一阶非齐次线性微分方程(5.3.1)与一阶齐次线性微分方程

(5.3.2)的唯一区别就是等号右端是 x 的函数 $Q(x)$ 而非零,因此,我们可以设想利用将一阶齐次线性微分方程(5.3.2)的通解(5.3.3)中常数 C 换成待定函数 $C(x)$,即作变换

$$y = C(x)e^{-\int P(x)dx}, \tag{5.3.4}$$

进而将式(5.3.4)代入式(5.3.1)来确定 $C(x)$ 的方法来确定一阶非齐次线性微分方程(5.3.1)的通解.

设(5.3.4)为一阶线性非齐次微分方程(5.3.1)的通解,将其代入方程(5.3.1),则有

$$C'(x)e^{-\int P(x)dx} - P(x)C(x)e^{-\int P(x)dx} + P(x)C(x)e^{-\int P(x)dx} = Q(x),$$

化简得

$$C'(x)e^{-\int P(x)dx} = Q(x),$$

即

$$C'(x) = Q(x)e^{\int P(x)dx},$$

两边积分,得

$$C(x) = \int Q(x)e^{\int P(x)dx}dx + C. \tag{5.3.5}$$

将式(5.3.5)代入式(5.3.4)中,得一阶非齐次线性微分方程(5.3.1)的通解为

$$y = \left[\int Q(x)e^{\int P(x)dx}dx + C\right]e^{-\int P(x)dx},$$

即

$$y = Ce^{-\int P(x)dx} + e^{-\int P(x)dx}\int Q(x)e^{\int P(x)dx}dx \tag{5.3.6}$$

这种将线性齐次方程通解中的任意常数变易为待定函数,从而求出线性非齐次方程通解的方法,我们称为常数变易法.

观察可知,一阶非齐次线性微分方程(5.3.1)的通解(5.3.6)的第一项是(5.3.1)对应的一阶齐次线性微分方程(5.3.2)的通解,第二项是一阶非齐次线性微分方程(5.3.1)的一个特解(在通解(5.3.6)中取 $C = 0$ 便得到这个特解).由此可知,一阶非齐次线性微分方程的通解等于对应的齐次线性微分方程的通解与非齐次方程的一个特解之和.

例 5.3.1 求微分方程 $ydx + (x - y^3)dy = 0(y > 0)$ 的通解.

解:将上述方程变形为

$$\frac{dy}{dx} - \frac{y}{y^3 - x} = 0,$$

显然不是线性微分方程.而将方程改写为

$$\frac{\mathrm{d}x}{\mathrm{d}y} - \frac{y^3 - x}{y} = 0,$$

即

$$\frac{\mathrm{d}x}{\mathrm{d}y} + \frac{x}{y} = y^2.$$

这是一个把 x 当因变量而 y 当自变量的形如

$$\frac{\mathrm{d}x}{\mathrm{d}y} + P(y)x = Q(y)$$

的一阶非齐次线性微分方程,用公式可直接得到通解

$$x = C\mathrm{e}^{-\int P(y)\mathrm{d}y} + \mathrm{e}^{-\int P(y)\mathrm{d}y}\int Q(y)\mathrm{e}^{\int P(y)\mathrm{d}y}\mathrm{d}y,$$

故通解为

$$x = C\mathrm{e}^{-\int \frac{1}{y}\mathrm{d}y} + \mathrm{e}^{-\int \frac{1}{y}\mathrm{d}y}\int y^2\mathrm{e}^{\int \frac{1}{y}\mathrm{d}y}\mathrm{d}y,$$

积分得

$$x = \frac{1}{y}\left(\frac{1}{4}y^4 + C\right).$$

5.3.1.3　伯努利方程的求解方法

形如

$$\frac{\mathrm{d}y}{\mathrm{d}x} + P(x)y = Q(x)y^n \tag{5.3.7}$$

的微分方程称为伯努利方程,其中 n 为常数,且 $n \neq 0,1$. 伯努利方程是我们在实际应用中经常遇到的一类型方程,这类方程可以通过变量代换化为一阶线性微分方程来解.

令 $z = y^{1-n}$,则 $\frac{\mathrm{d}z}{\mathrm{d}x} = (1-n)y^{-n}\frac{\mathrm{d}y}{\mathrm{d}x}$,即

$$\frac{\mathrm{d}y}{\mathrm{d}x} = \frac{1}{1-n}y^n\frac{\mathrm{d}z}{\mathrm{d}x}, \tag{5.3.8}$$

将式(5.3.8)代入方程(5.3.7)得到

$$\frac{1}{1-n}y^n\frac{\mathrm{d}z}{\mathrm{d}x} + P(x)y = Q(x)y^n,$$

即

$$\frac{\mathrm{d}z}{\mathrm{d}x} + (1-n)P(x)z = (1-n)Q(x). \tag{5.3.9}$$

这是一个一阶线性方程,求出(5.3.9)的通解之后,再将 z 后再转换到 y,就得到伯努利方程(5.3.7)的通解.

例 5.3.2　求解方程 $y' - 2xy - 2x^3y^2 = 0$.

解:这是一个伯努利方程,令 $z = y^{-1}(y \neq 0)$,原方程化为

$$z' + 2xz = -2x^3,$$

由于 $\int 2x \mathrm{d}x = x^2$,于是

$$z = \mathrm{e}^{-x^2}\left(-\int 2x^3 \mathrm{e}^{x^2} \mathrm{d}x + C\right) = \mathrm{e}^{-x^2}(C - x^2 \mathrm{e}^{x^2} + \mathrm{e}^{x^2}),$$

故原方程的解为

$$y = \frac{1}{C \mathrm{e}^{-x^2} - x^2 + 1}.$$

注意,$y = 0$ 也是原方程的解.

5.3.2 　一阶线性微分方程的几何意义

一阶微分方程 $\dfrac{\mathrm{d}y}{\mathrm{d}x} = f(x,y)$ 的解 $y(x)$ 表示 xy 平面上的一条曲线,称为微分方程的积分曲线.如果积分曲线 $y = y(x)$ 经过点 (x_1, y_1),即 $y_1 = y(x_1)$,则 $y = y(x)$ 在 $x = x_1$ 处的导数 $\dfrac{\mathrm{d}y}{\mathrm{d}x} = f(x_1, y_1)$.

在 (x_1, y_1) 处积分曲线 $y = y(x)$ 的切线斜率为 $f(x_1, y_1)$,如图 5.3.1 所示.其实,方程 $\dfrac{\mathrm{d}y}{\mathrm{d}x} = f(x,y)$ 的积分曲线 $y = y(x)$ 在其上任一点 (x,y) 处的斜率必为 $f(x,y)$,即方程 $\dfrac{\mathrm{d}y}{\mathrm{d}x} = f(x,y)$ 右边 $f(x,y)$ 的值给出了积分曲

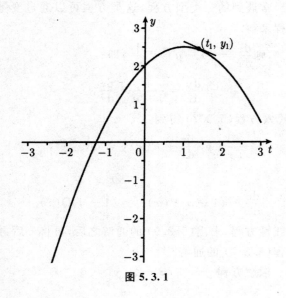

图 5.3.1

线 $y = y(x)$ 上所有点的切线斜率,如图 5.3.2 所示. 反之,如果一条曲线上每一点的切线斜率为 $f(x,y)$,则此曲线必为方程 $\dfrac{\mathrm{d}y}{\mathrm{d}x} = f(x,y)$ 的积分曲线.

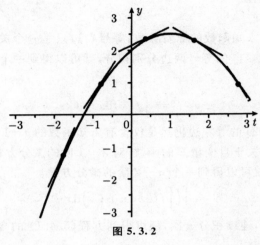

图 5.3.2

对于方程 $\dfrac{\mathrm{d}y}{\mathrm{d}x} = f(x,y)$,若给定 $f(x,y)$,在 xy 平面内选择 $f(x,y)$ 定义域 D 内的点 (x,y),在这一点标注一个以该点为中心的小线段,其斜率为 $f(x,y)$(图 5.3.3),一般称这样的小线段为斜率标记,而对 xy 平面上 D 内任一点 (x,y) 有这样一个小线段与之对应,这样在 D 内形成一个方向场,称为斜率场.

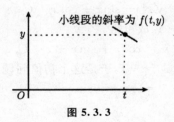

图 5.3.3

5.4　可降阶的高阶微分方程

如果一个微分方程的阶数不低于 2,就称之为高阶方程. 高阶方程的求解比一阶方程难,而且阶数越高难度越大.

5.4.1 $y^{(n)} = f(x)$ 型的微分方程

对于微分方程

$$y^{(n)} = f(x), \tag{5.4.1}$$

其等左边仅含有未知函数的 n 阶导数,等号右边只是一个关于自变量 x 的函数.只需对(5.4.1)的等号两边分别积分,就可以得到一个 $n-1$ 阶的微分方程

$$y^{(n-1)} = \int f(x)\mathrm{d}x + C_1 \tag{5.4.2}$$

显然,方程(5.4.2)的等左边仍然是仅含有未知函数的 $n-1$ 阶导数,等号右边仍然只是一个关于自变量 x 的函数.对 $n-1$ 阶的微分方程(5.4.2)的等号两边再积分,就可以得到一个 $n-2$ 阶的微分方程

$$y^{(n-2)} = \int \left(\int f(x)\mathrm{d}x + C_1 \right) \mathrm{d}x + C_2.$$

依此法继续下去,连续积分 n 次,便可得到方程(5.4.1)的含有 n 个任意常数的通解.

例 5.4.1 求解初值问题

$$\begin{cases} y''' = \sin x - \cos x \\ y|_{x=0} = 0, y'|_{x=0} = 0, y''|_{x=0} = -1 \end{cases}.$$

解:对方程积分可得

$$y'' = -\cos x - \sin x + C_1,$$

由 $y''|_{x=0} = -1$ 知 $C_1 = 0$,从而又可得

$$y' = -\sin x + \cos x + C_2,$$

由 $y'|_{x=0} = 0$ 知 $C_2 = -1$.故可得

$$y = \cos x + \sin x - x + C_3,$$

再根据 $y|_{x=0} = 0$ 推出 $C_3 = -1$,于是这个初值问题的解为

$$y = \cos x + \sin x - x - 1.$$

5.4.2 $y'' = f(x, y')$ 型的微分方程

微分方程

$$y'' = f(x, y') \tag{5.4.3}$$

的特点不含有未知函数 y,求解方法如下:

作变量代换 $y' = p(x)$,则 $y'' = p'(x)$,原方程可化为以 $p(x)$ 为未知函数的一阶微分方程

$$p' = f(x, p),$$

设此方程的通解为 $p(x) = \varphi(x, C_1)$，得

$$y' = \varphi(x, C_1), \tag{5.4.4}$$

方程两端再积分，得

$$y = \int \varphi(x, C_1) \mathrm{d}x + C_2. \tag{5.4.5}$$

例 5.4.2　求微分方程 $y'' = \dfrac{1}{x} y' + x\mathrm{e}^x$ 满足 $y(1) = 2, y'(1) = e$ 的特解.

解：所给微分方程是 $y'' = f(x, y')$ 型方程. 设 $y' = p$，则 $y'' = p'$，带入原方程得

$$p' - \frac{1}{x} p = x\mathrm{e}^x,$$

这是关于 p 的一阶线性微分方程. 直接根据公式可得

$$\begin{aligned}
p &= \mathrm{e}^{\int \frac{1}{x}\mathrm{d}x} \left(\int x\mathrm{e}^x \mathrm{e}^{-\int \frac{1}{x}\mathrm{d}x} \mathrm{d}x + C_1 \right) \\
&= x \left(\int \mathrm{e}^x \mathrm{d}x + C_1 \right) \\
&= x(\mathrm{e}^x + C_1),
\end{aligned}$$

即

$$y' = x(\mathrm{e}^x + C_1),$$

因 $y'(1) = e$，得 $C_1 = 0$，即

$$y' = x\mathrm{e}^x,$$

两端积分，得

$$y = (x-1)\mathrm{e}^x + C_2,$$

又因 $y(1) = 2$，可得原方程满足初始条件的特解为

$$y = (x-1)\mathrm{e}^x + 2.$$

例 5.4.3　求微分方程 $(1 - x^2) y'' = xy'$ 满足初始条件 $y|_{x=0} = 0$，$y'|_{x=0} = 1$ 的特解.

解：所给微分方程是 $y'' = f(x, y')$ 型方程. 设 $y' = p(x)$，代入方程并分离变量后，得

$$\frac{\mathrm{d}p}{p} = \frac{x}{1 - x^2} \mathrm{d}x,$$

两端积分，得

$$\ln p = -\frac{1}{2} \ln(1 - x^2) + \ln C_1,$$

即

$$p = C_1 (1-x^2)^{-\frac{1}{2}},$$

以 $y' = p$ 代入，得

$$y' = C_1 (1-x^2)^{-\frac{1}{2}},$$

在积分一次，得原方程的通解为

$$y = C_1 \arcsin x + C_2,$$

将初始条件 $y'|_{x=0} = 1$ 代入 $y = C_1 \arcsin x + C_2$，得 $C_1 = 1$；将 $y|_{x=0} = 0$ 及 $C_1 = 1$ 代入 $y = C_1 \arcsin x + C_2$，得 $C_2 = 0$，于是所求方程的特解为

$$y = \arcsin x.$$

5.4.3 $y'' = f(y, y')$ 型的微分方程

形如

$$y'' = f(y, y') \tag{5.4.6}$$

的高阶微分方程不显含自变量 x. 这种情况下，可用 $y' = p$ 作为新的未知函数，而把 y 当成新的自变量. 因为

$$\frac{\mathrm{d}y}{\mathrm{d}x} = p,$$

$$y'' = \frac{\mathrm{d}p}{\mathrm{d}x} = \frac{\mathrm{d}p}{\mathrm{d}y} \cdot \frac{\mathrm{d}y}{\mathrm{d}x} = p \frac{\mathrm{d}p}{\mathrm{d}y},$$

所以方程 (5.4.6) 化为 $p \dfrac{\mathrm{d}p}{\mathrm{d}y} = f(y, p)$，此方程为关于 y, p 的一阶微分方程，如能求出它的通解，不妨设为

$$p = \varphi(y, C_1) \text{ 或} \frac{\mathrm{d}y}{\mathrm{d}x} = \varphi(y, C_1),$$

则可得原方程的通解为

$$\int \frac{\mathrm{d}y}{\varphi(y, C_1)} = x + C_2.$$

例 5.4.4 求微分方程 $yy'' - (y')^2 = 0$ 的通解.

解：显然该方程为 $y'' = f(y, y')$ 型方程，故令 $y' = p(y)$，则 $y'' = p \cdot \dfrac{\mathrm{d}p}{\mathrm{d}y}$，代入原方程得

$$yp \cdot \frac{\mathrm{d}p}{\mathrm{d}y} = p^2,$$

即

$$p\left(y \frac{\mathrm{d}p}{\mathrm{d}y} - p\right) = 0.$$

（1）如果 $p \neq 0$ 且 $y \neq 0$，则方程两端约去 p 及同除 y，得

$$\frac{\mathrm{d}p}{p} = \frac{\mathrm{d}y}{y},$$

两端积分,得

$$\ln p = \ln y + \ln C_1,$$

即有

$$y' = C_1 y,$$

再分离变量并积分,可得原方程的通解为

$$y = C_2 \mathrm{e}^{C_1 x}.$$

(2) 如果 $p = 0$ 或 $y = 0$,即 $y = C$(C 为任意实数)是原方程的解(又称平凡解),其实已包括在(1) 的通解中(只需取 $C_1 = 0$).

5.5　高阶线性微分方程

在工程及物理问题中,所遇到的高阶方程很多是线性方程. n 阶线性微分方程的一般形式为

$$y^{(n)} + a_1(x)y^{(n-1)} + a_2(x)y^{(n-2)} + \cdots + a_{n-1}(x)y' + a_n(x)y = f(x), \tag{5.5.1}$$

其中,$f(x)$ 叫作自由项,$a_1(x)$,$a_2(x)$,$\cdots$,$a_n(x)$ 叫作线性方程的系数. 若 $f(x) \equiv 0$,则称方程(5.5.1)为 n 阶线性齐次微分方程. 若 $f(x) \neq 0$,则称方程(5.5.1)为 n 阶线性非齐次微分方程. 下面以二阶线性微分方程为例,讨论线性微分方程解的结构.

5.5.1　二阶线性齐次微分方程

二阶线性齐次微分方程的形式为

$$y'' + P(x)y' + Q(x)y = 0, \tag{5.5.2}$$

它的解具有如下性质.

定理 5.5.1　如果 $y_1(x)$ 和 $y_2(x)$ 是方程(5.5.2) 的两个解,则 $y = C_1 y_1(x) + C_2 y_2(x)$ 也是方程(5.5.2) 的解,其中 C_1、C_2 是任意常数.

证明:因为 $y_1(x)$ 和 $y_2(x)$ 都是方程(5.5.2) 的解,所以

$$y_1'' + P(x)y_1' + Q(x)y_1 = 0,$$
$$y_2'' + P(x)y_2' + Q(x)y_2 = 0.$$

将 $y = C_1 y_1(x) + C_2 y_2(x)$ 代入方程(5.5.2) 的左端,得

$$y'' + P(x)y' + Q(x)y$$
$$= (C_1 y_1 + C_2 y_2)'' + P(x)(C_1 y_1 + C_2 y_2)' + Q(x)(C_1 y_1 + C_2 y_2)$$
$$= C_1[y_1'' + P(x)y_1' + Q(x)y_1] + C_2[y_2'' + P(x)y_2' + Q(x)y_2]$$
$$= 0.$$

该性质称为线性齐次微分方程解的叠加原理.

在上述定理中,如果 $y_2 = ky_1$(k 为常数),则 $y = C_1 y_1 + C_2 y_2 = (C_1 + C_2 k)y_1$ 就只含一个任意常数,它不能是通解.

若 $\dfrac{y_1}{y_2} \neq$ 常数,它就是通解,下面介绍函数相关性的定义.

定义 5.5.1 设 $y_1(x), y_2(x), \cdots, y_n(x)$ 是定义在区间 I 内的函数. 如果存在 n 个不全为零的常数 $k_1, k_2, \cdots, k_n$,使得在该区间内恒有

$$k_1 y_1 + k_2 y_2 + \cdots + k_n y_n \equiv 0$$

成立,则称 $y_1(x), y_2(x), \cdots, y_n(x)$ 在区间 I 上是线性相关. 否则,称 $y_1(x), y_2(x), \cdots, y_n(x)$ 是线性无关.特别地,两个函数 $y_1(x)$ 和 $y_2(x)$,若 $\dfrac{y_1(x)}{y_2(x)} =$ 常数,则 $y_1(x)$ 和 $y_2(x)$ 线性相关;若 $\dfrac{y_1(x)}{y_2(x)} \neq$ 常数,则 $y_1(x)$ 和 $y_2(x)$ 线性无关.

有了线性无关的概念后,我们就可以用如下的定理来叙述二阶线性齐次方程的通解结构.

定理 5.5.2 如果 $y_1(x)$ 和 $y_2(x)$ 是方程(5.5.2)的两个线性无关的特解,则

$$y = C_1 y_1(x) + C_2 y_2(x)$$

就为方程的通解,其中 C_1、C_2 为任意常数.

例 5.5.1 验证 $y_1 = x$ 与 $y_2 = e^x$ 是方程 $(x-1)y'' - xy' + y = 0$ 的线性无关解,并写出其通解.

解:因为 $(x-1)y_1'' - xy_1' + y_1 = 0 - x + x = 0$,
$(x-1)y_2'' - xy_2' + y_2 = (x-1)e^x - xe^x + e^x = 0$,
所以 $y_1 = x$ 与 $y_2 = e^x$ 都是方程的解.

因为比值 e^x/x 不恒为常数,所以 $y_1 = x$ 与 $y_2 = e^x$ 在 $(-\infty, +\infty)$ 内是线性无关的. 所以 $y_1 = x$ 与 $y_2 = e^x$ 是方程 $(x-1)y'' - xy' + y = 0$ 的两个线性无关解.

故方程的通解为 $y = C_1 x + C_2 e^x$.

5.5.2 二阶线性非齐次微分方程

二阶线性非齐次微分方程的形式是

$$y'' + P(x)y' + Q(x)y = f(x). \tag{5.5.3}$$

若方程(5.5.2)与方程(5.5.3)的左端相同,称方程(5.5.2)是与方程(5.5.3)对应的齐次方程.

定理 5.5.3　设 y^* 为方程(5.5.3)的一个特解,Y 是与方程(5.5.3)对应的齐次方程(5.5.2)的通解,则

$$y = Y + y^* \tag{5.5.4}$$

是方程(5.5.3)的通解.

证明:因为

$$Y'' + P(x)Y' + Q(x)Y = 0,$$
$$y^{*\prime\prime} + P(x)y^{*\prime} + Q(x)y^* = f(x),$$

将 $y = Y + y^*$ 代入方程(5.5.3)的左端,得

$$y'' + P(x)y' + Q(x)y$$
$$= (Y + y^*)'' + P(x)(Y + y^*)' + Q(x)(Y + y^*)$$
$$= [Y'' + P(x)Y' + Q(x)Y] + [y^{*\prime\prime} + P(x)y^{*\prime} + Q(x)y^*]$$
$$= f(x).$$

由于 Y 中含有两个任意常数,故式(5.5.4)为通解.

例如,$y'' + y = x^2$ 对应的齐次方程的通解是 $Y = C_1\cos x + C_2\sin x$,容易验证 $y^* = x^2 - 2$ 是所给方程的一个特解,因此 $y = C_1\cos x + C_2\sin x + x^2 - 2$ 是所给方程的通解.

若方程(5.5.3)的右端 $f(x) = f_1(x) + f_2(x)$,即

$$y'' + P(x)y' + Q(x)y = f_1(x) + f_2(x), \tag{5.5.5}$$

求它的特解,需考虑两个方程

$$y'' + P(x)y' + Q(x)y = f_1(x), \tag{5.5.6}$$

和

$$y'' + P(x)y' + Q(x)y = f_2(x), \tag{5.5.7}$$

我们有如下的定理.

定理 5.5.4　设 y_1^* 与 y_2^* 分别是方程(5.5.6)和方程(5.5.7)的解,则 $y = y_1^* + y_2^*$ 是方程(5.5.5)的解.

证明:由于 y_1^* 与 y_2^* 分别是方程(5.5.6)和方程(5.5.7)的解,故

$$y_1^{*\prime\prime} + P(x)y_1^{*\prime} + Q(x)y_1^* = f_1(x),$$
$$y_2^{*\prime\prime} + P(x)y_2^{*\prime} + Q(x)y_2^* = f_2(x),$$

将 $y = y_1^* + y_2^*$ 代入方程(5.5.5)的左端,得

$$y'' + P(x)y' + Q(x)y$$
$$= (y_1^* + y_2^*)'' + P(x)(y_1^* + y_2^*)' + Q(x)(y_1^* + y_2^*)$$
$$= [y_1^{*\prime\prime} + P(x)y_1^{*\prime} + Q(x)y_1^*] + [y_2^{*\prime\prime} + P(x)y_2^{*\prime} + Q(x)y_2^*]$$

$$= f_1(x) + f_2(x).$$

因此 $y = y_1^* + y_2^*$ 是方程(5.5.5)的解.

5.6   常系数齐次线性微分方程

5.6.1   二阶常系数线性齐次微分方程

定义 5.6.1   方程

$$y'' + py' + qy = 0 \tag{5.6.1}$$

称为二阶常系数线性齐次微分方程,其中 p、q 为常数.方程(5.6.1)的通解为

$$y = C_1 y_1(x) + C_2 y_2(x),$$

其中,$y_1(x)$ 和 $y_2(x)$ 为两个线性无关的解.可以想到,形如 $y = e^{rx}$ 的函数可能成为方程(5.6.1)的解,因为

$$y' = r e^{rx}, y'' = r^2 e^{rx}$$

代入方程(5.6.1)中,得

$$(r^2 + pr + q) e^{rx} = 0,$$

所以,r 满足方程

$$r^2 + pr + q = 0 \tag{5.6.2}$$

时,$y = e^{rx}$ 为方程(5.6.1)的解.我们把方程(5.6.2)称为方程(5.6.1)的特征方程,特征方程的根叫微分方程(5.6.1)的特征根.方程(5.6.2)是代数方程,它的根 r_1、r_2 可以用式

$$r_{1,2} = \frac{-p \pm \sqrt{p^2 - 4q}}{2} \tag{5.6.3}$$

表示.它们有以下三种不同情形:

(1)$\Delta = p^2 - 4q > 0$,方程(5.6.3)有两个不相等的实根 r_1、r_2. 这时 $y_1 = e^{r_1 x}$ 和 $y_2 = e^{r_2 x}$ 是两个线性无关的特解,于是方程(5.6.1)的通解为

$$y = C_1 e^{r_1 x} + C_2 e^{r_2 x}$$

其中 C_1, C_2 是任意的常数.

(2) 当 $\Delta = p^2 - 4q = 0$ 时,方程(5.6.2)有两个相等的实根 $r_1 = r_2 = -\frac{p}{2}$,这时只得到方程(5.6.1)的一个特解 $y_1 = e^{r_1 x}$,还需求得另一个特解 y_2,并且 y_1, y_2 线性无关.

设 $\frac{y_2}{y_1} = u(x)$,则 $y_2 = u(x) e^{r_1 x}$,对 y_2 求一阶和二阶导数,得

$$y_2' = \mathrm{e}^{r_1 x}(u' + r_1 u), y_2'' = \mathrm{e}^{r_1 x}(u'' + 2r_1 u' + r_1^2 u),$$

将 y_2, y_2', y_2'' 代入微分方程(5.6.1),并整理可得

$$\mathrm{e}^{r_1 x}[u'' + (2r_1 + p)u' + (r_1^2 + pr_1 + q)u] = 0,$$

因此有

$$u'' + (2r_1 + p)u' + (r_1^2 + pr_1 + q)u = 0.$$

由于 r_1 是特征方程(5.6.2)的重根,即 $r_1^2 + pr_1 + q = 0$,又由于 $r_1 = -\dfrac{p}{2}$,所以 $2r_1 + p = 0$,于是上式化为

$$u'' = 0.$$

为得到一个既简单又不为常数的特解,不妨取 $u = x$,所以方程(6.4.50)的另一个特解为 $y_2 = x\mathrm{e}^{r_1 x}$,从而齐次方程(6.4.2)的通解为

$$y = C_1 \mathrm{e}^{r_1 x} + C_2 x\mathrm{e}^{r_1 x},$$

其中,C_1, C_2 是任意的常数.

(3) 当 $\Delta = p^2 - 4q < 0$ 时,特征方程(5.6.2)有一对共轭复根 $r_{1,2} = \alpha \pm \mathrm{i}\beta$,函数 $y = \mathrm{e}^{(\alpha + \mathrm{i}\beta)x}$,$y = \mathrm{e}^{(\alpha - \mathrm{i}\beta)x}$ 是微分方程的两个线性无关的复数形式的解. 故方程(5.6.2)的通解为

$$y = A\mathrm{e}^{(\alpha + \mathrm{i}\beta)x} + B\mathrm{e}^{(\alpha - \mathrm{i}\beta)x} = \mathrm{e}^{\alpha x}(A\mathrm{e}^{\mathrm{i}\beta x} + B\mathrm{e}^{-\mathrm{i}\beta x}),$$

利用欧拉公式 $\mathrm{e}^{\mathrm{i}\theta} = \cos\theta + \mathrm{i}\sin\theta$,可得

$$y = \mathrm{e}^{\alpha x}(C_1 \cos\beta x + C_2 \sin\beta x),$$

其中,$C_1 = A + B, C_2 = (A - B)\mathrm{i}$. 通常情况下,如无特别声明,要求写出实数形式的解.

综上所述,求二阶常系数线性齐次微分方程 $y'' + py' + qy = 0$ 的通解(表 5.6.1)的步骤如下:

(1)写出微分方程的特征方程

$$r^2 + pr + q = 0.$$

(2)求出特征方程的两个根 r_1, r_2.

(3)根据特征方程的两个根的不同情况,写出微分方程的通解.

表 5.6.1

特征方程 $r^2 + pr + q = 0$ 的两个根 r_1, r_2	$y'' + py' + qy = 0$ 的通解
两个不等的实根 r_1, r_2	$y = C_1 \mathrm{e}^{r_1 x} + C_2 \mathrm{e}^{r_2 x}$
两个相等的实根 $r_1 = r_2$	$y = C_1 \mathrm{e}^{r_1 x} + C_2 x\mathrm{e}^{r_1 x}$
一对共轭的复根 $r_{1,2} = \alpha \pm \mathrm{i}\beta$	$y = \mathrm{e}^{\alpha x}(C_1 \cos\beta x + C_2 \sin\beta x)$

例 5.6.1　求微分方程 $y'' - 4y' + 3y = 0$ 的通解.

解:写出特征方程

$$r^2 - 4r + 3 = 0,$$

求出根 $r_1 = 1, r_2 = 3$,即有两个不相等的实根,方程的通解为

$$y = C_1 \mathrm{e}^x + C_2 \mathrm{e}^{3x}.$$

例 5.6.2 求方程 $\dfrac{\mathrm{d}^2 x}{\mathrm{d}t^2} + 2\dfrac{\mathrm{d}x}{\mathrm{d}t} + x = 0$ 满足条件 $x\big|_{t=0} = 4, \dfrac{\mathrm{d}x}{\mathrm{d}t}\big|_{t=0} = -2$

的特解.

解:所给方程的特征方程为

$$r^2 + 2r + 1 = 0,$$

特征根 $r = -1$(重根),方程的通解是

$$x = (C_1 + C_2 t)\mathrm{e}^{-t},$$

代入初始条件 $x\big|_{t=0} = 4$,得 $C_1 = 4$,将 $\dfrac{\mathrm{d}x}{\mathrm{d}t}\big|_{t=0} = -2$ 代入

$$\frac{\mathrm{d}x}{\mathrm{d}t} = (C_2 - C_1 - C_2 t)\mathrm{e}^{-t},$$

得 $C_2 = 2$,于是,所求方程的特解为

$$x = (4 + 2t)\mathrm{e}^{-t}.$$

5.6.2 高阶常系数线性齐次微分方程

n 阶常系数线性齐次微分方程的一般形式为

$$y^{(n)} + p_1 y^{(n-1)} + p_2 y^{(n-2)} + \cdots + p_{n-1} y' + p_n y = 0, \qquad (5.6.4)$$

其中,$p_1, p_2, \cdots, p_{n-1}, p_n$ 都是常数.

方程(5.6.4)通解的求解方法如下:

由于方程左端是未知函数 y 及其至 n 阶的各阶导数的线性组合,而右端为零,因而可以推知其解应有 $y = \mathrm{e}^{rx}$ 的形式,其中 r 为待定常数. 所以可令 $y = \mathrm{e}^{rx}$,将它及其导数 $y' = r\mathrm{e}^{rx}, y'' = r^2 \mathrm{e}^{rx}, \cdots, y^{(n)} = r^n \mathrm{e}^{rx}$ 代入方程 (5.6.4),于是得到

$$\mathrm{e}^{rx}(r^n + p_1 r^{n-1} + p_2 r^{n-2} + \cdots + p_{n-1} r + p_n) = 0,$$

因此,只要 r 满足方程

$$r^n + p_1 r^{n-1} + p_2 r^{n-2} + \cdots + p_{n-1} r + p_n = 0, \qquad (5.6.5)$$

那么,$y = \mathrm{e}^{rx}$ 就是方程(5.6.4)的解.

与二阶常系数线性微分方程的情形一样,方程(5.6.4)也称为方程(5.6.5)的特征方程,特征方程的根称为特征根.

特征方程(5.6.5)的每个根,在方程(5.6.4)的通解中都有相应的一项,这种对应规律见表 5.6.2.

表 5.6.2

特征方程的根	在微分方程通解中对应的项
单实根 r	对应一项：Ce^{rx}
一对单复根 $r_{1,2} = \alpha \pm i\beta$	对应两项：$e^{\alpha x}(C_1\cos\beta x + C_2\sin\beta x)$
k 重实根 r	对应 k 项：$e^{rx}(C_1 + C_2 x + \cdots + C_k x^{k-1})$
一对 k 重复根 $r_{1,2} = \alpha \pm i\beta$	对应 $2k$ 项：$e^{\alpha x}\big[(C_1 + C_2 x + \cdots + C_k x^{k-1})\cos\beta x + (D_1 + D_2 x + \cdots + D_k x^{k-1})\sin\beta x\big]$

　　因为特征方程(5.6.5)是一个 n 次代数方程,所以它必有 n 个根. 而由上表可以知道特征方程的每个根都对应着微分方程(5.6.4)的通解中的某一项,且每一项都含有一个任意常数(显然,它们相互独立),所以方程(5.6.4)的通解即为
$$y = C_1 y_1 + C_2 y_2 + \cdots + C_n y_n,$$
其中, $y_1, y_2, \cdots, y_n$ 就是上表右边所列的各项中的函数.

　　例 5.6.3　求方程 $y^{(4)} - 2y''' + 5y'' = 0$ 的通解.

　　解：微分方程对应的特征方程为
$$r^4 - 2r^3 + 5r^2 = 0, \text{即 } r^2(r^2 - 2r + 5) = 0,$$
解得特征根是 $r_1 = r_2 = 0$ 和 $r_{3,4} = 1 \pm 2i.$

　　因此所给微分方程的通解为
$$y = C_1 + C_2 x + e^x(C_3\cos 2x + C_4\sin 2x).$$

　　例 5.6.4　求方程 $2y''' + 16y = 0$ 的通解.

　　解：所给微分方程所对应的特征方程为
$$2r^3 + 16 = 0,$$
解得特征根是 $r_1 = -2, r_{2,3} = 1 \pm \sqrt{3}\,i.$

　　因此所给微分方程的通解为
$$y = C_1 e^{-2x} + e^x(C_2\cos\sqrt{3}\,x + C_3\sin\sqrt{3}\,x).$$

5.7　常系数非齐次线性微分方程

　　定义 5.7.1　形如
$$y'' + py' + qy = f(x) \tag{5.7.1}$$
的微分方程称为二阶常系数线性非齐次微分方程. 其中 p, q 都是常数,

$f(x)$ 为已知的连续函数.

已知线性非齐次方程的通解是方程所对应的齐次方程的通解与其自身的一个特解之和,而求二阶常系数线性齐次方程的通解问题已经解决,所以求二阶常系数线性非齐次微分方程的通解关键在于求其一个特解.

当自由项 $f(x)$ 是某种特殊类型的函数时,运用待定系数法可以很方便地求得它的一个特解. 本节主要介绍 $f(x)$ 为两种特殊函数类型时,方程的特解的求法.

5.7.1 $f(x) = e^{\lambda x} P_m(x)$ 型

$f(x) = e^{\lambda x} P_m(x)$,其中 $P_m(x)$ 是 x 的 m 次多项式,即

$$P_m(x) = a_0 x^m + a_1 x^{m-1} + \cdots + a_{m-1} x + a_m.$$

由于 $f(x) = e^{\lambda x} P_m(x)$ 是由 m 次多项式与指数函数的乘积构成,它的导数仍是同类函数. 可以猜想,方程的特解也应具有这种形式. 因此,设特解形式为 $y^* = Q(x)e^{\lambda x}$,其中 $Q(x)$ 是一个待定的多项式. 将其代入方程,得等式

$$Q''(x) + (2\lambda + p)Q'(x) + (\lambda^2 + p\lambda + q)Q(x) = P_m(x). \quad (5.7.2)$$

式(5.7.2)右端是一个 m 次多项式,所以左端也应该是 m 次多项式,由于多项式每求一次导数,次数就要降低一次,故有三种情形.

(1)若 λ 不是方程(5.7.2)所对应的齐次方程的特征根,即 $\lambda^2 + p\lambda + q \neq 0$.此时应设 $Q(x) = Q_m(x)$,即

$$Q_m(x) = b_0 x^m + b_1 x^{m-1} + \cdots + b_{m-1} x + b_m,$$

其中 $b_i (i = 0, 1, 2, \cdots, m)$ 为待定系数. 将 $Q_m(x)$ 代入式(5.7.2),比较系数,就得到含 $b_0, b_1, \cdots, b_m$ 的 $m + 1$ 个方程的联立方程组,定出 $b_i (i = 0, 1, 2, \cdots, m)$,则 $y^* = Q_m(x)e^{\lambda x}$.

(2)如果 λ 是特征方程的单根,则 $\lambda^2 + p\lambda + q = 0, 2\lambda + p \neq 0$,此时应设 $Q(x) = x Q_m(x)$,采用同样的方法确定 $Q_m(x)$ 的系数,则 $y^* = x Q_m(x)e^{\lambda x}$.

(3)如果 λ 是特征方程的重根,即 $\lambda^2 + p\lambda + q = 0, 2\lambda + p = 0$,应设 $Q(x) = x^2 Q_m(x)$,用同样的方法确定 $Q_m(x)$ 的系数,则 $y^* = x^2 Q_m(x)e^{\lambda x}$.

综上所述,有如下结论:

如果 $f(x) = P_m(x)e^{\lambda x}$,则设

$$y^* = x^k Q_m(x)e^{\lambda x} \quad (5.7.3)$$

为方程(5.7.3)的特解,$Q_m(x)$ 是与 $P_m(x)$ 同次的多项式,按 λ 不是特征方程的根,是特征方程的单根或是特征方程的重根,k 依次取 0、1 或 2.

特别地,当 $f(x) = P_m(x)$ 时,即是 $\lambda = 0$ 的情形,设 $y^* = x^k Q_m(x)$,按

$\lambda = 0$ 不是特征方程的根,是特征方程的单根或是特征方程的重根,k 依次取 0、1 或 2.

如果 $f(x) = P_m(x)\mathrm{e}^{\lambda x}$,则二阶常系数线性非齐次微分方程 $y'' + py' + qy = f(x)$ 有形如

$$y^* = x^k Q_m(x)\mathrm{e}^{\lambda x}$$

的特解,其中 $Q_m(x)$ 是与 $P_m(x)$ 同次幂的多项式,当 λ 不是特征方程的根、是特征方程的单根或是特征方程的重根时,k 依次取 0、1 或 2. 为了便于查找,列表如下(表 5.7.1).

表 5.7.1

特征方程 $r^2 + pr + q = 0$ 的两个根为 r_1, r_2	$y'' + py' + qy = P_m(x)\mathrm{e}^{\lambda x}$ 的特解形式
$\lambda \neq r_1$ 且 $\lambda \neq r_2$	$y^* = Q_m(x)\mathrm{e}^{\lambda x}$
$\lambda = r_1$ 且 $\lambda \neq r_2$	$y^* = x Q_m(x)\mathrm{e}^{\lambda x}$
$\lambda = r_1 = r_2$	$y^* = x^2 Q_m(x)\mathrm{e}^{\lambda x}$

例 5.7.1　求微分方程 $y'' - y = 4x\mathrm{e}^x$ 的通解.

解:对应齐次方程的特征方程为 $r^2 - 1 = 0$,解得特征根 $r_{1,2} = \pm 1$. 故对应齐次微分方程的通解为 $y = C_1 \mathrm{e}^x + C_2 \mathrm{e}^{-x}$.

因为 $\lambda = 1$ 是特征方程的单根,所以非齐次方程的特解应设为

$$y^* = x(ax + b)\mathrm{e}^x,$$

代入原方程得

$$2a + 2b + 4ax = 4x,$$

比较同类项系数得 $a = 1, b = -1$,从而原方程的特解为

$$y^* = x(x - 1)\mathrm{e}^x,$$

故原方程的通解为 $y = C_1 \mathrm{e}^x + C_2 \mathrm{e}^{-x} + x(x - 1)\mathrm{e}^x$.

例 5.7.2　求微分方程 $y'' - 2y' - 3y = 3x + 1$ 的一个特解.

解:所给方程对应的齐次方程的特征方程为

$$r^2 - 2r - 3 = 0,$$

解得特征根为 $r_1 = 3, r_2 = -1$. 故对应齐次微分方程的通解为

$$y = C_1 \mathrm{e}^{3x} + C_2 \mathrm{e}^{-x}.$$

由于 $\lambda = 0$ 不是特征方程的根,所以非齐次方程的特解应设为

$$y^* = ax + b,$$

代入原方程,得

$$-3ax - 2a - 3b = 3x + 1,$$

比较两端 x 同次幂的系数,得 $a = -1, b = \dfrac{1}{3}$. 于是求得所给方程的一个特解为

$$y^* = -x + \frac{1}{3},$$

故原方程的通解为 $y = C_1 e^{3x} + C_2 e^{-x} - x + \frac{1}{3}.$

5.7.2　$f(x) = e^{\lambda x}[P_l(x)\cos\omega x + P_n(x)\sin\omega x]$ 型

利用欧拉公式可把 $f(x)$ 化成如下形式：

$$f(x) = e^{\lambda x}\left[P_l(x)\frac{e^{i\omega x} + e^{-i\omega x}}{2} + P_n(x)\frac{e^{i\omega x} - e^{-i\omega x}}{2i}\right]$$

$$= \left[\frac{P_l(x)}{2} + \frac{P_n(x)}{2i}\right]e^{(\lambda+i\omega)x} + \left[\frac{P_l(x)}{2} - \frac{P_n(x)}{2i}\right]e^{(\lambda-i\omega)x}$$

$$= P(x)e^{(\lambda+i\omega)x} + \overline{P}(x)e^{(\lambda-i\omega)x}, \tag{5.7.3}$$

其中

$$P(x) = \frac{P_l(x)}{2} + \frac{P_n(x)}{2i} = \frac{P_l(x)}{2} - \frac{P_n(x)}{2}i,$$

$$\overline{P}(x) = \frac{P_l(x)}{2} - \frac{P_n(x)}{2i} = \frac{P_l(x)}{2} + \frac{P_n(x)}{2}i$$

是互成共轭的 m 次多项式（对应的系数是共轭复数），而 $m = \max(l, n)$.

因为方程(5.7.1)的右端 $f(x)$ 为式(5.7.3)，方程(5.7.1)的特解为 $y^* = y_1{}^* + y_2{}^*$，其中 $y_1{}^*$ 和 $y_2{}^*$ 分别满足方程

$$y'' + py' + qy = P(x)e^{(\lambda+i\omega)x}, \tag{5.7.4}$$

和

$$y'' + py' + qy = \overline{P}(x)e^{(\lambda-i\omega)x}. \tag{5.7.5}$$

因为方程(5.7.4)和(5.7.5)的右端互成共轭，所以 $y_1{}^* = \overline{y_2{}^*}$. 方程(5.7.4)的特解可设为

$$y_1{}^* = x^k Q_m(x)e^{(\lambda+i\omega)x},$$

其中 k 取 0 或 1. $\lambda + i\omega$ 不是特征根取 0，$\lambda + i\omega$ 是特征根取 1. 于是

$$y_2{}^* = x^k \overline{Q}_m(x)e^{(\lambda-i\omega)x},$$

所以

$$y^* = y_1{}^* + y_2{}^* = x^k \left[Q_m(x)e^{(\lambda+i\omega)x} + \overline{Q}_m(x)e^{(\lambda-i\omega)x}\right]$$

$$= x^k e^{\lambda x}\left[Q_m(x)e^{+i\omega x} + \overline{Q}_m(x)e^{-i\omega x}\right]$$

$$= x^k e^{\lambda x}\left\{[Q_m(x) + \overline{Q}_m(x)]\cos\omega x + i[Q_m(x) - \overline{Q}_m(x)]\sin\omega x\right\}$$

$$= x^k e^{\lambda x}\left[R_m^{(1)}(x)\cos\omega x + R_m^{(2)}(x)\sin\omega x\right].$$

因为 $y*$ 是两个共轭复函数相加，所以它应该是实函数，$R_m^{(1)}(x)$ 和 $R_m^{(2)}(x)$ 是两个 m 次的实系数多项式.

综上所述,有如下结论:

如果 $f(x) = \mathrm{e}^{\lambda x}[P_l(x)\cos\omega x + P_n(x)\sin\omega x]$,则可设方程(5.7.1) 的特解为

$$y^* = x^k \mathrm{e}^{\lambda x}[R_m^{(1)}(x)\cos\omega x + R_m^{(2)}(x)\sin\omega x],$$

其中,$R_m^{(1)}(x)$、$R_m^{(2)}(x)$ 为 m 次多项式,$m = \max\{l,n\}$,k 则按 $\lambda + \mathrm{i}\omega$ 不是特征根或是特征根依次取 0 或 1.

例 5.7.3　解方程 $y'' + y = 4\sin x$.

解:相应的齐次方程为

$$y'' + y = 0,$$

其特征方程为

$$r^2 + 1 = 0,$$

特征根是

$$r_{1,2} = \pm\, \mathrm{i},$$

于是齐次方程的通解为

$$Y = C_1\cos x + C_2\sin x.$$

设非齐次方程的特解为

$$y^* = x(A\cos x + B\sin x),$$

则

$$y^{*\,\prime} = (A + Bx)\cos x + (B - Ax)\sin x,$$

$$y^{*\,\prime\prime} = (2B - Ax)\cos x - (2A + Bx)\sin x,$$

代入方程可得

$$2B\cos x - 2A\sin x = 4\sin x,$$

比较两端同类项的系数可得

$$B = 0,\ A = -2,$$

所以

$$y^* = -2x\cos x,$$

于是,所求方程的通解为

$$y = C_1\cos x + C_2\sin x - 2x\cos x.$$

例 5.7.4　求方程 $y'' + y = x\cos 2x$ 的一个特解.

解:由例 5.7.3 可知,相应的齐次方程的特征方程为 $r^2 + 1 = 0$,其特征根为 $\pm\mathrm{i}$,而 $\lambda \pm \mathrm{i}\omega = \pm 2\mathrm{i}$ 不是特征根,所以应设特解为

$$y^* = (ax + b)\cos 2x + (cx + d)\sin 2x.$$

把它代入方程并代简,得

$$(-3ax - 3b + 4c)\cos 2x - (3cx + 3d + 4a)\sin 2x = x\cos 2x.$$

比较两端同类项系数,得

$$\begin{cases} -3a = 1 \\ -3b + 4c = 0 \\ -3c = 0 \\ -3d - 4a = 0 \end{cases}$$

因此解得

$$a = -\frac{1}{3}, b = 0, c = 0, d = \frac{4}{9},$$

于是,求得一个特解为

$$y^* = -\frac{1}{3}x\cos 2x + \frac{4}{9}\sin 2x.$$

5.8　微分方程在经济分析中的应用

5.8.1　商品销售量的预测

假设某产品的销售量 $x(t)$ 是时间 t 的可导函数,若商品的销售量对时间的增长速率 $\frac{\mathrm{d}x}{\mathrm{d}t}$ 与销售量 $x(t)$ 及销售量接近于饱和水平的程度 $N - x(t)$ 之积成正比(N 为饱和水平,比例常数为 $k > 0$),且当 $t = 0$ 时, $x = \frac{1}{4}N$.

(1) 求销售量 $x(t)$.

(2) 求 $x(t)$ 增长最快的时刻 T.

解:(1) 根据题意可知

$$\frac{\mathrm{d}x}{\mathrm{d}t} = kx(N - x)(k > 0), \tag{5.8.2}$$

分离变量可得

$$\frac{\mathrm{d}x}{x(N - x)} = k\mathrm{d}t,$$

两边积分可得

$$\frac{x}{N - x} = C\mathrm{e}^{Nkt},$$

解出 $x(t)$,得

$$x(t) = \frac{NC\mathrm{e}^{Nkt}}{C\mathrm{e}^{Nkt} + 1} = \frac{N}{1 + B\mathrm{e}^{-Nkt}}, \tag{5.8.3}$$

其中, $B = \frac{1}{C}$. 将 $x(0) = \frac{1}{4}N$ 代入得, $B = 3$,所以

$$x(t) = \frac{N}{1 + 3e^{-Nkt}}.$$

（2）由于

$$\frac{\mathrm{d}x}{\mathrm{d}t} = \frac{3N^2 k e^{-Nkt}}{(1 + 3e^{-Nkt})^2}$$

$$\frac{\mathrm{d}^2 x}{\mathrm{d}t^2} = \frac{-3N^3 k^2 e^{-Nkt}(1 - 3e^{-Nkt})}{(1 + 3e^{-Nkt})^3},$$

设 $\dfrac{\mathrm{d}^2 x}{\mathrm{d}t^2} = 0$，可得

$$T = \frac{\ln 3}{Nk},$$

当 $t < T$ 时，$\dfrac{\mathrm{d}^2 x}{\mathrm{d}t^2} > 0$；当 $t > T$ 时，$\dfrac{\mathrm{d}^2 x}{\mathrm{d}t^2} < 0$. 所以当 $T = \dfrac{\ln 3}{Nk}$ 时，$x(t)$ 的增长最快.

微分方程（5.8.2）称为 Logistic 方程，其解曲线（5.8.3）称为 Logistic 曲线. 在生物学、经济学中，常遇到这样的量 $x(t)$，其增长率 $\dfrac{\mathrm{d}x}{\mathrm{d}t}$ 与 $x(t)$ 及 $N - x(t)$ 之积成正比（N 为饱和值），这时 $x(t)$ 的变化规律遵循微分方程（5.8.2），而 $x(t)$ 本身随 Logistic 曲线（5.8.3）的方程而变化.

5.8.2　公司的净资产分析

设某公司的净资产在营运过程中，以年 5% 的连续复利产生利息而使总资产增长. 同时，公司还必须以每年 200 百万元人民币的数额连续地支付职工的工资.

（1）列出描述公司净资产 W（百万元）的微分方程.

（2）假设公司的初始净资产为 W_0（百万元），求公司的净资产 $W(t)$.

（3）描绘出当 W_0 分别为 3 000，4 000 和 5 000 时的解曲线.

解：首先看是否存在一个初值 W_0，使该公司的净资产不变. 若存在这样的 W_0，则必始终有

利息盈取的速率 ＝ 工资支付的速率，

即

$$0.05 W_0 = 200 \Rightarrow W_0 = 4\,000,$$

所以，如果净资产的初值 $W_0 = 4\,000$（百万元）时，利息与工资支出达到平衡，且净资产始终不变，即 4 000（百万元）是一个平衡解；然而如果 $W_0 > 4\,000$（百万元），则利息盈取超过工资支出，净资产将会增长，利息也增长得更快，从而净资产增长得越来越快；若 $W_0 < 4\,000$（百万元），则利息的盈取

赶不上工资的支付,净资产将会减少,利息的盈取会减少,从而净资产减少的速率更快,这样一来,公司的净资产最终减少到零,以致倒闭.

下面将建立微分方程,以精确地分析这一问题.

（1）显然

净资产的增长速率 = 利息盈取速率 − 工资支付速率.

若 W 以百万元为单位,t 以年为单位,此时利息盈取的速率为每年 $0.05W$ 百万元,而工资支付的速率为每年 200 百万元,从而有

$$\frac{dW}{dt} = 0.05W - 200, \tag{5.8.6}$$

这就是该公司的净资产 W 所满足的微分方程. 设 $\frac{dW}{dt} = 0$,可得平衡解 $W_0 = 4\,000$.

（2）利用分离变量法求解微分方程(5.8.6)可得

$$W = 4\,000 + Ce^{0.05t}（C \text{ 为任意常数}）,$$

根据 $W|_{t=0} = W_0$ 可得

$$C = W_0 - 4\,000,$$

所以

$$W = 4\,000 + (W_0 - 4\,000)e^{0.05t}.$$

（3）如果 $W_0 = 4\,000$,则 $W = 4\,000$ 为平衡解;

如果 $W_0 = 5\,000$,那么 $W = 4\,000 + 1\,000e^{0.05t}$ 为平衡解;

如果 $W_0 = 3\,000$,那么 $W = 4\,000 - 1\,000e^{0.05t}$ 为平衡解.

在 $W_0 = 3\,000$ 的情况下,当 $t \approx 27.7$ 时,$W = 0|$,这就意味着此公司将在今后的第 28 年破产.

图 5.8.1 给出了上述几个函数的曲线,$W = 4\,000$ 为一个平衡解. 可看到,若净资产从 W_0 附近的某值开始,但并不等于 $4\,000$(百万元),则随着 t 的增大,W 将远离 W_0,所以 $W = 4\,000$ 是一个不稳定的平衡点.

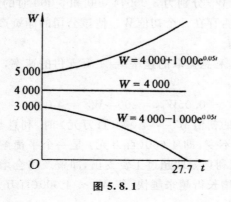

图 5.8.1

5.9　函数的差分及差分方程

自然科学与工程技术中遇到的常是连续变量的函数,它的变化率用导数来描述.而经济中遇到的变量常是离散的,例如以年度或月,或以某个时间段作为一期来考虑,讨论某个经济量按期的变化规律.这就引出以整数集(或非负整数集)作为定义域的函数以及用上期与这期的差来描述其变化规律.

定义 5.9.1　设函数 $y(t)$ 的定义域为非负整数集 $\mathbf{N}$,常将 $y(t)$ 在 t 处的值记为 y_t,或者干脆用 y_t 表示 $y(t)$.函数 y_t 从 y_t 到 y_{t+1} 的增量 $y_{t+1} - y_t$ 称为 y_t 在 t 处的一阶差分,记为

$$\Delta y_t = y_{t+1} - y_t,$$

简称为 y_t 在 t 处的差分. y_t 在 t 处的一阶差分的差分,称为 y_t 在 t 处的二阶差分,记为 $\Delta^2 y_t$,有

$$\begin{aligned}
\Delta^2 y_t = \Delta(\Delta y_t) &= \Delta(y_{t+1} - y_t) \\
&= y_{t+2} - y_{t+1} - (y_{t+1} - y_t) \\
&= y_{t+2} - 2y_{t+1} + y_t,
\end{aligned}$$

用归纳法可以定义 y_t 在 t 处的 n 阶差分:

$$\Delta^n y_t = \Delta(\Delta^{n-1} y_t), n = 2, 3, \cdots$$

容易证明

$$\Delta^n y_t = \sum_{i=0}^{n} (-1)^i C_n^i y_{t+n-i}, n = 2, 3, \cdots \tag{5.9.1}$$

其中 $C_n^i = \dfrac{n!}{i!(n-1)!}$ 为组合数.

当 $n \geqslant 2$ 时,$\Delta^n y_t$ 统称为 y_t 的高阶差分.

由一阶差分的定义,容易证明差分的四则运算法则:

(1) $\Delta(cy_t) = c\Delta y_t$ (c 为常数).

(2) $\Delta(y_t \pm z_t) = \Delta y_t \pm \Delta z_t$.

(3) $\Delta(y_t \cdot z_t) = y_{t+1}\Delta z_t + z_t\Delta y_t \overset{\text{或}}{=} z_{t+1}\Delta y_t + y_t\Delta z_t$.

(4) $\Delta\left(\dfrac{y_t}{z_t}\right) = \dfrac{z_t\Delta y_t - y_t\Delta z_t}{z_t z_{t+1}} \overset{\text{或}}{=} \dfrac{z_{t+1}\Delta y_t - y_{t+1}\Delta z_t}{z_t z_{t+1}}$,(当 $z_t z_{t+1} \neq 0$).

接下来,我们通过一个实例来引入差分方程的概念.

例 5.9.1(单个物种的逻辑斯蒂增长模型)　物种数量的变化可以用差分方程进行描述.设 Δt 是一个给定的时间区间长(比如每月或每年),n 是非

负整数，$t_n = (\Delta t)n$. 用 y_n 表示在 t_n 时刻某物种的总数.

首先，假设物种数量比较少，其增长率是一个常数 $\alpha > 0$. 这时，有

$$\frac{y_{n+1} - y_n}{y_n} = \alpha,$$

即

$$y_{n+1} = (1+\alpha)y_n,$$

数列 $\{y_n\}$ 是一个等比数列，易知 $y_n = (1+\alpha)^n y_0$. 这表明在初期物种是按指数率增长的.

随着物种数量的增加，由于受到食物和生存空间等因素的限制，物种内部会出现竞争和摩擦. 这势必导致物种增长率的下降. 设增长率下降的程度与 t_n 时刻某物种的总数 y_n 成正比. 这样，可以得到

$$\frac{y_{n+1} - y_n}{y_n} = \alpha - \beta y_n,$$

这里 β 是一个正常数. 由此可得

$$y_{n+1} = (1+\alpha)y_n - \beta y_n^2,$$

令 $\lambda = \dfrac{\beta}{1+\alpha}$，$x_n = \lambda y_n$，则

$$x_{n+1} = c x_n (1 - x_n), \tag{5.9.2}$$

其中，$c = 1 + \alpha$. 通常称方程 (5.9.2) 为逻辑斯蒂增长模型.

在上面这个例子中，变量都是离散的，所得到的方程 (5.9.2) 描述了未知数列相邻几项之间的关系，像这样的方程称为差分方程. 一般地，可以将差分方程定义如下.

定义 5.9.2 设 k 是给定的正整数，$\{y_n\}$ 是未知数列，称方程

$$F(n, y_n, y_{n+1}, \cdots, y_{n+k}) = 0 \tag{5.9.3}$$

为差分方程，其中 F 是一个已知的函数. 以后，若不特别声明，n 是任意非负整数.

若能从方程 (5.9.3) 中解出 y_{n+k}，则可得到差分方程的显式表达式

$$y_{n+k} = f(n, y_n, y_{n+1}, \cdots, y_{n+k-1}), \tag{5.9.4}$$

在差分方程 (5.9.3) 或方程 (5.9.4) 中，所出现的 y_i（i 是某非负整数）的最大下标与最小下标的差称为差分方程的阶.

定义 5.9.3 若差分方程 (5.9.3) 可以写成如下形式

$$y_{n+k} + a_1(n)y_{n+k-1} + a_2(n)y_{n+k-2} + \cdots + a_{k-1}(n)y_{n+1} + a_k(n)y_n = R_n,$$

则称此方程为线性差分方程；否则，称为非线性差分方程，这里 $a_i(n)$，$i = 1, 2, \cdots, k$ 及 R_n 是给定的关于 n 的函数.

定义 5.9.4 若函数 $\phi(n)$ 使得等式

$$F(n, \phi(n), \phi(n+1), \cdots, \phi(n+k)) = 0$$

对任意非负整数 n 恒成立,则称函数 $\phi(n)$ 是方程(5.9.3)的一个解.为方便起见,我们常把 $\phi(n)$ 写成 ϕ_n 的形式.

容易知道,$y_n = 2^n$ 是方程 $y_{n+1} - 2y_n = 0$ 的解;$y_n = \sqrt{n+c}$ 是方程 $y_{n+1}^2 - y_n^2 = 1$ 的解,其中 $c \geqslant 0$ 是任意常数.

差分方程解的表达式中可以含有一个或多个任意常数,而且所包含的任意常数的个数恰好与差分方程的阶数相同,称这样的解为通解.

定义 5.9.5　若 k 阶差分方程的解 $\varphi(n, c_1, c_2, \cdots, c_k)$ 含有 k 个独立的任意常数 $c_1, c_2, \cdots, c_k$,则称它为方程(5.9.3)的通解.这里说 k 个常数是独立的,指的是函数 $\phi(n), \phi(n+1), \cdots, \phi(n+k-1)$ 关于 $c_1, c_2, \cdots, c_k$ 的可比行列式

$$\begin{vmatrix} \dfrac{\partial \phi(n)}{\partial c_1} & \dfrac{\partial \phi(n)}{\partial c_2} & \cdots & \dfrac{\partial \phi(n)}{\partial c_k} \\ \dfrac{\partial \phi(n+1)}{\partial c_1} & \dfrac{\partial \phi(n+1)}{\partial c_2} & \cdots & \dfrac{\partial \phi(n+1)}{\partial c_k} \\ \vdots & \vdots & \vdots & \vdots \\ \dfrac{\partial \phi(n+k-1)}{\partial c_1} & \dfrac{\partial \phi(n+k-1)}{\partial c_2} & \cdots & \dfrac{\partial \phi(n+k-1)}{\partial c_k} \end{vmatrix} \neq 0$$

例 5.9.2　设 c_1, c_2 是两个任意常数,验证函数
$$y_n = (c_1 + c_2 n)2^n$$
是差分方程
$$y_{n+2} - 4y_{n+1} + 4y_n = 0 \tag{5.9.5}$$
的通解.

解:由于
$$y_{n+1} = [c_1 + c_2(n+1)]2^{n+1} = [2c_1 + 2c_2(n+1)]2^n,$$
$$y_{n+2} = [c_1 + c_2(n+2)]2^{n+2} = [4c_1 + 4c_2(n+1)]2^n,$$
故
$$y_{n+2} - 4y_{n+1} + 4y_n$$
$$= [4c_1 + 4c_2(n+1)]2^n - 4[2c_1 + 2c_2(n+1)]2^n + 4(c_1 + c_2 n)2^n$$
$$= [(4c_1 - 8c_1 + 4c_1) + (4c_2 n - 8c_2 n + 4c_2 n) + (8-8)]2^n$$
$$= 0.$$
因此,函数 $y_n = (c_1 + c_2 n)2^n$ 是方程(5.9.5)的解.由于
$$\begin{vmatrix} \dfrac{\partial y_n}{\partial c_1} & \dfrac{\partial y_n}{\partial c_2} \\ \dfrac{\partial y_{n+1}}{\partial c_1} & \dfrac{\partial y_{n+1}}{\partial c_2} \end{vmatrix} = \begin{vmatrix} 2^n & n2^n \\ 2^{n+1} & (n+1)2^{n+1} \end{vmatrix} = 2^{2n+1} \neq 0,$$
故 $y_n = (c_1 + c_2 n)2^n$ 还是差分方程(5.9.5)的通解.

在实际应用中,常常要求差分方程满足初始条件的解.对于方程(5.9.3),其初始条件是指未知函数 y_n 在 $n=0,1,2,\cdots,k-1$ 处的值 y_0,$y_1,\cdots,y_{k-1}$ 为给定值.在求出方程(5.9.3)的通解之后,可以根据初始条件 $y_0,y_1,\cdots,y_{k-1}$ 确定 $c_i(i=1,2,\cdots,k)$ 的值,从而得到所要求的解.

在不能求出差分方程通解的情况下,可以直接从方程本身的特点去研究方程满足初始条件解的性质.一个自然的问题是:方程满足初始条件的解是否存在?若解存在,是否具有唯一性?对于这个问题,有下面的定理.

定理 5.9.1 设方程(5.9.4)是一个 k 阶差分方程,f 是一个给定函数.则对任意初值 $y_0,y_1,\cdots,y_{k-1}$,方程(5.9.4)有且仅有唯一解.

证明:设初始条件 $y_0,y_1,\cdots,y_{k-1}$ 给定,在方程(5.9.4)中令 $n=0$,则 y_k 的值可由方程(5.9.4)的右端函数 f 唯一确定.然后,再令 $n=1$,则同样可以确定 y_{k+1}.逐次进行下去,则对任意 $n \geqslant k$,y_n 都可以唯一确定下来.

5.10   一阶常系数线性差分方程

对于 k 阶线性差分方程

$$y_{n+k}+a_1(n)y_{n+k-1}+a_2(n)y_{n+k-2}+\cdots+a_{k-1}(n)y_{n+1}+a_k(n)y_n=f(n),$$
$$(5.10.1)$$

若 $f(n)$ 不恒等于 0,则成为 k 阶线性非齐次差分方程;若 $f(n) \equiv 0$,即

$$y_{n+k}+a_1(n)y_{n+k-1}+a_2(n)y_{n+k-2}+\cdots+a_{k-1}(n)y_{n+1}+a_k(n)y_n=0,$$
$$(5.10.2)$$

则称为 k 阶线性齐次差分方程.

差分方程中,关于自由项、非齐次方程、齐次方程与非齐次方程对应的齐次方程、变系数、常系数等名称,以及线性相关、线性无关等概念均与常微分方程中所讲的相同.

与常微分方程类似,有

定理 5.10.1 设函数 $y_1(n),y_2(n),\cdots,y_m(n)(n \in \mathbf{N})$ 是式(5.10.2)的 m 个解,$c_1,c_2,\cdots,c_m$ 是 m 个常数,则

$$y_n=\sum_{i=1}^m c_i y_i(n)$$

也是(5.10.2)的解.

定理 5.10.2 设函数 $y_1(n),y_2(n),\cdots,y_k(n)(n \in \mathbf{N})$ 是式(5.10.2)的 k 个线性无关的解,$c_1,c_2,\cdots,c_k$ 是 k 个任意常数,则

$$y_n = \sum_{i=1}^{k} c_i y_i(n)$$

是(5.10.2)的通解.

定理 5.10.3　设 y_n^* 是(5.10.1)的一个特解,Y_n 是(5.10.1)对应的线性齐次差分方程的通解,则

$$y_n = Y_n + y_n^*$$

是(5.10.1)的通解.

定理 5.10.4　设 $y_1^*(n)$ 与 $y_2^*(n)$ 分别是

$$y_{n+k} + a_1(n)y_{n+k-1} + a_2(n)y_{n+k-2} + \cdots + a_{k-1}(n)y_{n+1} + a_k(n)y_n = f_1(n)$$

与

$$y_{n+k} + a_1(n)y_{n+k-1} + a_2(n)y_{n+k-2} + \cdots + a_{k-1}(n)y_{n+1} + a_k(n)y_n = f_2(n)$$

的解,则

$$y_n = y_1^*(n) + y_2^*(n)$$

是

$$y_{n+k} + a_1(n)y_{n+k-1} + a_2(n)y_{n+k-2} + \cdots + a_{k-1}(n)y_{n+1} + a_k(n)y_n = f_1(n) + f_2(n)$$

的解.

接下来,我们仅讨论线性常系数一阶差分方程的解法.

设 p 是常数,$p \neq 0$,$f(n)$ 是 n 的已知函数,$n \in \mathbf{N}$. 方程

$$y_{n+1} + py_n = f(n) \tag{5.10.3}$$

与

$$y_{n+1} + py_n = 0 \tag{5.10.4}$$

分别称为一阶常系数线性非齐次差分方程与齐次差分方程.

我们先讨论(5.10.4)的解法.

设想一个函数 y_n,将它代入(5.10.4),它与 y_{n+1} 会相消. 试以 $y_n = \lambda^n$ 代入计算之,得

$$\lambda^{n+1} + p\lambda^n = 0,$$

约去 λ^n 得

$$\lambda + p = 0, \tag{5.10.5}$$

可见,当 $\lambda = -p$ 时,$y_n = (-p)^n$ 满足式(5.10.4),从而知 $y_n = (-p)^n$ 是(5.10.9)的一个非零解. 由定理 5.10.3 知,$c(-p)^n$ 为(5.10.4)的通解,其中 c 是任意常数.

方程(5.10.5)称为(5.10.4)的特征方程,特征方程的根 $\lambda = -p$ 称为(5.10.4)的特征根,由特征根便可写出(5.10.4)的通解 $y_n = c(-p)^n$. 这也就是解(5.10.4)的步骤.

下面用待定系数法讨论一些特殊自由项 $f(n)$ 的非齐次方程(5.10.1)

的解法.

（1）设 $f(n)$ 为 n 的已知 m 次多项式 $P_m(n)$ 情形. 即讨论求

$$y_{n+1} + p y_n = P_m(n) \tag{5.10.6}$$

的解. 由 $y_{n+1} = y_n + \Delta y_n$，代入上式（5.10.6）成为

$$\Delta y_n + (p+1) y_n = P_m(n),$$

因右边 $P_m(n)$ 为 n 的 m 次多项式，故可设想 y_n 是一个多项式. 因 Δy_n 为比 y_n 低一次的多项式，于是推知，若 $-p \neq 1$，则设 y_n 为一个 m 次多项式 $Q_m(n)$，系数待定；若 $-p = 1$，则应设 y_n 为一个 $m+1$ 次多项式. 因常数的差分为 0，故此时可设 $y_n = n Q_m(n)$，$Q_m(n)$ 的意义同上. 总结以上两种情况，可设特解为

$$y_n^* = n^h Q_m(n),$$

其中，$Q_m(n)$ 为 n 的 m 次多项式，系数待定.

$$k = \begin{cases} 0, \text{当} -p \neq 1 \text{（即 1 不是特征根）时} \\ 1, \text{当} -p = 1 \text{（即 1 是特征根）时} \end{cases}$$

（2）设 $f(n)$ 为 $P_m(n) a^n$ 的情形，其中 $P_m(n)$ 为 n 的已知的 m 次多项式，常数 $a \neq 0, 1$. 即讨论求

$$y_{n+1} + p y_n = P_m(n) a^n \tag{5.10.7}$$

的解. 此时可设特解为

$$y_n^* = n^h Q_m(n) a^n,$$

其中，$Q_m(n)$ 为 n 的 m 次多项式，系数待定，

$$k = \begin{cases} 0, \text{当} -p \neq a \text{（即 } a \text{ 不是特征根）时} \\ 1, \text{当} -p = a \text{（即 } a \text{ 是特征根）时} \end{cases}$$

我们对这一结论进行简单的证明，对（5.10.7）作未知函数的变量变换，命

$$y_n = a^n z_n, \tag{5.10.8}$$

于是（5.10.7）成为

$$a^{n+1} z_{n+1} + p a^n z_n = P_m(n) a^n,$$

消去 a^n，得

$$z_{n+1} + \frac{p}{a} z_n = \frac{1}{a} p_m(n).$$

此为（1）中所述的情形，对照（1）中的结论，当 $-\dfrac{p}{a} \neq 1$ 时，命 $z_n^* = Q_m(n)$，即命 $y_n^* = Q_m(n) a^n$；当 $-\dfrac{p}{a} = 1$ 时，命 $z_n^* = n Q_m(n)$，即命 $y_n^* = n Q_m(n) a^n$.

例 5.10.1 求差分方程

$$2 y_{n+1} + y_n = n^2$$

的解.

解：改写为

$$y_{n+1} + \frac{1}{2} y_n = \frac{1}{2} n^2,$$

故知特征根 $\lambda = -\frac{1}{2}$，对应齐次方程的通解为

$$Y_t = c \left(-\frac{1}{2} \right)^n,$$

自由项为 n 的 2 次多项式，特征根不等于 1，故可命一个特解为

$$y_n^* = An^2 + Bn + C,$$

代入所给方程，得

$$2(A(n+1)^2 + B(n+1) + C) + (An^2 + Bn + C) = n^2,$$

经整理，得

$$3An^2 + (4A + 3B)n + (2A + 2B + 3C) = n^2,$$

比较系数解得

$$A = \frac{1}{3}, B = -\frac{4}{9}, C = \frac{2}{27},$$

从而得

$$y_n^* = \frac{1}{3} n^2 - \frac{4}{9} n + \frac{2}{27},$$

于是通解为

$$y_n = c \left(-\frac{1}{2} \right)^n + \frac{1}{3} n^2 - \frac{4}{9} n + \frac{2}{27}.$$

例 5.10.2　设 α, β 均为常数，$\alpha \neq 0$，试讨论差分方程

$$y_{n+1} - \alpha y_n = e^{\beta n}$$

的通解.

解：特征方程为

$$\lambda - \alpha = 0,$$

特征根 $\lambda = \alpha$，对应齐次方程的通解为

$$Y_n = c\alpha^n,$$

为讨论原非齐次方程的通解，改写原方程为

$$y_{n+1} - \alpha y_n = (e^\beta)^n.$$

（1）如果 $e^\beta \neq \alpha$，则命

$$y_{n+1} = A(e^\beta)^n$$

代入原方程，得

$$A(e^\beta)^{n+1} - \alpha A(e^\beta)^n = (e^\beta)^n,$$

约去 $e^{\beta n}$,得

$$A(e^{\beta} - \alpha) = 1,$$

即

$$A = \frac{1}{e^{\beta} - \alpha},$$

$$y_n^* = \frac{1}{e^{\beta} - \alpha}e^{\beta n},$$

通解为

$$y_n = Y_n + y_n^* = c\alpha^n + \frac{1}{e^{\beta} - \alpha}e^{\beta n}.$$

（2）如果 $e^{\beta} = \alpha$,则命

$$y_n^* = An(e^{\beta})^n$$

代入原方程,得

$$A(n+1)e^{\beta(n+1)} - \alpha An e^{\beta n} = e^{\beta n},$$

约去 $e^{\beta n}$,并注意到 $\alpha = e^{\beta}$,得 $Ae^{\beta} = 1, A = e^{-\beta}$. 得

$$y_n^* = ne^{\beta(n-1)},$$

通解为

$$y_n = Y_n + y_n^* = (c + ne^{-\beta})e^{\beta n}.$$

5.11 差分方程在经济分析中的应用举例

5.11.1 消费模型

例 5.11.1（卡恩消费模型） 设 y_t 与 C_t 分别是时期 t 的国民收入和消费,I 是每时期都相同的固定投资,它们满足关系

$$\begin{cases} y_t = C_t + I \\ C_t = \alpha y_{t-1} + \beta \end{cases}$$

其中,常数 $0 < \alpha < 1, \beta > 0$. 已知初始期的国民收入为 y_0,求 y_t 及 C_t.

解:由题意知

$$y_t = c_t + I = \alpha y_{t-1} + \beta + I,$$

此为一阶常系数差分方程,解之得通解

$$y_{t-1} = c_t \alpha^t + \frac{\beta + I}{1 - \alpha},$$

或写成

$$y_t = c_t \alpha^{t+1} + \frac{\beta + I}{1 - \alpha} = \bar{c}\alpha^t + \frac{\beta + I}{1 - \alpha},$$

其中 $\bar{c}$ 为任意常数.再由初始条件,得

$$y_0 = \bar{c} + \frac{\beta + I}{1 - \alpha},$$

$$\bar{c} = y_0 - \frac{\beta + I}{1 - \alpha},$$

从而得

$$y_t = \left(y_0 - \frac{\beta + I}{1 - \alpha}\right)\alpha^t + \frac{\beta + I}{1 - \alpha},$$

于是有

$$C_t = \left(y_0 - \frac{\beta + I}{1 - \alpha}\right)\alpha^t + \frac{\beta + \alpha I}{1 - \alpha}.$$

可见,若按此模型,则当 $t \to +\infty$ 时,有

$$y_t \to \frac{\beta + I}{1 - \alpha}, C_t \to \frac{\beta + \alpha I}{1 - \alpha}.$$

5.11.2　存贷模型

例 5.11.2　某人向银行贷款购房,贷款 A_0(万元),月息 r,分 n 个月归还,每月归还贷款数相同,为 A(万元).试建立每月应向银行归还 A(万元)依赖于 n 的计算公式.若 $A_0 = 60$(万元),$r = 0.006\,525$(即年息 7.839 0%,折合月息 $r = 0.652\,5\%$),$n = 180$(即 15 年),该人夫妻每月有 6 000(元)结余可供还贷,问该人是否有能力向银行申请这笔按揭贷款?

解:设至第 t 个月欠贷 y_t(万元),经一个月,本息共计欠贷 $(1+r)y_t$(万元),还了 A(万元),尚欠

$$(1 + r)y_t - A = y_{t+1},$$

即

$$y_{t+1} - (1 + r)y_t = -A,$$

此为一阶常系数线性差分方程,解之,得通解为

$$y_t = c(1 + r)^t + \frac{A}{r},$$

初始条件为

$$y_0 = A_0,$$

有

$$A_0 = c + \frac{A}{r},$$

所以

$$c = A_0 - \frac{A}{r},$$

从而得

$$y_t = \left(A_0 - \frac{A}{r}\right)(1+r)^t + \frac{A}{r},$$

$t = n$ 时 $y_t = 0$，有

$$0 = \left(A_0 - \frac{A}{r}\right)(1+r)^n + \frac{A}{r},$$

求得

$$A = \frac{A_0 r(1+r)^n}{(1+r)^n - 1}.$$

以 $A_0 = 60(万元)$，$r = 0.006\,525$，$n = 180$ 代入上式计算之，可得

$$A = \frac{60 \times 0.006\,525 \times (1.006\,525)^{180}}{(1.006\,525)^{180} - 1}$$

$$\approx 0.567\,528(万元)$$

$$= 5\,675.18(元),$$

所以每月应还贷 5 675.18 元，他们有能力按期偿还贷款.

有兴趣的读者可顺便计算一下，180 个月他们共还贷 1 021 532.4(元)，15 年共付利息 42.153 24(元).

例 5.11.3 设银行存款的年利率为 $r = 0.05$，并依年复利计算. 某基金会希望通过一次性存入 A(万元)，实现第一年提取 19(万元)，第二年提取 28(万元)，$\cdots$，第 n 年提取 $(10+9n)$(万元)，并能按此规律一直提取下去，问 A 至少应为多少万元？

解：设第 n 年初，银行还有存款余额为 y_n(万元)，则

$$y_n(1+r) - (10+9n) = y_{n+1},$$

即

$$y_{n+1} - (1+r)y_n = -(10+9n),$$

此为一阶常系数线性差分方程，解之，得通解为

$$y_n = c(1+r)^n + \frac{9}{r^2} + \frac{10}{r} + \frac{9n}{r},$$

初始条件为

$$y_1 = A,$$

从而知

$$A = c(1+r) + \frac{9}{r^2} + \frac{10}{r} + \frac{9}{r},$$

得

$$c = \frac{A - \dfrac{9}{r^2} - \dfrac{10}{r} - \dfrac{9}{r}}{1 + r},$$

所以特解为

$$y_n = (1+r)^{n-1}\left(A - \frac{9}{r^2} - \frac{10}{r} - \frac{9}{r}\right) + \frac{9}{r^2} + \frac{10}{r} + \frac{9n}{r},$$

要使得对一切 $n, y_n \geqslant 0$，所以其充分必要条件是

$$A \geqslant \frac{9}{r^2} + \frac{10}{r} + \frac{9}{r} = \frac{9 + 19r}{r^2},$$

以 $r = 0.05$ 代入计算之，$A \geqslant 3\,980$（万元），所以一次性存入至少 $3\,980$（万元），这样就可按规定要求一直提下去.

5.11.3　需求量、供给量与平衡价格问题的模型

根据微分方程的相关理论，由供、求关系及价格对时间的瞬时变化率，可以建立起价格 $p(t)$ 所满足的微分方程并求解. 但价格的变化，一般不会是瞬时的，而是有时间段的. 例如，在农业生产中往往是一年为一个时间段，在这种情形，用差分方程来描述可能更合适. 下面就是这种类型的一个模型.

例 5.11.4　在农业生产中，设 t 时期某产品的价格 P_t 决定着生产者在下一时期愿意提供市场的产量 S_{t+1}，且 P_t 还决定着本时期该产品的需求量 D_t. 它们的关系为

$$S_{t+1} = -\alpha + \beta P_t,$$
$$D_t = a - bP_t,$$

其中 a, b, α, β 均为正常数. 又设每一时期 t，市场的供需总保持平衡，即

$$S_t = D_t,$$

并设 $P_t \big|_{t=0} = P_0$，求价格随 t 的变化规律 P_t；并问当 a, b, α, β 满足什么条件时，价格趋于稳定.

解：由所给条件，容易建立起方程

$$-\alpha + \beta P_t = a - bP_{t+1},$$

即

$$P_{t+1} + \frac{\beta}{b}P_t = \frac{a + \alpha}{b},$$

它的通解为

$$P_t = c\left(-\frac{\beta}{b}\right)^t + \frac{a + \alpha}{b + \beta},$$

再由初始条件

$$P_t\big|_{t=0} = P_0,$$

得特解

$$P_t = \left(P_0 - \frac{a+\alpha}{b+\beta}\right)\left(-\frac{\beta}{b}\right)^t + \frac{a+\alpha}{b+\beta}.$$

显然，当且仅当 $\left|-\dfrac{\beta}{b}\right| < 1$，即 $\beta < b$ 时

$$\lim_{t \to +\infty} P_t = \frac{a+\alpha}{b+\beta},$$

即当且仅当常数 $\beta < b$ 时，价格 P_t 最终趋于稳定，稳定价格为 $\dfrac{a+\alpha}{b+\beta}$.

第6章　　向量与空间解析几何

6.1　　向量及其线性运算

6.1.1　　向量的基本概念

定义 6.1.1　　在客观世界中,我们遇到的量可分为两类,一类与数值有关的量称为数量,例如,重量、体积、时间、温度等;另一类既与数值有关又与其方向有关,例如,力、速度、加速度、位移等,称这些既有大小又有方向的量为向量或矢量.

在数学上,常用一条有向线段表示向量,有向线段的长度表示向量的大小,有向线段的方向表示向量的方向.以 A 为起点、B 为终点的有向线段所表示的向量,记作 $\overrightarrow{AB}$.也可用黑体字母表示向量,例如 a、b、c、$\boldsymbol{\alpha}$、$\boldsymbol{\beta}$、$\boldsymbol{\gamma}$ 等,如图 6.1.1 所示.

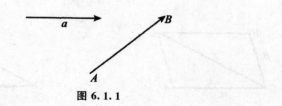

图 6.1.1

在研究实际问题中,我们发现有些向量与起点有关,如质点运动的速度,而有些向量与起点无关.但向量的共性都是有方向和大小.为研究的方便,只研究与起点无关的向量,称这种向量为自由向量.遇到与起点有关的向量,可作特殊处理.

定义 6.1.2　　向量的大小(也叫长度)称作向量的模,例如,向量 $\overrightarrow{AB}$、a 和 $\vec{a}$ 的模依次记作 $|\overrightarrow{AB}|$、$|a|$ 和 $|\vec{a}|$.

特别地,模为零的向量称为零向量,记作 $\boldsymbol{0}$ 或 $\vec{0}$.事实上,零向量的起点和终点重合,其方向是不确定、任意的.模为 1 的向量称为单位向量,每个方向都有一个单位向量.如果空间中所有单位向量都以 O 为起点,那么这些向量的终点则构成一个以 O 为球心,半径为 1 的球面.

定义 6.1.3 若两个向量 $\boldsymbol{\alpha}$ 和 $\boldsymbol{\beta}$ 的模相等,并且方向相同,则称 $\boldsymbol{\alpha}$ 和 $\boldsymbol{\beta}$ 为相等向量,记作 $\boldsymbol{\alpha} = \boldsymbol{\beta}$. 也就是说,两个相等的向量即使起点不同,经过平移也可重合在一起.

定义 6.1.4 若向量 $\boldsymbol{\alpha}$ 和 $\boldsymbol{\beta}$ 的模相等,方向相反,则称 $\boldsymbol{\beta}$ 是 $\boldsymbol{\alpha}$ 的负向量,记作 $\boldsymbol{\beta} = -\boldsymbol{\alpha}$,显然,亦有 $\boldsymbol{\alpha} = -\boldsymbol{\beta}$.

6.1.2 向量的线性运算

6.1.2.1 向量的加法

定义 6.1.5 设两个向量 $\overrightarrow{OA} = \boldsymbol{\alpha}$ 与 $\overrightarrow{OB} = \boldsymbol{\beta}$,以 $\overrightarrow{OA}$,$\overrightarrow{OB}$ 为边作一平行四边形 $OACB$,向量 $\overrightarrow{OC} = \boldsymbol{\gamma}$ 称为向量 $\boldsymbol{\alpha}$ 与 $\boldsymbol{\beta}$ 之和,记为

$$\boldsymbol{\gamma} = \boldsymbol{\alpha} + \boldsymbol{\beta},$$

或

$$\overrightarrow{OC} = \overrightarrow{OA} + \overrightarrow{OB},$$

称为向量加法的平行四边形法则,如图 6.1.2 所示.

也可由向量加法的三角形法则作出两向量的和.

作向量 $\overrightarrow{OA} = \boldsymbol{\alpha}$,以 $\overrightarrow{OA}$ 的终点 A 为起点作 $\overrightarrow{AB} = \boldsymbol{\beta}$,连接 OB,如图 6.1.3 所示,从而有

$$\boldsymbol{\gamma} = \boldsymbol{\alpha} + \boldsymbol{\beta}.$$

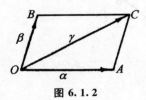

图 6.1.2

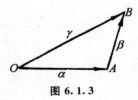

图 6.1.3

根据上述定义容易验证,向量加法满足如下运算律($\boldsymbol{\alpha}$、$\boldsymbol{\beta}$、$\boldsymbol{\gamma}$ 为任意向量):

(1) 交换律:$\boldsymbol{\alpha} + \boldsymbol{\beta} = \boldsymbol{\beta} + \boldsymbol{\alpha}$.

(2) 结合律:$(\boldsymbol{\alpha} + \boldsymbol{\beta}) + \boldsymbol{\gamma} = \boldsymbol{\alpha} + (\boldsymbol{\beta} + \boldsymbol{\gamma})$,如图 6.1.4 所示.

(3) $\boldsymbol{\alpha} + 0 = 0 + \boldsymbol{\alpha} = \boldsymbol{\alpha}$.

(4) $\boldsymbol{\alpha} + (-\boldsymbol{\alpha}) = 0$.

由于向量的加法满足交换律和结合律,故 n 个向量 $\boldsymbol{\alpha}_1, \boldsymbol{\alpha}_2, \cdots, \boldsymbol{\alpha}_n$ 相加可写成 $\boldsymbol{\alpha}_1 + \boldsymbol{\alpha}_2 + \cdots + \boldsymbol{\alpha}_n$,并可用三角形法则用折线依次画出:使前一向量的

终点作为后一向量的起点,先后作出向量 $\boldsymbol{\alpha}_1,\boldsymbol{\alpha}_2,\cdots,\boldsymbol{\alpha}_n$,再以第一向量的起点为起点,最后一向量的终点为终点作一向量,该向量即为所求的和.如图 6.1.5 所示,有 $s=\boldsymbol{\alpha}_1+\boldsymbol{\alpha}_2+\boldsymbol{\alpha}_3+\boldsymbol{\alpha}_4+\boldsymbol{\alpha}_5$.

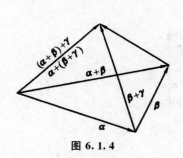

图 6.1.4

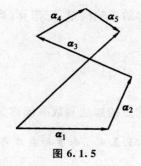

图 6.1.5

6.1.2.2　向量的减法

根据向量的加法和负向量的概念则可定义向量的减法.

定义 6.1.6　规定两个向量 $\boldsymbol{\alpha}$ 与 $\boldsymbol{\beta}$ 的差为

$$\boldsymbol{\alpha}-\boldsymbol{\beta}=\boldsymbol{\alpha}+(-\boldsymbol{\beta}).$$

根据三角形法则,$\boldsymbol{\alpha}-\boldsymbol{\beta}$ 是由 $\boldsymbol{\beta}$ 的终点到 $\boldsymbol{\alpha}$ 的终点的向量,如图 6.1.6 所示.

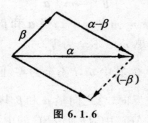

图 6.1.6

特别地,当 $\boldsymbol{\beta}=\boldsymbol{\alpha}$ 时,有 $\boldsymbol{\alpha}-\boldsymbol{\alpha}=\boldsymbol{\alpha}+(-\boldsymbol{\alpha})=\boldsymbol{0}$.

6.1.2.3　向量与数的乘法

定义 6.1.7　实数 k 和向量 $\boldsymbol{\alpha}$ 相乘为一个向量,记作 $k\boldsymbol{\alpha}$,称 $k\boldsymbol{\alpha}$ 为 k 与 $\boldsymbol{\alpha}$ 的乘积.它的模 $|k\boldsymbol{\alpha}|$ 等于实数 k 的绝对值与向量 $\boldsymbol{\alpha}$ 的模的乘积,即 $|k\boldsymbol{\alpha}|=|k|\cdot|\boldsymbol{\alpha}|$;它的方向规定为:当 $k>0$ 时,$k\boldsymbol{\alpha}$ 与向量 $\boldsymbol{\alpha}$ 同向;当 $k<0$ 时,$k\boldsymbol{\alpha}$ 与向量 $\boldsymbol{\alpha}$ 反向;当 $k=0$ 时,$k\boldsymbol{\alpha}$ 为零向量.

易证,向量与数的乘积(简称数乘)满足如下运算性质($\boldsymbol{\alpha},\boldsymbol{\beta}$ 为任意向量,k,l 为任意实数):

①$1\boldsymbol{\alpha}=\boldsymbol{\alpha}$.

② 结合律：$k(l\boldsymbol{\alpha}) = (kl)\boldsymbol{\alpha}$.

③ 分配律：$(k+l)\boldsymbol{\alpha} = k\boldsymbol{\alpha} + l\boldsymbol{\alpha}; k(\boldsymbol{\alpha}+\boldsymbol{\beta}) = k\boldsymbol{\alpha} + k\boldsymbol{\beta}$.

根据向量乘积的定义可知，如果 $\boldsymbol{\alpha}$ 为非零向量，那么 $\dfrac{1}{|\boldsymbol{\alpha}|}\boldsymbol{\alpha}$ 为一个与 $\boldsymbol{\alpha}$ 同方向的单位向量，记作 $\boldsymbol{\alpha}^\circ$. 即

$$\boldsymbol{\alpha}^\circ = \frac{1}{|\boldsymbol{\alpha}|}\boldsymbol{\alpha},$$

或

$$\boldsymbol{\alpha} = |\boldsymbol{\alpha}|\boldsymbol{\alpha}^\circ.$$

向量的加法和数乘统称为向量的线性运算.

6.1.2.4 向量的共线与共面

定义 6.1.8 方向相同或相反的向量称为共线向量，记作 $\boldsymbol{\alpha} /\!/ \boldsymbol{\beta}$. 平行于同一平面的向量称为共面向量.

定理 6.1.1 向量 $\boldsymbol{\alpha}$ 和 $\boldsymbol{\beta}$ 共线的充分必要条件为存在不全为零的数 k 和 l，使得 $k\boldsymbol{\alpha} + l\boldsymbol{\beta} = \boldsymbol{0}$.

证明：必要性：当 $\boldsymbol{\alpha} = \boldsymbol{0}$ 时，显然结论成立.

当 $\boldsymbol{\alpha} \neq \boldsymbol{0}$ 时，有 $|\boldsymbol{\alpha}| \neq 0$，并且存在 $m \geqslant 0$ 使得

$$|\boldsymbol{\beta}| = m|\boldsymbol{\alpha}|$$

当 $\boldsymbol{\alpha}$ 和 $\boldsymbol{\beta}$ 同向时，取 $k = m, l = -1$；当 $\boldsymbol{\alpha}$ 和 $\boldsymbol{\beta}$ 反向时，取 $k = m, l = 1$ 则都满足 $k\boldsymbol{\alpha} + l\boldsymbol{\beta} = \boldsymbol{0}$，这里 m, l 不全为零.

充分性：若 $k\boldsymbol{\alpha} + l\boldsymbol{\beta} = \boldsymbol{0}$，其中 m, l 不全为零. 假设 $k \neq 0$，则 $\boldsymbol{\alpha} = -\dfrac{l}{k}\boldsymbol{\beta}$，从而可知 $\boldsymbol{\alpha}$ 和 $\boldsymbol{\beta}$ 或同向或反向，总之向量 $\boldsymbol{\alpha}$ 和 $\boldsymbol{\beta}$ 共线.

例 6.1.1 在三角形 ABC 中，D 为边 BC 的中点，如图 6.1.7 所示，证明

$$\overrightarrow{AD} = \frac{1}{2}(\overrightarrow{AB} + \overrightarrow{AC}).$$

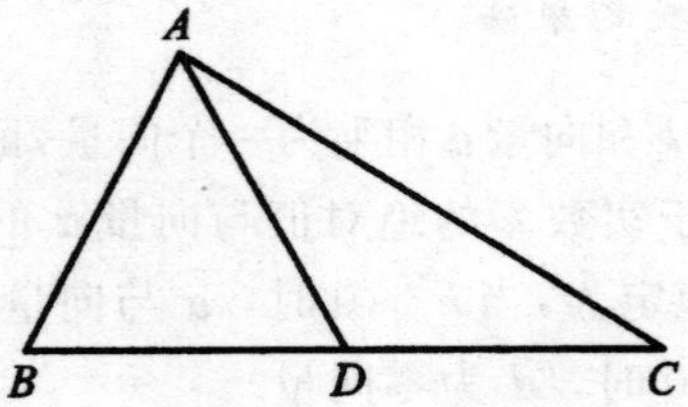

图 6.1.7

证明：如图 6.1.7 所示，有

$$\overrightarrow{AD} = \overrightarrow{AB} + \overrightarrow{BD},$$

$$\overrightarrow{AD} = \overrightarrow{AC} + \overrightarrow{CD}.$$

又因为 D 为边 BC 的中点,则 $\overrightarrow{BD} = -\overrightarrow{CD}$,将上述两式相加,可得

$$2\overrightarrow{AD} = \overrightarrow{AB} + \overrightarrow{AC},$$

即

$$\overrightarrow{AD} = \frac{1}{2}(\overrightarrow{AB} + \overrightarrow{AC}).$$

例 6.1.2　证明平行四边形的对角线相互平分.

证明:设平行四边形为 $ABCD$,如图 6.1.8 所示,E 为 BD 中点,连接 AE,EC.

因为

$$\overrightarrow{AB} = \overrightarrow{DC},\overrightarrow{BE} = \overrightarrow{ED},$$

所以

$$\overrightarrow{AE} = \overrightarrow{AB} + \overrightarrow{BE} = \overrightarrow{ED} + \overrightarrow{DC} = \overrightarrow{EC},$$

则可知平行四边形的对角线相互平分.

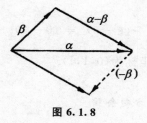

图 6.1.8

6.1.3　向量的模、方向角、投影

6.1.3.1　向量的模

设向量 $\boldsymbol{r} = (x,y,z)$,作 $\overrightarrow{OM}$,使得 $\overrightarrow{OM} = \boldsymbol{r}$.如图 6.1.9 所示,由空间点 $M(x,y,z)$ 到坐标原点的距离可知 $\boldsymbol{r}$ 的模为

$$|\boldsymbol{r}| = |\overrightarrow{OM}| = \sqrt{x^2 + y^2 + z^2}.$$

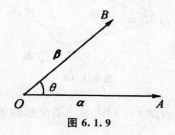

图 6.1.9

向量的模满足三角不等式：

$$|\boldsymbol{\alpha}+\boldsymbol{\beta}|\leqslant|\boldsymbol{\alpha}|+|\boldsymbol{\beta}|（三角形两边之和大于第三边）；$$

$$||\boldsymbol{\alpha}|-|\boldsymbol{\beta}||\leqslant|\boldsymbol{\alpha}-\boldsymbol{\beta}|（三角形两边之差小于第三边）.$$

上述两个不等式等号成立的几何意义是：两个向量 $\boldsymbol{\alpha}$ 与 $\boldsymbol{\beta}$ 同向或反向时成立. 用数学归纳法法可得推广的三角不等式

$$|\boldsymbol{\alpha}_1+\boldsymbol{\alpha}_2+\cdots+\boldsymbol{\alpha}_n|\leqslant|\boldsymbol{\alpha}_1|+|\boldsymbol{\alpha}_2|+\cdots+|\boldsymbol{\alpha}_n|.$$

设点 $A(x_1,y_1,z_1)$，$B(x_2,y_2,z_2)$，有

$$\overrightarrow{AB}=\overrightarrow{OB}-\overrightarrow{OA}=(x_2,y_2,z_2)-(x_1,y_1,z_1)$$
$$=(x_2-x_1,y_2-y_1,z_2-z_1),$$

即得点 A 和点 B 的距离 $|AB|$ 为

$$|AB|=|\overrightarrow{AB}|=\sqrt{(x_2-x_1)^2+(y_2-y_1)^2+(z_2-z_1)^2}.$$

例 6.1.3 坐标平面 yOz 上一点 P 满足：(1) 坐标之和为 2；(2) 到点 $A(3,2,5)$，$B(3,5,2)$ 的距离相等，求点 P 的坐标.

解：由题意设 $P(0,y,z)$，则

$$\begin{cases} y+z=2 \\ (0-3)^2+(y-2)^2+(z-5)^2=(0-3)^2+(y-5)^2+(z-2)^2 \end{cases}$$

解得 $\begin{cases} y=1 \\ z=1 \end{cases}$，故点 P 的坐标为 $(0,1,1)$.

6.1.3.2 方向角与方向余弦

设有两个非零向量 $\boldsymbol{\alpha}$ 及 $\boldsymbol{\beta}$，任取空间一点 O，作 $\overrightarrow{OA}=\boldsymbol{\alpha}$，$\overrightarrow{OB}=\boldsymbol{\beta}$，称不超过 π 的 $\angle AOB$（设 $\theta=\angle AOB,0\leqslant\theta\leqslant\pi$）为向量 $\boldsymbol{\alpha},\boldsymbol{\beta}$ 的夹角，如图 6.1.10 所示，记作 $\langle\boldsymbol{\alpha},\boldsymbol{\beta}\rangle$，零向量与另一向量的夹角可在 0 到 π 间任意取值. 类似地定义向量与一轴的夹角和两轴的夹角.

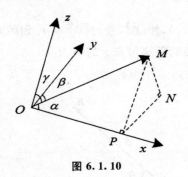

图 6.1.10

定义 6.1.9 非零向量 $\boldsymbol{r}=\overrightarrow{OM}$ 与三条坐标轴的夹角 θ_1、θ_2、θ_3（$0\leqslant\theta_1$，

$\theta_2, \theta_3 \leqslant \pi)$,称为向量 $\boldsymbol{r}$ 的方向角.

设 $\boldsymbol{r} = (x, y, z)$,由图可知 $\overrightarrow{OP} = x\boldsymbol{i}$,故 $\cos\theta_1 = \dfrac{x}{|\overrightarrow{OM}|} = \dfrac{x}{|\boldsymbol{r}|}$.

同理 $\cos\theta_2 = \dfrac{y}{|\boldsymbol{r}|}$, $\cos\theta_3 = \dfrac{z}{|\boldsymbol{r}|}$.

从而

$$\left(\cos\theta_1, \cos\theta_2, \cos\theta_3\right) = \left(\dfrac{x}{|\boldsymbol{r}|}, \dfrac{y}{|\boldsymbol{r}|}, \dfrac{z}{|\boldsymbol{r}|}\right) = \dfrac{1}{|\boldsymbol{r}|}(x, y, z)$$

$$= \dfrac{\boldsymbol{r}}{|\boldsymbol{r}|} = \boldsymbol{e}_r.$$

$\cos\theta_1$、$\cos\theta_2$、$\cos\theta_3$ 叫作向量 $\boldsymbol{r}$ 的方向余弦.上式表明,以向量 $\boldsymbol{r}$ 的方向余弦为坐标的向量就是与同方向的单位向量 $\boldsymbol{e}_r$,并由此可得

$$\cos^2\theta_1 + \cos^2\theta_2 + \cos^2\theta_3 = 1.$$

例 6.1.4   已知两点 $M_1(2, 2, \sqrt{2})$ 和 $M_2(1, 3, 0)$,求向量 $\overrightarrow{M_1M_2}$ 的模、方向余弦和方向角.

解:$\overrightarrow{M_1M_2} = (-1, 1, -\sqrt{2})$,$|\overrightarrow{M_1M_2}| = 2$.

$$\cos\theta_1 = -\dfrac{1}{2}, \cos\theta_2 = \dfrac{1}{2}, \cos\theta_3 = -\dfrac{\sqrt{2}}{2},$$

$$\theta_1 = \dfrac{2\pi}{3}, \theta_2 = \dfrac{\pi}{3}, \theta_3 = \dfrac{3\pi}{4}.$$

例 6.1.5   设点 A 位于第 I 卦限,向径 $\overrightarrow{OA}$ 与 x 轴、y 轴的夹角依次为 $\dfrac{\pi}{3}$ 和 $\dfrac{\pi}{4}$,且 $|\overrightarrow{OA}| = 6$,求点 A 的坐标.

解:$\theta_1 = \dfrac{\pi}{3}, \theta_2 = \dfrac{\pi}{4}$.

由 $\cos^2\theta_1 + \cos^2\theta_2 + \cos^2\theta_3 = 1$,可得 $\cos^2\theta_3 = \dfrac{1}{4}$,又点 A 在第 I 卦限,故 $\cos\theta_3 = \dfrac{1}{2}$.

于是

$$\overrightarrow{OA} = |\overrightarrow{OA}|\boldsymbol{e}_{\overrightarrow{OA}} = 6\left(\dfrac{1}{2}, \dfrac{\sqrt{2}}{2}, \dfrac{1}{2}\right) = (3, 3\sqrt{2}, 3)$$

即为点的坐标.

6.1.3.3   向量在轴上的投影

设有空间一点 A 和一轴 u,通过点 A 作轴 u 的垂直平面 W,则称平面 W 与轴 u 的交点 A' 为点 A 在 u 上的投影,如图 6.1.11 所示.

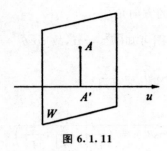

图 6.1.11

定义 6.1.10 设向量 $\overrightarrow{AB}$ 的起点和终点在轴 u 上的投影分别为 A' 和 B',如图 6.1.12 所示,则轴 u 上有向线段 $\overrightarrow{A'B'}$ 的值 $A'B'$(其绝对值等于 $|\overrightarrow{A'B'}|$,其符号根据 $\overrightarrow{A'B'}$ 的方向决定,若 $\overrightarrow{A'B'}$ 与 u 轴同向则取正号,若 $\overrightarrow{A'B'}$ 与 u 轴反向则取负号)叫作向量 $\overrightarrow{AB}$ 在轴 u 上的投影,记作 $\mathrm{Pr}_u \overrightarrow{AB}$,轴 u 称为投影轴.

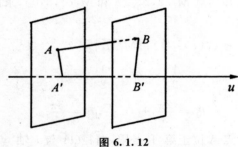

图 6.1.12

定理 6.1.2 向量 $\overrightarrow{AB}$ 在轴 u 上的投影等于向量的长度乘以轴与向量的夹角的余弦.

$$\mathrm{Pr}_u \overrightarrow{AB} = |\overrightarrow{AB}| \cos\theta.$$

由此可知,相等向量在同一轴上的投影相等.当一非零向量与投影轴形成锐角时,其投影为正;形成钝角时,其投影为负;形成直角时投影为零.

定理 6.1.3 两个向量的和在某轴上的投影等于这两个向量在该轴上投影的和,即有

$$\mathrm{Pr}_u(\alpha_1 + \alpha_2) = \mathrm{Pr}_u\alpha_1 + \mathrm{Pr}_u\alpha_2,$$

如图 6.1.13 所示.

例 6.1.6 设向量 $a = (4, -3, 2)$,轴 u 的正向与三条坐标轴的正向构成相等锐角,试求(1)向量 a 在轴 u 上的投影;(2)向量 a 与轴 u 的夹角 θ.

解: 设 e_u 的方向余弦为 $\cos\theta_1, \cos\theta_2, \cos\theta_3$. 由已知条件:$0 < \alpha = \beta = \gamma < \dfrac{\pi}{2}$.

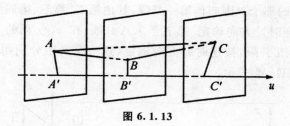

图 6.1.13

结合 $\cos^2\theta_1 + \cos^2\theta_2 + \cos^2\theta_3 = 1$, 得: $\cos\theta_1 = \cos\theta_2 = \cos\theta_3 = \dfrac{\sqrt{3}}{3}$, 则

$$e_u = \frac{\sqrt{3}}{3}i + \frac{\sqrt{3}}{3}j + \frac{\sqrt{3}}{3}k.$$

又因为

$$a = 4i - 3j + 2k,$$

故

$$\begin{aligned} \mathrm{Pr}_u a &= \mathrm{Pr}_u(4i) + \mathrm{Pr}_u(3j) + \mathrm{Pr}_u(2k) \\ &= 4\mathrm{Pr}_u i - 3\mathrm{Pr}_u j + 2\mathrm{Pr}_u k \\ &= 4 \cdot \frac{\sqrt{3}}{3} - 3 \cdot \frac{\sqrt{3}}{3} + 2 \cdot \frac{\sqrt{3}}{3} = \sqrt{3}. \end{aligned}$$

由 $\mathrm{Pr}_u a = |a|\cos\theta = \sqrt{29}\cos\theta$, 得 $\theta = \arccos\sqrt{\dfrac{3}{29}}$.

6.2　空间直角坐标系与向量的坐标表示

6.2.1　空间直角坐标系

　　如图 6.2.1 所示, 通常把 x 轴和 y 轴配置在水平面上, 而 z 轴则是铅垂线; 它们的正向通常符合右手规则, 即以右手握住 z 轴, 当右手的四个手指从正向 x 轴以 $\dfrac{\pi}{2}$ 角度转向正向 y 轴时, 大拇指的指向就是 z 轴的正向, 图中箭头的指向表示 x 轴、y 轴、z 轴的正向.

　　如图 6.2.2 所示, 三条坐标轴中的任意两条可以确定一个平面, 这样定出的三个平面统称为坐标面. x 轴与 y 轴所确定的坐标面叫作 xOy 面, 另两个由 y 轴及 z 轴和由 z 轴及 x 轴所确定的坐标面, 分别叫作 yOz 面及 zOx 面. 三个坐标面把空间分成八个部分, 每一部分都叫作卦限. 含有 x 轴、y 轴

与 z 轴正半轴的那个卦限叫作第一卦限,其他第二、第三、第四卦限,在 xOy 面的上方,按逆时针方向确定. 第五至第八卦限,在 xOy 面的下方,由第一卦限之下的第五卦限,按逆时针方向确定,这八个卦限分别用字母 Ⅰ、Ⅱ、Ⅲ、Ⅳ、Ⅴ、Ⅵ、Ⅶ、Ⅷ 表示.

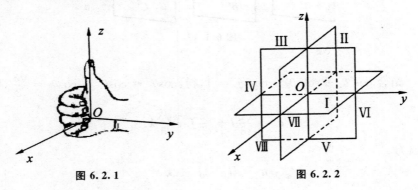

图 6.2.1　　　　　　　　　　图 6.2.2

如图 6.2.3 所示,设 M 为空间一已知点,我们过点 M 作三个平面分别垂直于三个坐标轴,它们与 x 轴、y 轴、z 轴的交点依次为 P,Q,R,这三点在 x 轴、y 轴、z 轴上的坐标依次为 x,y,z. 于是空间一点 M 就唯一确定了一个有序数组 x,y,z;反过来,已知一有序数组 x,y,z,我们可以在 x 轴上取坐标为 x 的点 P,在 y 轴上取坐标为 y 的点 Q,在 z 轴上取坐标为 z 的点 R,然后通过 P,Q,R 分别作 x 轴、y 轴、z 轴的垂直平面. 这三个两两垂直的平面的交点 M 便是由有序数组 x,y,z 所确定的唯一的点. 这样,就建立了空间的点 M 和有序数组 x,y,z 之间的一一对应关系. 这组数 x,y,z 就叫作点 M 的坐标,并依次称 x,y,z 为点 M 的横坐标、纵坐标、竖坐标. 坐标为 x,y,z 的点 M 通常记为 $M(x,y,z)$.

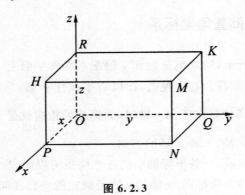

图 6.2.3

坐标面上和坐标轴上的点,其坐标各有一定的特征. 例如,若点 M 在 y

Oz 面上,则 $x=0$;同样,在 zOx 面上的点,$y=0$;在 xOy 面上的点,$z=0$. 若点 M 在 z 轴上,则 $x=y=0$;同样,在 y 轴上的点,有 $x=z=0$;在 x 轴上的点,有 $y=z=0$.若点 M 为原点,则 $x=y=z=0$.

与平面解析几何一样,可用坐标来计算空间中两点之间的距离,以及求线段的定比分点.

6.2.1.1 两点间的距离

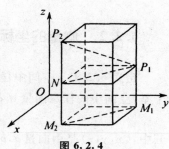

图 6.2.4

如图 6.2.4 所示,设点 P_1,P_2 的坐标分别是 (x_1,y_1,z_1),(x_2,y_2,z_2),求点 P_1,P_2 之间的距离.分别自 P_1,P_2 向 xOy 平面引垂线,垂足为 M_1,M_2.过 P_1 作平面平行于 xOy,设这平面与 M_2P_2 的交点为 N.因 $\angle P_1NP_2$ 为直角,由勾股定理得

$$|P_1P_2|^2 = |P_1N|^2 + |NP_2|^2$$
$$= |M_1M_2|^2 + |NP_2|^2,$$

其中,

$$|NP_2| = |M_2P_2 - M_2N| = |M_2P_2 - M_1P_1| = |z_2 - z_1|.$$

又由于 (x_1,y_1) 和 (x_2,y_2) 实际上是点 M_1 和 M_2 在 xOy 平面上的直角坐标,所以根据几何关系可得

$$|M_1M_2|^2 = (x_1 - x_2)^2 + (y_1 - y_2)^2.$$

最后得

$$|P_1P_2|^2 = (x_1 - x_2)^2 + (y_1 - y_2)^2 + (z_1 - z_2)^2,$$

即

$$|P_1P_2| = \sqrt{(x_1 - x_2)^2 + (y_1 - y_2)^2 + (z_1 - z_2)^2}.$$

这就是空间中两点间的距离公式.由此可得任意一点 $P(x,y,z)$ 到原点的距离为

$$|OP| = \sqrt{x^2 + y^2 + z^2}.$$

6.2.1.2 线段的定比分点

设点 P_1,P_2 的坐标分别是 (x_1,y_1,z_1),(x_2,y_2,z_2).点 $P(x,y,z)$ 为在 P_1 与 P_2 两点的连接线上按比值 λ($\lambda \neq 0$ 且 $\lambda \neq -1$)分割(内分或外分)线段 P_1P_2 的点,即

$$\frac{P_1P}{PP_2} = \lambda \begin{cases} > 0 \\ < 0, \neq -1 \end{cases}$$

有定比分点公式

$$x = \frac{x_1 + \lambda x_2}{1 + \lambda}, y = \frac{y_1 + \lambda y_2}{1 + \lambda}, z = \frac{z_1 + \lambda z_2}{1 + \lambda}$$

如果 $\lambda = 1$，则得到线段 $P_1 P_2$ 的中点公式

$$x = \frac{1}{2}(x_1 + x_2), y = \frac{1}{2}(y_1 + y_2), z = \frac{1}{2}(z_1 + z_2).$$

6.2.2 向量的坐标表示

定义 6.2.1 空间中任意三个不共面的向量组 a, b, c 称为空间中的一个基,空间中的任意向量 d 都有

$$xa + yb + zc = d,$$

其中,(x, y, z) 是由向量 a, b, c, d 唯一确定的数组. 在这里,我们就把有序三元实数组 (x, y, z) 称作向量 d 在基 a, b, c 下的坐标,记作 $d = (x, y, z)$.

定义 6.2.2 如图 6.2.5 所示,空间中的一个点 O 和一个基 e_1, e_2, e_3 合在一起称为空间的一个仿真标架或仿真坐标系,简称标架,记作 $\{O; e_1, e_2, e_3\}$. 其中,O 被称为标架的原点;e_1, e_2, e_3 被称为标架的坐标向量或基;过原点 O 并且分别与 e_1, e_2, e_3 同向的有向直线 Ox, Oy, Oz 被称为标架的坐标轴;含有两条坐标轴的平面被称为坐标平面,它们分别为 xOy, yOz, xOz 平面;坐标平面将空间分成了八个部分,称为空间的八个卦限;空间中任意一点 M 与向量 $\overrightarrow{OM}$ 一一对应,$\overrightarrow{OM}$ 被称为 M 的位置矢量;位置矢量 $\overrightarrow{OM}$ 在标架下的坐标被称为点 M 在标架 $\{O; e_1, e_2, e_3\}$ 中的坐标. 在每一个卦限内,点的坐标的符号不变,各卦限内坐标的正负如表 6.2.1 所示.

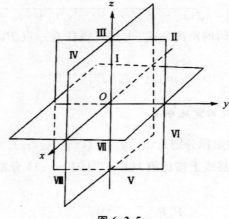

图 6.2.5

表 6.2.1

	Ⅰ	Ⅱ	Ⅲ	Ⅳ	Ⅴ	Ⅵ	Ⅶ	Ⅷ
x	+	−	−	+	+	−	−	+
y	+	+	−	−	+	+	−	−
z	+	+	+	+	−	−	−	−

性质 6.2.1　　根据仿真坐标系的概念，可以知道，取定标架 $\{O;e_1,e_2,e_3\}$，设向量 $\boldsymbol{a}=(a_1,a_2,a_3)$，$\boldsymbol{b}=(b_1,b_2,b_3)$，则有

(1) $\boldsymbol{a}+\boldsymbol{b}=(a_1+b_1,a_2+b_2,a_3+b_3)$.

(2) $\boldsymbol{a}-\boldsymbol{b}=(a_1-b_1,a_2-b_2,a_3-b_3)$.

(3) $k\boldsymbol{a}=(ka_1,ka_2,ka_3)$，其中 k 为任意实数.

定理 6.2.1　　(1) 在仿真坐标系内，向量的坐标等于其终点坐标减去其起点坐标. 如向量 $\overrightarrow{AB}$ 的起点坐标为 $A(x_1,y_1,z_1)$，终点坐标为 $B(x_2,y_2,z_2)$，则

$$\overrightarrow{AB}=(x_2-x_1,y_2-y_1,z_2-z_1).$$

(2) 设仿真坐标系内有两点 $A(x_1,y_1,z_1)$ 和 $B(x_2,y_2,z_2)$，分线段 AB 成定比 λ 份的分点 P 的坐标为

$$\left(\frac{x_1+\lambda x_2}{1+\lambda},\frac{y_1+\lambda y_2}{1+\lambda},\frac{z_1+\lambda z_2}{1+\lambda}\right).$$

定理 6.2.2　　(1) 向量 a,b 共线的充要条件是它们的分量成比例.

(2) 设平面内有三点 $A(x_1,y_1),B(x_2,y_2),C(x_3,y_3)$. 那么这三点共线的充要条件是

$$\begin{vmatrix} x_1 & x_2 & x_3 \\ y_1 & y_2 & y_3 \\ 1 & 1 & 1 \end{vmatrix}=0.$$

(3) 向量 $\boldsymbol{a}=(a_1,a_2,a_3)$，$\boldsymbol{b}=(b_1,b_2,b_3)$，$\boldsymbol{c}=(c_1,c_2,c_3)$ 共面的充要条件是

$$\begin{vmatrix} a_1 & a_2 & a_3 \\ b_1 & b_2 & b_3 \\ c_1 & c_2 & c_3 \end{vmatrix}=0.$$

(4) 仿真坐标系内四点 $A(a_1,a_2,a_3),B(b_1,b_2,b_3),C(c_1,c_2,c_3),D(d_1,d_2,d_3)$ 共面的充要条件是

$$\begin{vmatrix} a_1 & b_1 & c_1 & d_1 \\ a_2 & b_2 & c_2 & d_2 \\ a_3 & b_3 & c_3 & d_3 \\ 1 & 1 & 1 & 1 \end{vmatrix} = 0.$$

6.3　向量的数量积与向量积

6.3.1　向量的数量积

已知 $\boldsymbol{a}, \boldsymbol{b}$ 是空间两向量,定义

$$\boldsymbol{a} \cdot \boldsymbol{b} = |\boldsymbol{a}||\boldsymbol{b}| \cos \angle (\boldsymbol{a}, \boldsymbol{b})$$

为向量 $\boldsymbol{a}, \boldsymbol{b}$ 的数量积或内积,其中 $\angle(\boldsymbol{a}, \boldsymbol{b})$ 是向量 $\boldsymbol{a}, \boldsymbol{b}$ 的夹角,且有 $0 \leqslant \angle(\boldsymbol{a}, \boldsymbol{b}) \leqslant \pi$.

在直角坐标系下向量内积的运算过程,设在直角坐标系下有向量

$$\boldsymbol{a} = (a_1, a_2, a_3), \boldsymbol{b} = (b_1, b_2, b_3),$$

由于

$$\boldsymbol{i}^2 = \boldsymbol{j}^2 = \boldsymbol{k}^2 = 1,$$

且

$$\boldsymbol{i} \cdot \boldsymbol{j} = \boldsymbol{j} \cdot \boldsymbol{k} = \boldsymbol{i} \cdot \boldsymbol{k} = 0,$$

所以

$$\begin{aligned} \boldsymbol{a} \cdot \boldsymbol{b} &= (a_1 \boldsymbol{i} + a_2 \boldsymbol{j} + a_3 \boldsymbol{k}) \cdot (b_1 \boldsymbol{i} + b_2 \boldsymbol{j} + b_3 \boldsymbol{k}) \\ &= a_1 b_1 \boldsymbol{i}^2 + a_2 b_2 \boldsymbol{j}^2 + a_3 b_3 \boldsymbol{k}^2 \\ &= a_1 b_1 + a_2 b_2 + a_3 b_3. \end{aligned}$$

特别地

$$\boldsymbol{a}^2 = a_1^2 + a_2^2 + a_3^2,$$

所以,求向量 $\boldsymbol{a}$ 的模长的公式可化为

$$|\boldsymbol{a}| = \sqrt{a_1^2 + a_2^2 + a_3^2},$$

求非零向量 a, b 的夹角的公式可化为

$$\cos \varphi = \frac{\boldsymbol{a} \cdot \boldsymbol{b}}{|\boldsymbol{a}||\boldsymbol{b}|} = \frac{a_1 b_1 + a_2 b_2 + a_3 b_3}{\sqrt{a_1^2 + a_2^2 + a_3^2} \sqrt{b_1^2 + b_2^2 + b_3^2}},$$

求空间直角坐标系内两点 $P_1(x_1 y_1 z_1)$ 和 $P_2(x_2 y_2 z_2)$ 的距离的公式可表示为

$$|\overrightarrow{P_1 P_2}| = \sqrt{(x_1 - x_2)^2 + (y_1 - y_2)^2 + (z_1 - z_2)^2}.$$

向量的内积具有如下性质：

(1) $\boldsymbol{a} \cdot \boldsymbol{b} = \boldsymbol{a} \cdot \boldsymbol{b}$.

(2) $(\lambda \boldsymbol{a}) \cdot \boldsymbol{b} = \lambda(\boldsymbol{a} \cdot \boldsymbol{b})$.

(3) $(\boldsymbol{a} + \boldsymbol{b}) \cdot \boldsymbol{c} = \boldsymbol{a} \cdot \boldsymbol{b} + \boldsymbol{b} \cdot \boldsymbol{c}$.

(4) 若向量 $\boldsymbol{a}, \boldsymbol{b}$ 中有一个为零向量,则 $\boldsymbol{a} \cdot \boldsymbol{b} = 0$.

(5) 若向量 $\boldsymbol{a}, \boldsymbol{b}$ 相互垂直,则 $\boldsymbol{a} \cdot \boldsymbol{b} = 0$.

(6) $\boldsymbol{a} \cdot \boldsymbol{a} \geqslant 0$,当且仅当 $\boldsymbol{a} = 0$ 时等号成立.

(7) 当 $\boldsymbol{a} \neq 0, \boldsymbol{b} \neq 0$ 时,$\cos \angle(\boldsymbol{a}, \boldsymbol{b}) = \dfrac{\boldsymbol{a} \cdot \boldsymbol{b}}{|\boldsymbol{a}||\boldsymbol{b}|}$.

6.3.2　向量的向量积

已知 $\boldsymbol{a}, \boldsymbol{b}$ 是空间两向量,定义
$$|\boldsymbol{a} \times \boldsymbol{b}| = |\boldsymbol{a}||\boldsymbol{b}| \sin \angle(\boldsymbol{a}, \boldsymbol{b}),$$
则 $\boldsymbol{a} \times \boldsymbol{b}$ 为向量 $\boldsymbol{a}, \boldsymbol{b}$ 的向量积或外积,也叫叉积,其中 $\angle(\boldsymbol{a}, \boldsymbol{b})$ 是向量 $\boldsymbol{a}, \boldsymbol{b}$ 的夹角,且有 $0 \leqslant \angle(\boldsymbol{a}, \boldsymbol{b}) \leqslant \pi$.

$\boldsymbol{a} \times \boldsymbol{b}$ 仍是一个向量,其模长为 $|\boldsymbol{a}||\boldsymbol{b}| \sin \angle(\boldsymbol{a}, \boldsymbol{b})$,方向既垂直于 $\boldsymbol{a}$ 又垂直于 $\boldsymbol{b}$,且按 $\boldsymbol{a}, \boldsymbol{b}, \boldsymbol{a} \times \boldsymbol{b}$ 的顺序构成右手系,如图 6.3.1 所示.

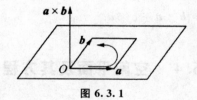

图 6.3.1

在空间中取一个仿射标架 $\{O; \boldsymbol{e}_1, \boldsymbol{e}_2, \boldsymbol{e}_3\}$,设向量
$$\boldsymbol{a} = (a_1, a_2, a_3), \boldsymbol{b} = (b_1, b_2, b_3),$$
则

$$\begin{aligned}
\boldsymbol{a} \times \boldsymbol{b} &= \left(\sum_{i=1}^{3} a_i \boldsymbol{e}_i\right) \times \left(\sum_{i=1}^{3} b_i \boldsymbol{e}_i\right) \\
&= (a_1 b_2 - a_2 b_1) \boldsymbol{e}_1 \times \boldsymbol{e}_2 + (a_2 b_3 - a_3 b_2) \boldsymbol{e}_2 \times \boldsymbol{e}_3 + (a_3 b_1 - a_1 b_3) \boldsymbol{e}_3 \times \boldsymbol{e}_1.
\end{aligned}$$

由此可见,只要知道坐标向量之间向量积,就可以求出 $\boldsymbol{a} \times \boldsymbol{b}$. 如果仿射标架 $\{O; \boldsymbol{e}_1, \boldsymbol{e}_2, \boldsymbol{e}_3\}$ 是右手直角坐标系,则有

$$\begin{aligned}
\boldsymbol{e}_1 \times \boldsymbol{e}_2 &= \boldsymbol{e}_3, \\
\boldsymbol{e}_2 \times \boldsymbol{e}_3 &= \boldsymbol{e}_1, \\
\boldsymbol{e}_3 \times \boldsymbol{e}_1 &= \boldsymbol{e}_2.
\end{aligned}$$

所以

$$a \times b = \left(\sum_{i=1}^{3} a_i e_i \right) \times \left(\sum_{i=1}^{3} b_i e_i \right)$$

$$= (a_1 b_2 - a_2 b_1) e_3 + (a_2 b_3 - a_3 b_2) e_1 + (a_3 b_1 - a_1 b_3) e_2$$

$$= (a_2 b_3 - a_3 b_2) e_1 + (a_3 b_1 - a_1 b_3) e_2 + (a_1 b_2 - a_2 b_1) e_3$$

$$= (a_2 b_3 - a_3 b_2, a_3 b_1 - a_1 b_3, a_1 b_2 - a_2 b_1).$$

当 a 不平行于 b 时，$|a \times b|$ 的几何意义是以 a, b 为边的平行四边形的面积.因此,用外积可以计算平行四边形的面积 $S_\square$,从而也能计算三角形的面积 S_Δ,公式为

$$S_\square = |a \times b|,$$

$$S_\Delta = \frac{1}{2} |a \times b|.$$

这里的 a, b 是以平行四边形或三角形同一个顶点为起点的两邻边所成的向量.

对于任意向量 a, b, c 和任意实数 λ 有：

(1) $a \times b = 0$ 与向量 a, b 互相垂直相等价.

(2) $a \times b = -b \times a.$

(3) $(\lambda a) \times b = \lambda a \times b.$

(4) $a \times (b + c) = a \times b + a \times c.$

(5) $(b + c) \times a = b \times a + c \times a.$

6.4　空间平面及其方程

6.4.1　平面方程

定义 6.4.1　若一非零向量垂直于一平面,我们就称该向量为该平面的法向量.

显然,一个平面法向量不是唯一的,且一定垂直于该平面内的任意一个向量.根据几何原理也不难发现,一个点和两个不共线的向量可以确定一个平面.

如图 6.4.1,在空间中取一个仿射标架 $\{O; e_1, e_2, e_3\}$,如果已知一个点的坐标为 $M_0(x_0, y_0, z_0)$,两个不共线的向量分别为

$$v_1 = (X_1, Y_1, Z_1), v_2 = (X_2, Y_2, Z_2).$$

就可以求出点 M_0 和向量 v_1, v_2 所确定的平面 π 的方程.设空间内有一点

$M(x,y,z)$，则 $M(x,y,z)$ 在点 M_0 和向量 $\boldsymbol{v}_1,\boldsymbol{v}_2$ 所确定的平面 π 内的充要条件是向量 $\overrightarrow{M_0M}$ 和向量 $\boldsymbol{v}_1,\boldsymbol{v}_2$ 共面，而向量 $\overrightarrow{M_0M}$ 和向量 $\boldsymbol{v}_1,\boldsymbol{v}_2$ 共面的充要条件是存在唯一确定的实数 λ,μ 使

$$\overrightarrow{M_0M} = \lambda\boldsymbol{v}_1 + \mu\boldsymbol{v}_2.$$

若令向量

$$\boldsymbol{r}_0 = (x_0,y_0,z_0), \boldsymbol{r} = (x,y,z),$$

则

$$\overrightarrow{M_0M} = \boldsymbol{r} - \boldsymbol{r}_0,$$

则

$$\boldsymbol{r} = \boldsymbol{r}_0 + \lambda\boldsymbol{v}_1 + \mu\boldsymbol{v}_2.$$

将该方程写成坐标分量的形式就可以得到线性方程组

$$\begin{cases} x = x_0 + \lambda X_1 + \mu X_2 \\ y = y_0 + \lambda Y_1 + \mu Y_2 \\ z = z_0 + \lambda Z_1 + \mu Z_2 \end{cases}, \qquad (6.4.1)$$

其中，λ,μ 是一对参数.

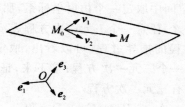

图 6.4.1

将上述过程中得到的方程组(6.4.1)称作平面 π 的参数坐标方程或参数方程.

如果用坐标来表示，向量 $\overrightarrow{M_0M}$ 和向量 $\boldsymbol{v}_1,\boldsymbol{v}_2$ 共面的充要条件是行列式

$$\begin{vmatrix} x-x_0 & X_1 & X_2 \\ y-y_0 & Y_1 & Y_2 \\ z-z_0 & Z_1 & Z_2 \end{vmatrix} = 0,$$

将该行列式展开可得

$$Ax + By + Cz + D = 0, \qquad (6.4.2)$$

其中

$$A = \begin{vmatrix} Y_1 & Y_2 \\ Z_1 & Z_2 \end{vmatrix}, A = -\begin{vmatrix} X_1 & X_2 \\ Z_1 & Z_2 \end{vmatrix},$$

$$C = \begin{vmatrix} X_1 & X_2 \\ Y_1 & Y_2 \end{vmatrix}, D = -(Ax_0 + By_0 + Cz_0).$$

我们称方程(6.4.2)为平面 π 的一般方程或普通方程.

如图 6.4.2 所示,在直角坐标系下,经过点 $M_0(x_0,y_0,z_0)$ 且垂直于向量 $\boldsymbol{n}=(A,B,C)$ 的平面 π 是为一确定的,设 $M(x,y,z)$ 是平面 π 内的一点,则 $\overrightarrow{M_0M} \perp \boldsymbol{n}$,即

$$\overrightarrow{M_0M} \cdot \boldsymbol{n} = 0,$$

所以有

$$A(x-x_0) + B(y-y_0) + C(z-z_0) = 0.$$

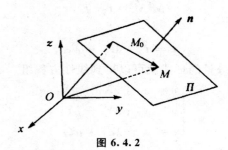

图 6.4.2

定理 6.4.1　在空间中取定一个仿射坐标系,那么,平面的方程必然是一个三元一次方程;反之,任意一个三元一次方程表示一个平面.

证明:通过平面方程的推导过程,可以看出,取定一个仿射坐标系,那么,平面的方程必然是一个三元一次方程;接下来,证明任意一个三元一次方程表示一个平面.设有三元一次方程

$$Ax + By + Cz + D = 0,$$

不妨令 $C \neq 0$,取点

$$M_0\left(0,0,-\frac{D}{C}\right), M_1\left(1,0,-\frac{A+D}{C}\right), M_2\left(0,-1,-\frac{B+D}{C}\right).$$

显然,这三点是不共线的,由这三点确定的平面方程为

$$\begin{vmatrix} x & 1 & 0 & 0 \\ y & 0 & 1 & 0 \\ z & -\dfrac{D}{C} & -\dfrac{A+D}{C} & -\dfrac{B+D}{C} \\ 1 & 1 & 1 & 1 \end{vmatrix} = 0,$$

即为 $Ax + By + Cz + D = 0$,这就说明任意一个三元一次方程表示一个平面.

6.4.2　空间平面的有关位置关系

定理 6.4.2　在直角坐标系下,点 $M_0(x_0,y_0,z_0)$ 到平面

$$Ax + By + Cz + D = 0$$

的距离为

$$d = \frac{|Ax_0 + By_0 + Cz_0 + D|}{\sqrt{A^2 + B^2 + C^2}}.$$

证明：过 $M_0(x_0, y_0, z_0)$ 作平面 $Ax + By + Cz + D = 0$ 的垂线，设垂足为 $M_1(x_1, y_1, z_1)$，则 $M_0(x_0, y_0, z_0)$ 到平面 $Ax + By + Cz + D = 0$ 的距离为

$$d = |\overrightarrow{M_0M_1}|,$$

而面 $Ax + By + Cz + D = 0$ 的法向量可以是 $\boldsymbol{n} = (A, B, C)$.

因为 $\overrightarrow{M_0M_1} \ /\!/ \ \boldsymbol{n}$，所以 $\overrightarrow{M_0M_1} = \delta \boldsymbol{n}^0$.

将该式两边用 $\boldsymbol{n}^0$ 作内积可得

$$\delta = \overrightarrow{M_0M_1} \cdot \boldsymbol{n}^0$$

$$= \frac{1}{\sqrt{A^2 + B^2 + C^2}} \left[A(x_1 - x_0) + B(y_1 - y_0) + C(z_1 - z_0) \right]$$

$$= \frac{Ax_0 + By_0 + Cz_0 + D}{\sqrt{A^2 + B^2 + C^2}},$$

所以

$$d = |\overrightarrow{M_0M_1}| = |\delta| = \frac{|Ax_0 + By_0 + Cz_0 + D|}{\sqrt{A^2 + B^2 + C^2}}.$$

定理 6.4.3　向量 $\boldsymbol{w} = (r, s, t)$ 平行于平面 $Ax + By + Cz + D = 0$ 的充要条件是 $Ar + Bs + Ct = 0$.

证明：对于平面方程

$$Ax + By + Cz + D = 0,$$

我们可以发现，其系数 A, B, C 不全为零，不妨令 $C \neq 0$，取不共线三点

$$M_0\left(0, 0, -\frac{D}{C}\right), M_1\left(1, 0, -\frac{A+D}{C}\right), M_2\left(0, -1, -\frac{B+D}{C}\right),$$

向量 $\boldsymbol{w} = (r, s, t)$ 平行于平面

$$Ax + By + Cz + D = 0$$

的充要条件是 $w, \overrightarrow{M_0M_1}, \overrightarrow{M_0M_2}$ 共面，从而有

$$\begin{vmatrix} r & 1 & 0 \\ s & 0 & 1 \\ t & -\dfrac{A}{C} & -\dfrac{B}{C} \end{vmatrix} = 0,$$

即 $Ar + Bs + Ct = 0$.

推论 6.4.1　设有平面 $Ax + By + Cz + D = 0$，则该平面平行于坐标轴的充要条件是 $A = 0$ 或 $B = 0$ 或 $C = 0$；而该平面过原点的充要条件是 $D = 0$.

如果 A,B,C,D 全不为零,那么该平面方程可改写为

$$\frac{x}{a}+\frac{y}{b}+\frac{z}{c}=1, \tag{6.4.3}$$

其中

$$a=-\frac{D}{A}, b=-\frac{D}{B}, c=-\frac{D}{C}.$$

方程(6.4.3)又叫作平面的截距方程.

定理 6.4.4 设在仿射标架下有三平面,其方程分别为

$$A_1 x + B_1 y + C_1 z + D_1 = 0,$$
$$A_2 x + B_2 y + C_2 z + D_2 = 0,$$
$$A_3 x + B_3 y + C_3 z + D_3 = 0,$$

则这三平面交于一点的充要条件是

$$\begin{vmatrix} A_1 & B_1 & C_1 \\ A_2 & B_2 & C_2 \\ A_3 & B_3 & C_3 \end{vmatrix} \neq 0.$$

证明:三平面交于一点的充要条件是线性方程组

$$\begin{cases} A_1 x + B_1 y + C_1 z + D_1 = 0 \\ A_2 x + B_2 y + C_2 z + D_2 = 0 \\ A_3 x + B_3 y + C_3 z + D_3 = 0 \end{cases}$$

存在唯一解,即

$$\begin{vmatrix} A_1 & B_1 & C_1 \\ A_2 & B_2 & C_2 \\ A_3 & B_3 & C_3 \end{vmatrix} \neq 0,$$

所以,定理成立.

定理 6.4.5 设在一个仿射标架下有两平面 π_1,π_2,其方程分别为

$$A_1 x + B_1 y + C_1 z + D_1 = 0,$$
$$A_2 x + B_2 y + C_2 z + D_2 = 0,$$

则这两平面的位置关系可以表述为:

(1)π_1,π_2 相交的充要条件它们方程中的系数不成比例.

(2)π_1,π_2 平行的充要条件是

$$\frac{A_1}{A_2}=\frac{B_1}{B_2}=\frac{C_1}{C_2}\neq\frac{D_1}{D_2}.$$

(3)π_1,π_2 重合的充要条件是

$$\frac{A_1}{A_2}=\frac{B_1}{B_2}=\frac{C_1}{C_2}=\frac{D_1}{D_2}.$$

证明:充分性

平面 π_1, π_2 的方程对应方程组

$$\begin{cases} A_1 x + B_1 y + C_1 z + D_1 = 0 \\ A_2 x + B_2 y + C_2 z + D_2 = 0 \end{cases} \qquad (6.4.4)$$

设 π_1, π_2 的方程中一次项系数不成比例,则向量

$$\boldsymbol{a}_1 = (A_1, B_1, C_1), \boldsymbol{a}_2 = (A_2, B_2, C_2)$$

是不共线的向量,下列三个行列式

$$\begin{vmatrix} A_1 & B_1 \\ A_2 & B_2 \end{vmatrix}, \begin{vmatrix} A_1 & C_1 \\ A_2 & C_2 \end{vmatrix}, \begin{vmatrix} B_1 & C_1 \\ B_2 & C_2 \end{vmatrix}$$

不全为零. 我们令第一个行列式不为零,且令 $z = 0$,则方程组(6.4.4)可化为

$$\begin{cases} A_1 x + B_1 y + D_1 = 0 \\ A_2 x + B_2 y + D_2 = 0 \end{cases}$$

且该方程组有唯一解 $x = x_0, y = y_0$,则 $x = x_0, y = y_0, z = 0$ 是方程组 (6.4.4) 的一个解. 即平面 π_1, π_2 有公共点 $(x_0, y_0, 0)$,又由于方程 $A_1 x + B_1 y + D_1 = 0$ 有无穷多组解,取其另一个解为 $x = x_1, y = y_1$,则点 $(x_1, y_1, 0)$ 在平面 π_1 上而不在平面 π_2 上,即平面 π_1, π_2 相交.

若式子

$$\frac{A_1}{A_2} = \frac{B_1}{B_2} = \frac{C_1}{C_2} \neq \frac{D_1}{D_2}$$

成立,则存在非零实数 λ,使

$$\frac{A_1}{A_2} = \frac{B_1}{B_2} = \frac{C_1}{C_2} = \lambda \neq \frac{D_1}{D_2},$$

于是,方程组(6.4.4)可化成

$$\begin{cases} A_1 x + B_1 y + C_1 z + D_1 = 0 \\ A_1 x + B_1 y + C_1 z + \dfrac{D_2}{\lambda} = 0 \end{cases}.$$

因为 $\lambda \neq \dfrac{D_1}{D_2}$,所以方程组(6.4.4)无解. 即平面 π_1, π_2 没有公共点,平面 π_1, π_2 平行.

若式子

$$\frac{A_1}{A_2} = \frac{B_1}{B_2} = \frac{C_1}{C_2} = \frac{D_1}{D_2}$$

成立,则存在非零实数 λ,使

$$\frac{A_1}{A_2} = \frac{B_1}{B_2} = \frac{C_1}{C_2} = \frac{D_1}{D_2} = \lambda,$$

于是,方程组(6.4.4)可化成

$$\begin{cases} A_1 x + B_1 y + C_1 z + D_1 = 0 \\ \lambda(A_1 x + B_1 y + C_1 z + D_1) = 0 \end{cases}$$

方程组中两个方程完全相同,即平面 π_1, π_2 的方程完全相同,平面 π_1, π_2 重合.

采用反证法,利用以上结果即可证明必要性,具体证明过程略.

定理 6.4.6 设在一个仿射标架下有两平面 π_1, π_2,其方程分别为

$$A_1 x + B_1 y + C_1 z + D_1 = 0,$$
$$A_2 x + B_2 y + C_2 z + D_2 = 0,$$

且设平面 π_1, π_2 的法向量分别为 n_1, n_2,则,这两个平面相交时,其夹角 θ 满足

$$\cos\theta = \frac{n_1 \cdot n_2}{|n_1||n_2|} = \frac{A_1 A_2 + B_1 B_2 + C_1 C_2}{\sqrt{A_1^2 + B_1^2 + C_1^2}\sqrt{A_2^2 + B_2^2 + C_2^2}}.$$

平面 π_1, π_2 垂直的充要条件为

$$A_1 A_2 + B_1 B_2 + C_1 C_2 = 0.$$

6.5 空间直线及其方程

6.5.1 空间直线的一般方程

空间直线可以看成是两个不平行的平面的交线. 设两个不平行的平面分别是

$$\pi_1 : A_1 x + B_1 y + C_1 z + D_1 = 0,$$
$$\pi_2 : A_2 x + B_2 y + C_2 z + D_2 = 0,$$

A_1, B_1, C_1 与 A_2, B_2, C_2 不成比例,空间一点 $M(x, y, z)$ 在两平面的交线 L 上,当且仅当它的坐标 x, y, z 同时满足 π_1 和 π_2 的方程,将两个方程联立可得

$$\begin{cases} A_1 x + B_1 y + C_1 z + D_1 = 0 \\ A_2 x + B_2 y + C_2 z + D_2 = 0 \end{cases}$$

此方程组即为空间直线的一般方程.

这里需要注意的是,通过空间同一条直线的平面有无数多个,只要在这无数多个平面中任意选取两个,把它们的方程联立起来,所得的方程组都表示同一条直线.

例如,对于 x 轴这条直线,它的一般方程式可表示为

$$\begin{cases} y = 0 \\ z = 0 \end{cases} \text{或} \begin{cases} y + z = 0 \\ y - z = 0. \end{cases}$$

6.5.2　直线的点向式方程

定义 6.5.1　若一个非零向量 $s = (l, m, n)$ 平行于一条已知直线 L,则称向量 s 是直线 L 的一个方向向量,称 l, m, n 是直线 L 的一组方程数.

根据立体几何可知,如果已知直线 L 上的一点 $P_0(x_0, y_0, z_0)$ 以及 L 的一个方向向量 $s = (l, m, n)$,就可以唯一的确定这条直线 L,现在我们来建立 L 的方程.

设点 $P(x, y, z)$ 为空间的一点,则 P 在 L 上的充要条件是 $\overrightarrow{P_0P} \parallel L$,即 $\overrightarrow{P_0P} \parallel s$,等价于

$$\frac{x - x_0}{l} = \frac{y - y_0}{m} = \frac{z - z_0}{n}. \tag{6.5.1}$$

式 (6.5.1) 就是经过点 $P_0(x_0, y_0, z_0)$ 和 $s = (l, m, n)$ 平行的直线 L 的方程,称为直线 L 的点向式方程,又叫作直线 L 的标准方程或对称式方程.

当 l, m, n 中有一个是 0 时,例如 $l = 0$ 时,(6.5.1) 式应理解为

$$\begin{cases} x - x_0 = 0 \\ \dfrac{y - y_0}{m} = \dfrac{z - z_0}{n}. \end{cases}$$

由于 s 是非零向量,所以 l, m, n 中至多有两个为 0,例如,$l = 0, m = 0$,(6.5.1) 式应理解为

$$\begin{cases} x - x_0 = 0 \\ y - y_0 = 0. \end{cases}$$

6.5.3　直线的参数方程

如果在直线 L 的点向式方程中令此式的比值为 t,则

$$\frac{x - x_0}{l} = \frac{y - y_0}{m} = \frac{z - z_0}{n} = t,$$

可得

$$\begin{cases} x = x_0 + lt \\ y = y_0 + lt \\ z = z_0 + lt \end{cases} (-\infty < t < +\infty),$$

上式即为直线的参数方程,其中 t 为参数.

在直角坐标系下,直线的方向向量常取单位向量
$$s^0 = (\cos\alpha, \cos\beta, \cos\gamma),$$
其中,$\cos\alpha, \cos\beta, \cos\gamma$ 称为方向向量 s^0 的方向余弦,直线 l 的方向向量的方向角 α, β, γ 称为直线 l 的方向角.

方向数和方向余弦的关系是

$$\cos\alpha = \frac{l}{\sqrt{l^2 + m^2 + n^2}},$$

$$\cos\beta = \frac{m}{\sqrt{l^2 + m^2 + n^2}},$$

$$\cos\gamma = \frac{n}{\sqrt{l^2 + m^2 + n^2}}$$

或

$$\cos\alpha = -\frac{l}{\sqrt{l^2 + m^2 + n^2}},$$

$$\cos\beta = -\frac{m}{\sqrt{l^2 + m^2 + n^2}},$$

$$\cos\gamma = -\frac{n}{\sqrt{l^2 + m^2 + n^2}}.$$

参数 t 的绝对值 $|t|$ 就是 P_0 到动点 P 的距离,即 $|\overrightarrow{P_0P}| = |t|$.

6.5.4 两直线的位置关系

定义 6.5.2 两直线的方向向量的夹角是两直线的夹角,通常两直线的夹角 θ 满足 $0 \leqslant \theta \leqslant \dfrac{\pi}{2}$.

设有两条直线 L_1 和 L_2,其方程分别是

$$L_1: \frac{x - x_1}{l_1} = \frac{y - y_1}{m_1} = \frac{z - z_1}{n_1},$$

$$L_2: \frac{x - x_2}{l_2} = \frac{y - y_2}{m_2} = \frac{z - z_2}{n_2},$$

它们的方向向量分别是 $s_1 = (l_1, m_1, n_1), s_2 = (l_2, m_2, n_2)$,令 θ 为直线 L_1 和 L_2 的夹角,则

$$\cos\theta = |\cos(s_1, s_2)| = \frac{|s_1 \times s_2|}{|s_1||s_2|},$$

即

$$\cos\theta = \frac{|l_1 l_2 + m_1 m_2 + n_1 n_2|}{\sqrt{l_1^2 + m_1^2 + n_1^2}\sqrt{l_2^2 + m_2^2 + n_2^2}}.$$

特别地,两直线相互平行的充要条件是

$$\frac{l_1}{l_2} = \frac{m_1}{m_2} = \frac{n_1}{n_2},$$

两直线相互垂直的充要条件是

$$l_1 l_2 + m_1 m_2 + n_1 n_2 = 0.$$

例 6.5.1 已知直线

$$L_1 : \frac{x+2}{1} = \frac{y-1}{-4} = \frac{z+1}{1},$$

$$L_2 : \frac{x-2}{3} = \frac{y+1}{1} = \frac{z-1}{1},$$

试判别 L_1 和 L_2 的关系.

解:L_1 的方向向量是 $s_1 = (1, -4, 1)$,L_2 的方向向量是 $s_2 = (3, 1, 1)$,因为

$$s_1 \times s_2 = 1 \times 3 + (-4) \times 1 + 1 \times 1 = 0,$$

所以 L_1 和 L_2 相互垂直.

例 6.5.2 直线 L 过点 $(1, 2, 1)$ 且与下列两直线

$$L_1 : \begin{cases} x + 2y + 5z = 0, \\ 2x - y + z - 1 = 0, \end{cases}$$

$$L_2 : \frac{x-1}{2} = \frac{y+2}{0} = \frac{z}{3},$$

垂直,求 L 的方程.

解:过 L_1 的两个平面法向量为

$$n_1 = (1, 2, 5), n_2 = (2, -1, 1),$$

则 L_1 的方向向量为

$$s_1 = n_1 \times n_2 = \begin{vmatrix} i & j & k \\ 1 & 2 & 5 \\ 2 & -1 & 1 \end{vmatrix} = (7, 9, -5),$$

又直线 L_2 的方向向量为

$$s_2 = (2, 0, 3),$$

那么 L 的方向向量为

$$s = s_1 \times s_2 = \begin{vmatrix} i & j & k \\ 7 & 9 & -5 \\ 2 & 0 & 3 \end{vmatrix} = (27, -31, -18),$$

所以所求 L 的方程为

$$\frac{x-1}{27} = \frac{y-2}{-31} = \frac{z-1}{-18}.$$

6.5.5　直线与平面的位置关系

定义 6.5.3　直线和它在平面上的投影直线的夹角是直线与平面的夹角,通常不取钝角.

设直线

$$L: \frac{x - x_0}{l} = \frac{y - y_0}{m} = \frac{z - z_0}{n}$$

和平面

$$\pi: Ax + By + Cz + D = 0$$

它们的方向向量和法向量分别是

$$\boldsymbol{s} = (l, m, n), \boldsymbol{n} = (A, B, C)$$

直线 L 和平面 π 的夹角为 φ,则 $\boldsymbol{s}, \boldsymbol{n}$ 的夹角 $\theta = \frac{\pi}{2} - \varphi$ 或 $\theta = \frac{\pi}{2} + \varphi$,如图 6.5.1 所示,则

$$\sin\varphi = \cos\left(\frac{\pi}{2} - \varphi\right) = \left|\cos\left(\frac{\pi}{2} + \varphi\right)\right| = |\cos\theta|,$$

所以直线和平面的夹角公式为

$$\sin\varphi = \frac{|\boldsymbol{s} \cdot \boldsymbol{n}|}{|\boldsymbol{n}||\boldsymbol{s}|} = \frac{|Al + Bm + Cn|}{\sqrt{A^2 + B^2 + C^2}\sqrt{l^2 + m^2 + n^2}}.$$

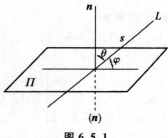

图 6.5.1

特别地,直线 l 和平面 π 平行的充要条件是

$$Al + Bm + Cn = 0,$$

直线 l 和平面 π 相交的充要条件是

$$Al + Bm + Cn \neq 0,$$

直线 l 和平面 π 垂直的充要条件是

$$\frac{A}{l} = \frac{B}{m} = \frac{C}{n}.$$

例 6.5.3　在直角坐标系中,直线 l 的方程是

$$\frac{x+1}{-2}=\frac{y-1}{1}=\frac{z+2}{-3},$$

求过 l 并且平行于 z 轴的平面 π 的方程以及 l 在 xOy 平面上的投影的方程并且画图.

解:直线 l 的方程可改写为

$$\begin{cases}\dfrac{x+1}{-2}=\dfrac{y-1}{1}\\[2mm]\dfrac{x+1}{-2}=\dfrac{z+2}{-3}\end{cases}$$

其中第 1 个方程表示的是经过 l 且平行于 z 轴的平面,所以所求的平面 π 的方程是

$$\frac{x+1}{-2}=\frac{y-1}{1},$$

即

$$x+2y-1=0.$$

l 在 xOy 平面上的投影是平面 π 与 xOy 平面的交线,所以其方程是

$$\begin{cases}x+2y-1=0\\z=0\end{cases}$$

要画出平面 π,就要先求出它与 x 轴、y 轴的交点,分别是 $(1,0,0)$,$\left(0,\dfrac{1}{2},0\right)$;要画直线 l,先求出它与 xOy 平面、xOz 平面的交点,分别是 $\left(\dfrac{1}{3},\dfrac{1}{3},0\right)$,$(1,0,1)$,如图 6.5.2 所示.

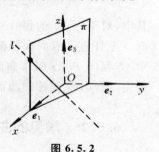

图 6.5.2

6.6　空间曲面及其方程

6.6.1　曲面方程

如图 6.6.1 所示,在立体空间中,任何曲面都能够看成是某一点运动而形成的轨迹. 我们这样来定义:如果曲面 S 与三元方程

$$F(x,y,z)=0, \tag{6.6.1}$$

有如下关系:

(1) 曲面 S 上的任意一点的坐标都满足式(6.6.1).

（2）不在曲面 S 上的任意一点的坐标都不满式(6.6.1)．

称式(6.6.1)为曲面 S 的方程,并且称曲面 S 是式(6.6.1)的图形．通常,我们称式(6.6.1)为曲面 S 的一般方程．

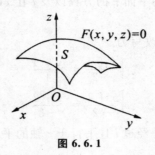

图 6.6.1

一般地,立体空间中,曲面 S 的方程是一个三原方程 $F(x,y,z)=0$．同时,曲面 S 的方程还可以写成含有两个参数的方程,即

$$\begin{cases} x = x(\mu,\nu) \\ y = y(\mu,\nu), a \leqslant \mu \leqslant b, c \leqslant \nu \leqslant d. \\ z = z(\mu,\nu) \end{cases} \quad (6.6.2)$$

其中,对于 (μ,ν) 的每一对值,由方程(6.6.2)确定的点都在曲面 S 上；而曲面 S 上任意一点的坐标都能够有 (μ,ν) 的某一对值通过方程(6.6.2)来表示．方程(6.6.2)叫作曲面的参数方程,曲面 S 上的点可以由数对 (μ,ν) 来确定,而 (μ,ν) 被称作曲面 S 上的点的曲纹坐标．

6.6.2 常见的曲面

在给出了曲面方程的定义以后,我们就来简单地讨论几种常见曲面的方程．

6.6.2.1 球面

在空间直角坐标系内,如图 6.6.2 所示,若已知某一球面的球心坐标为 $M_0(x_0,y_0,z_0)$,该球面的半径为 r,我们就可以根据球面的相关几何性质来建立球面 S 的方程了．

设坐标空间内任意点的坐标为 $M(x,y,z)$,则,当且仅当

$$|\overrightarrow{MM_0}| = R,$$

即

$$R = |\overrightarrow{MM_0}| = \sqrt{(x-x_0)^2 + (y-y_0)^2 + (z-z_0)^2}$$

时，点 $M(x,y,z)$ 在球面 S 上. 所以，球面 S 的方程为

$$\sqrt{(x-x_0)^2+(y-y_0)^2+(z-z_0)^2}=R,$$

即

$$(x-x_0)^2+(y-y_0)^2+(z-z_0)^2=R^2. \tag{6.6.3}$$

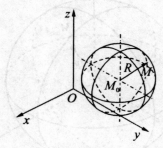

图 6.6.2

将球面 S 的方程(6.6.3)展开，则有

$$x^2+y^2+z^2+2b_1x+2b_2y++2b_3z+c=0, \tag{6.6.4}$$

其中，

$$b_1=-x_0,b_2=-y_0,b_3=-z_0,c^2=x_0^2+y_0^2+z_0^2-R^2.$$

方程(6.6.4)是一个没有交叉项且平方项系数相同的三元二次方程. 而且任意一个形如方程(6.6.4)的方程都可以通过配方而整理成形如

$$(x+b_1)^2+(y+b_2)^2+(z+b_3)^2+c-b_1^2-b_2^2-b_3^2=0 \tag{6.6.5}$$

的方程. 当

$$b_1^2+b_2^2+b_3^2>c$$

时，方程(6.6.5)表示一个球心坐标为 $(-b_1^2,-b_2^2,-b_3^2)$，半径为 $\sqrt{b_1^2+b_2^2+b_3^2-c}$ 的球面；当

$$b_1^2+b_2^2+b_3^2=c$$

时，方程(6.6.5)表示一个坐标为 $(-b_1^2,-b_2^2,-b_3^2)$ 的点；当

$$b_1^2+b_2^2+b_3^2<c$$

时，方程(6.6.5)没有对应的图形，它表示一个虚球面；如图 6.6.3 所示，特别地，当

$$b_1=b_2=b_3=0$$

时，方程(6.6.5)化为

$$x^2+y^2+z^2=c,$$

它表示球心在坐标原点，半径为

$$R=\sqrt{-c}$$

的球面.

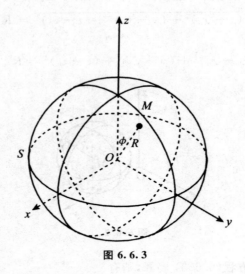

图 6.6.3

6.6.2.2　柱面

在日常生活中常可看到物体表面是柱面的例子. 如机器上轴的表面、管子的侧面、梁柱的表面、罐头盒的侧面等,一般多是圆柱面. 激光发生器的共振腔体的内表面有的做成椭圆柱面.

如图 6.6.4 所示,假设给定一条空间曲线 C 和通过它上面某一点的一条直线 L. 当直线 L 沿曲线 C 平行移动时所画出的曲面叫作柱面.

给定了一条准线和母线的方向就可以确定一个柱面. 对于一个柱面,它的准线并不是唯一的. 每一条和所有的母线都相交的曲线都可以充当准线. 如图 6.6.5 所示,我们经常用一个和母线垂直的平面去截柱面,以截得的那一条平面曲线作准线.

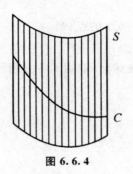

图 6.6.4

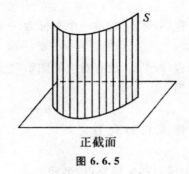

正截面

图 6.6.5

为了写出柱面的方程,如果可能的话,我们总选取某个坐标轴与柱面的母线平行. 设柱面的母线与 z 轴平行, 当柱面上的点平行于 z 轴移动时, 仍然保留在柱面上. 这就是说, 柱面方程中动点的坐标 z 可以任意变动. 因此, 柱面的方程不包含 z, 也就是说它的方程为

$$F(x, y) = 0 \qquad (6.6.6)$$

反之, 一个不含坐标 z 的方程是否表示一个母线平行于 z 轴的柱面?答案是肯定的, 我们有

在空间直角坐标系中, 不合坐标 z 的方程 $(6.6.6)$ 表示.

一个柱面 S, 它具有如下两条性质:

(1) S 的母线平行于 z 轴.

(2) S 的准线是 xOy 平面上的曲线

$$\begin{cases} F(x, y) = 0 \\ z = 0 \end{cases} \qquad (6.6.7)$$

证明: 根据曲面的定义, 要从下面两方面证明.

在有上述两条性质的柱面 S 上, 任意点 $M(x, y, z)$ 的坐标满足方称 $(6.6.6)$. 因为 M 在坐标平面 xOy 上的投影点是 $M'(x, y, 0)$, 由性质 (1) 知, M' 在 S 的准线上. 又由性质 (2) 知, 准线上的点 M' 的坐标满足方程 $(6.6.7)$. 因为方程 $(6.6.6)$ 中不含 z, 所以 M 的坐标 x, y, z 满足方程 $(6.6.6)$.

坐标满足方程 $(6.6.6)$ 的任意点 $M(x, y, z)$, 都在有上述两条性质的柱面 S 上. 设点 M 投影到平面 xOy 上的点为 M', 如图 6.6.6 所示, 因为 M 的坐标 x, y, z 满足方程 $(6.6.6)$, 所以 M 的坐标满足方程 $(6.6.7)$, 即 M' 在曲线 C 上. 因此 M 在过 C 上点 M' 且与 z 轴平行的直线上, 即 M 在一个以 C 为准线、母线平行于 z 轴的柱面 S 上. 同样可证, 形如 $G(y, z) = 0$ 和 $H(z, x) = 0$ 的方程分别表示母线平行于 x 轴和 y 轴的柱面. 总之, 在空间直角坐标系中, 一个变数不出现的方程表示母线平行于相应坐标轴的柱面.

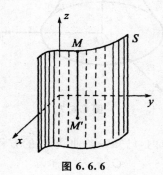

图 6.6.6

6.6.2.3 旋转面

以一条已知的平面曲线 C 绕平面上一条定直线 L 旋转一周所成的曲面叫作旋转曲面. 曲线 C 在旋转过程中的每一个位置称为这个旋转曲面的一条母线,定直线 L 称为该旋转曲面的轴.

设在平面 yOz 内,已知一条曲线 C 的方程为
$$F(y,z) = 0$$
把曲线 C 绕 z 轴旋转一周就得到了一个以 z 轴为轴的旋转曲面. 现在我们来求解该旋转曲面的方程.

如图 6.6.7 所示,设 $P_1(0, y_1, z_1)$ 为曲线 C 上的任意一点,则
$$F(y_1, z_1) = 0,$$
当曲线 C 绕 z 轴旋转时,$P_1(0, y_1, z_1)$ 也绕 z 轴旋转到了另一点. 这时有
$$z = z_1,$$
且 P 到 z 轴的距离恒等于 $|y_1|$,所以有
$$\sqrt{x^2 + y^2} = |y_1|,$$
所以,旋转曲面的方程为
$$F(\pm \sqrt{x^2 + y^2}, z) = 0.$$

类似地,如果是曲线 C 绕 y 轴旋转一周,则得到的曲面方程为
$$F(z, \pm \sqrt{x^2 + z^2}) = 0.$$

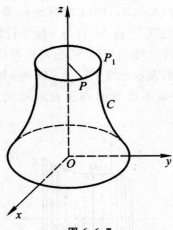

图 6.6.7

如果是在平面 xOz 内,已知一条曲线 M 的方程为
$$Q(x, z) = 0,$$

把曲线 M 绕 z 轴旋转一周就得到了一个以 z 轴为轴的旋转曲面. 则旋转曲面的方程为

$$Q(\pm \sqrt{x^2 + y^2}, z) = 0.$$

6.6.3　二次曲面

在曲面中, 有一种曲面的方程中含变量的项的最高次数为二次的曲面叫作二次曲面, 常见的二次曲面有如下几类.

6.6.3.1　圆锥面

如图 6.6.8 所示, 一条直线 L 绕与其相交但不垂直的定直线旋转一周, 所得的旋转曲面叫作圆锥面, 定直线 z 轴叫作旋转轴, 两直线的交点叫作圆锥面的顶点, 两锥面所夹锐角 α 叫作圆锥面的半顶角.

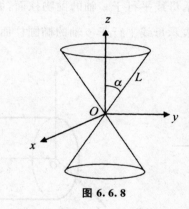

图 6.6.8

在 yOz 平面内, 直线 L 的方程为 $z = y\cot\alpha$, 取 L 上任意一点 $M_1(0, y_1, z_1)$, 当直线 L 绕 z 轴旋转时, 点 $M_1(0, y_1, z_1)$ 转到点 $M(x, y, z)$ 处, 由于直线 L 上的点的竖坐标不变, 故而 $z = z_1$, 并且 $|y_1| = \sqrt{x^2 + y^2}$. 因为点 $M_1(0, y_1, z_1)$ 在直线 L 上, 所以

$$z = \pm \sqrt{x^2 + y^2} \cot\alpha,$$

令, $a = \cot\alpha$, 则

$$z^2 = a^2(x^2 + y^2).$$

这就是顶点在原点, 半顶角为 α 的圆锥面方程.

6.6.3.2　二次柱面

例如, 方程 $\dfrac{x^2}{a^2} + \dfrac{y^2}{b^2} = 1$ 表示母线平行于 z 轴的椭圆柱面, 如图 6.6.9 所

示.

方程 $\dfrac{x^2}{a^2} - \dfrac{y^2}{b^2} = 1$ 表示母线平行于 z 轴的双曲柱面,如图 6.6.10 所示.

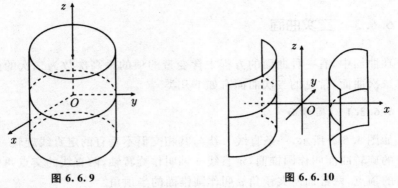

图 6.6.9　　　　　　　　　图 6.6.10

方程 $y^2 = 2rx$ 表示母线平行于 z 轴的抛物柱面,如图 6.6.11 所示.

方程 $\dfrac{x^2}{a^2} + \dfrac{z^2}{b^2} = 1$ 表示母线平行于 y 轴的椭圆柱面,如图 6.6.12 所示.

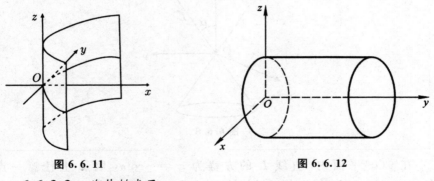

图 6.6.11　　　　　　　　　图 6.6.12

6.6.3.3　旋转椭球面

如图 6.6.13 所示,将 xOy 平面内的椭圆 $\dfrac{x^2}{a^2} + \dfrac{y^2}{b^2} = 1$ 绕 y 轴旋转一周得到的旋转曲面方程为

$$\frac{x^2}{a^2} + \frac{z^2}{a^2} + \frac{y^2}{b^2} = 1.$$

这种曲面被称为旋转椭球面.

6.6.3.4　旋转双曲面

如图 6.6.14 所示,把 yOz 平面内的双曲线 $\dfrac{y^2}{a^2} - \dfrac{z^2}{c^2} = 1$ 绕 z 轴旋转一周

得到的旋转曲面的方程为 $\dfrac{x^2+y^2}{a^2}-\dfrac{z^2}{c^2}=1$. 这种曲面叫作单叶旋转双曲面.

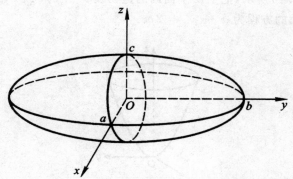

图 6.6.13

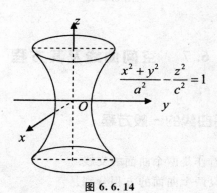

图 6.6.14

类似地,如图 6.6.15 所示,把 yOz 平面内的双曲线 $\dfrac{x^2}{a^2}-\dfrac{y^2}{c^2}=1$ 绕 y 轴旋转一周得到的旋转曲面的方程为 $\dfrac{x^2}{a^2}-\dfrac{y^2+z^2}{c^2}=1$. 这种曲面叫作双叶旋转双曲面.

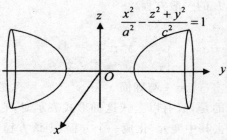

图 6.6.15

6.6.3.5　旋转抛物面

如图 6.6.16 所示,把 yOz 平面内的抛物线 $y^2 = 2pz$ 绕 z 轴旋转一周得到的旋转曲面的方程为 $x^2 + y^2 = 2pz$.

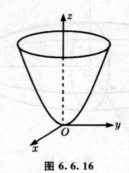

图 6.6.16

6.7　空间曲线及其方程

6.7.1　空间曲线的一般方程

空间曲线可以看作是两个曲面的交线.

定义 6.7.1　设两个曲面的方程分别是

$$F_1(x,y,z) = 0,$$
$$F_2(x,y,z) = 0,$$

它们的交线是 L,则曲线 L 的方程是

$$\begin{cases} F_1(x,y,z) = 0, \\ F_2(x,y,z) = 0. \end{cases}$$

上式即为空间曲线 L 的一般方程.

例如,方程

$$\begin{cases} x^2 + y^2 + z^2 = 4, \\ x^2 + y^2 = 1. \end{cases}$$

表示的是圆柱面 $x^2 + y^2 = 1$ 与球面 $x^2 + y^2 + z^2 = 4$ 的交线.

这里需要注意的是,只有以上式这种形式表示时,它才表示一条曲线. 如果把两个方程消去其中变元,化成一个方程,则该方程表示的并不是空间曲线,而是那条曲线所在的某个柱面. 上式所表示的曲线显然还可以作为另外两个曲面的交线,因为通过该曲线的曲面有无穷多个,它可以看成是其中任何两个曲面的交线.

6.7.2　空间曲线的参数方程

定义 6.7.2　如果曲线 L 上点的坐标是某个参数 t 的函数,由它们给出的方程组

$$\begin{cases} x = \varphi_1(t), \\ y = \varphi_2(t), t \in I \\ z = \varphi_3(t). \end{cases} \tag{6.7.1}$$

称为曲线 L 的参数方程.其中 I 是区间,对于 $t \in I$ 的每一个值,由(6.7.1)式确定的点在 L 上,而 L 上任一点的坐标都可由 $t \in I$ 的每一个值通过(6.7.1)式表示.

6.7.3　空间曲线在坐标面上的投影

空间曲线 L 的一般方程为

$$\begin{cases} F_1(x,y,z) = 0 \\ F_2(x,y,z) = 0 \end{cases}$$

在该方程中消去变量 z 后可得

$$F(x,y) = 0. \tag{6.7.2}$$

因为式(6.7.2)是由空间曲线 L 的一般方程消去变量 z 后得到的,所以满足式(6.7.2)的 x, y, z 也满足空间曲线的一般方程,这说明曲线 L 上的所有点都在式(6.7.2)所表示的曲面上.式(6.7.2)表示的是母线平行于 z 轴的柱面,根据上面的讨论可知,曲线 L 在该柱面上,我们称该柱面为曲线 L 关于 xOy 面的投影柱面.投影柱面和 xOy 面的交线称为曲线 L 在 xOy 面的投影,其方程为

$$\begin{cases} F(x,y) = 0 \\ z = 0 \end{cases}$$

同理可得,曲线 L 在 yOz 面上的投影曲线方程是

$$\begin{cases} F(y,z) = 0 \\ x = 0 \end{cases}$$

曲线 L 在 xOz 面上的投影曲线方程是

$$\begin{cases} F(x,z) = 0 \\ y = 0 \end{cases}$$

例 6.7.1 指出方程

$$C: \begin{cases} x^2 + y^2 + z^2 = 25 \\ z = 3 \end{cases}$$

所表示的曲线,求其在 xOy 面上的投影曲线的方程.

解:方程 $x^2 + y^2 + z^2 = 25$ 表示以原点 $O(0,0,0)$ 为球心,以 5 为半径的球面,该球面被平行于 xOy 面的平面 $z = 3$ 截割得截痕,即交线为落在平面 $z = 3$ 上,以点 $(0,0,3)$ 为圆心,以 4 为半径的圆曲线.

由方程

$$\begin{cases} x^2 + y^2 + z^2 = 25 \\ z = 3 \end{cases}$$

消去 z 得

$$x^2 + y^2 = 16,$$

所以在 xOy 面上的投影曲线方程是

$$\begin{cases} x^2 + y^2 = 16 \\ z = 0 \end{cases}.$$

例 6.7.2 求两球面

$$x^2 + y^2 + z^2 = 1$$

和

$$x^2 + (y-1)^2 + (z-1)^2 = 1$$

的交线在 xOy 面上的投影曲线方程.

解:联立两个方程,消去 x 并化简可得

$$y + z = 1,$$

再把 $z = 1 - y$ 代入第一个方程可得投影柱面方程为

$$x^2 + 2y^2 - 2y = 0,$$

所以在 xOy 面上的投影曲线方程是

$$\begin{cases} x^2 + 2y^2 - 2y = 0 \\ z = 0 \end{cases}.$$

第7章 多元函数微分法及其应用

7.1 多元函数的基本概念

7.1.1 准备知识

在介绍多元函数之前,先讲一些关于空间和点集的准备知识.

7.1.1.1 n 维空间

设 n 是一个正整数,由所有 n 元有序实数组 $(x_1, x_2, \cdots, x_n)$ 所构成集合称为 n 维空间,记为 $\mathbf{R}^n$,即

$$\mathbf{R}^n = \{(x_1, x_2, \cdots, x_n) \mid x_1, x_2, \cdots, x_n \in \mathbf{R}\}.$$

$\mathbf{R}^n$ 中的元素 $(x_1, x_2, \cdots, x_n)$ 称为 $\mathbf{R}^n$ 中的一个点,一般用 P 表示,可以写成 $P(x_1, x_2, \cdots, x_n) \in \mathbf{R}^n$,$x_i (i = 1, 2, \cdots, n)$ 称为点 P 的第 i 个坐标. 点 $O(0, 0, \cdots, 0)$ 称为 $\mathbf{R}^n$ 的坐标原点.

$\mathbf{R}^n$ 中任意两点 $P(x_1, x_2, \cdots, x_n)$ 和 $Q(y_1, y_2, \cdots, y_n)$ 之间的距离 $|PQ|$ 规定为

$$|PQ| = \sqrt{(y_1 - x_1)^2 + (y_2 - x_2)^2 + \cdots + (y_n - x_n)^2},$$

$|PQ|$ 也可记为 $\rho(P, Q)$.

7.1.1.2 邻域和区域

与实直线上点的邻域相仿,我们引进 $\mathbf{R}^n$ 中的邻域.

定义 7.1.1 设点 $P_0 = (x_0, y_0) \in \mathbf{R}^2$,以 P_0 为中心、$r > 0$ 为半径的圆的内部(不包括圆周)称为点 P_0 的 r 邻域,记为 $O(P_0, r)$,即

$$O(P_0, r) = \{P \in \mathbf{R}^2 \mid P - P_0 < r\}$$
$$= \{(x, y) \in \mathbf{R}^2 \mid (x - x_0)^2 + (y - y_0)^2 < r^2\}.$$

实际上就是一个不包含边界圆周的开圆盘. $\mathbf{R}^3$ 中的集合

$$O(P_0,r) = \{P \in \mathbf{R}^3 \mid P - P_0 < r\}$$
$$= \{(x,y,z) \in \mathbf{R}^3 \mid (x-x_0)^2 + (y-y_0)^2 + (z-z_0)^2 < r^2\},$$

就是点 $P_0 = (x_0,y_0,z_0)$ 的邻域.

以上引进的邻域都是圆形的,我们还可以定义方形的邻域,即

$$O'(P_0,r) = \{(x,y) \in \mathbf{R}^2 \mid |x-x_0| < r, |y-y_0| < r\},$$

它是一个以 $P_0(x_0,y_0)$ 点为中心,以 $2r$ 为边长的开正方形,即不包含周界,如图 7.1.1 所示.

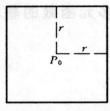

图 7.1.1

定义 7.1.2 设 $E \subset \mathbf{R}^2$,如果 E 中的每一点都是 E 的内点,则称 E 是 $\mathbf{R}^2$ 中的一个开集.

n 维上半空间 $\mathbf{R}_+^n = \{(x_1,x_2,\cdots,x_n) \in \mathbf{R}^n : x_n > 0\}$ 以及 $\mathbf{R}^n$ 本身都是 $\mathbf{R}^n$ 中的开集,我们还约定空集 $\varnothing$ 也是开集.

关于开集,需要注意:任意个开集的并仍为开集;有限个开集的交仍为开集.

定义 7.1.3 开集的补集称为闭集.

从闭集的定义来看,一个集合 E 是 $\mathbf{R}^n$ 中闭集,当且仅当其补集 $E^c = \mathbf{R}^n - E$ 是开集.闭球是闭集,空集 $\varnothing$ 以及空间 $\mathbf{R}^n$ 本身也都是闭集,$\mathbf{R}^n(n > 1)$ 中一条直线是闭集.

关于闭集,需要注意:任意个闭集的交仍为闭集;有限个闭集的并仍为闭集.

定义 7.1.4 如果对于 E 中任意两点 P,Q 都可以用包含在 E 中的折线连接 P 和 Q,则称平面上的点集 E 称为连通集.

下面利用邻域来描述点和点集之间的关系.

定义 7.1.5 设 $x = (x_1,x_2) \in E$,如果存在 x 的一个邻域 $O(x,\delta) \subset E$,则称 x 是集合 E 的一个内点,如图 7.1.2 所示.

也就是说,E 的内点 x 是这样的点,它本身属于集合 E,并且它近旁的一切点也属于 E.

定义 7.1.6 E 中全体内点组成的集合称为 E 的内部,记为 E° 或 $\mathrm{Int}(E)$.

显然,任何点集的内部都是开集.

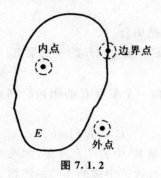

图 7.1.2

定义 7.1.7　如果 P 的任何邻域 $B(P,\varepsilon)$ 既包含 E 中的点又包含 E^c 中的点,则称 P 为 E 的边界点,如图 7.1.2 所示.

E 的所有边界点构成 E 的边界,记为 ∂E,容易看出,$\partial E = \overline{E} - E^0$,所以任何点集的边界都是闭集.

定义 7.1.8　设点 $y \subset \mathbf{R}^2$,但 $y \notin E$,如果存在 y 的一个邻域 $O(y,\delta)$,使得 $O(y,\delta) \bigcap E = \varnothing$,则称 y 是集合 E 的一个外点,如图 7.1.2 所示.也就是说,E 的外点 y 是这样的点,它本身不属于 E,并且它近旁的一切点也不属于 E.

定义 7.1.9　设 $E \subset \mathbf{R}^n$,$P \in \mathbf{R}^n$,如果 P 的任何 ε 邻域都含有 E 中无穷个点或 P 的任何去心邻域 $B(P,\varepsilon) - \{P\}$ 都含有至少一个 E 中的点,那么就称 P 为 E 的一个聚点.

E 的所有聚点构成的集合称为 E 的导集,记为 E'.

如果 $x \in E$,而 x 不是 E 的聚点,则称 x 是 E 的孤立点.也就是说,E 的孤立点 x 本身属于 E,并且至少存在 x 的一个邻域 $O(x,\delta)$ 使得在这个邻域内除 x 外,再也找不到集合 E 的点.

例如,集合 $E = \{(x,y) \mid x^2 + y^2 < 1\} \bigcup \{(2,2)\}$,则 E 的聚点是集合 $\{(x,y) \mid x^2 + y^2 \leqslant 1\}$ 中的所有点,而点 $(2,2)$ 是 E 的孤立点,如图 7.1.3 所示.

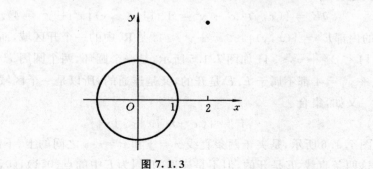

图 7.1.3

定理 7.1.1 非空点集 E 是闭集的充要条件是 E 的一切聚点（如果有的话）都属于 E.

定义 7.1.10 我们把集合

$$\overline{E} = E \bigcup \{E \text{ 的一切聚点}\}$$

称为集合 E 的闭包.

根据定理 7.1.1，任何一个集合 E 的闭包 $\overline{E}$ 都是闭集，不难验证闭包 $\overline{E}$ 又可以写为

$$\overline{E} = E \bigcup \partial E.$$

定义 7.1.11 设 D 是 $\mathbf{R}^2$ 中的一个开集，如果 $\forall x, y \in D$，都可用 D 内的一条折线，即由有限条直线段组成的连续曲线将 x 和 y 连接起来，则称 D 为一个连通的开集，如图 7.1.4 所示，连通的开集称为开区域，开区域 D 的闭包 $\overline{D} = D \bigcup \partial D$ 称为闭区域.闭区域显然是闭集.

图 7.1.4

例如，$\mathbf{R}^2$ 中的点集

$$E = \{(x, y) \mid 1 < x^2 + y^2 \leqslant 4\},$$

则 E 的内部是

$$E^0 = \{(x, y) \mid 1 < x^2 + y^2 < 4\},$$

E 的边界是

$$\partial E = \{(x, y) \mid x^2 + y^2 = 1\} \bigcup \{(x, y) \mid x^2 + y^2 = 4\}.$$

E 的内部 $E^0 = \{(x, y) \mid 1 < x^2 + y^2 < 4\}$ 是 $\mathbf{R}^2$ 中的一个开区域，而集合 $\{(x, y) \mid 1 \leqslant x^2 + y^2 \leqslant 4\}$ 如图 7.1.5 所示，是一个圆环，两个圆周 $x^2 + y^2 = 1$，$x^2 + y^2 = 4$ 都不属于 E. E 是开的，又是连通的，所以是一个区域.

又如，集合

$$E = \{(x, y) \mid |x| < |y|\},$$

如图 7.1.6 所示，是夹于两条直线 $x = y$ 和 $x = -y$ 之间的上、下部分，不包含这两条直线，E 是开的，但不是连通的，因为 E 中的点 $(0, 1)$，$(0, -1)$ 不能

用含于 E 的折线连接,所以不是一个开区域.

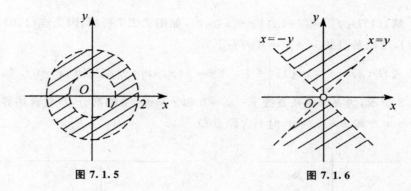

图 7.1.5 　　　　　　　　　　　　　　　　图 7.1.6

7.1.2　多元函数的概念和几何意义

通过前面的学习,已经了解到一元函数仅与一个变量有关,而在实际生活中,对客观世界的各种事物用数学方法去分析时,经常会遇到某一变量的变化不只由一个因素所决定的情况.

例如,圆柱体的体积 V 与它的底面半径 r 和高 h 有关,即有关系式

$$V = \pi r^2 h$$

又如,购买一套商品房的费用 P 不仅与其市场价格 x 和面积 y 有关,而且还与该套住房所在的楼层 z 有关,因此影响 P 的因素有三个. 前者体积 V 与两个变量有关,是一个二元函数;后者 P 与三个变量有关,是一个三元函数. 一般地,当自变量个数大于 1 时,该函数就称为多元函数.

下面先给出二元函数的概念.

定义 7.1.12　设有变量 x, y, z, D 是由二元有序数组 (x, y) 构成的集合,如果按照某一确定的对应法则 f,对于每个 $(x, y) \in D$ 均有唯一的实数 z 与之对应,则称 f 是定义在 D 上的二元函数,它在 (x, y) 处的函数值记为 $f(x, y)$,即

$$z = f(x, y), (x, y) \in D.$$

其中,x, y 称为自变量,z 称为因变量. 点集 D 称为该函数的定义域,函数值的全体称为该函数的值域,记为 $f(D)$.

例 7.1.1　求下列函数的定义域:

(1) $f(x, y) = \ln(x - y)$.

(2) $g(x, y) = \arccos \dfrac{y}{x}$.

$(3)h(x,y) = \arcsin \dfrac{x^2 + y^2}{4} + \dfrac{1}{\sqrt{y - x}}$.

解：$(1)D(f) = \{(x,y) \mid x - y > 0\}$，如图 7.1.7 所示，因为点 $(1,0) \in D(f)$，所以是直线 $x - y = 0$ 的右下方.

$(2)D(g) = \left\{(x,y) \,\middle|\, \left|\dfrac{y}{x}\right| \leqslant 1\right\} = \{(x,y) \mid |y| \leqslant |x|, x \neq 0\}$，如图 7.1.8 所示，为夹于两条直线 $x - y = 0$ 和 $x + y = 0$ 的部分，D 包含边界线 $x - y = 0$ 和 $x + y = 0$，但不含原点 O.

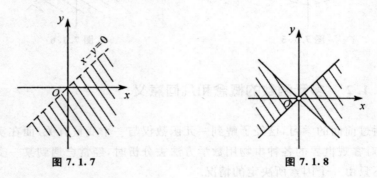

图 7.1.7　　　　　　　　　　　　　图 7.1.8

$(3)D(h) = \{(x,y) \mid x^2 + y^2 \leqslant 4, y > x\}$，如图 7.1.9 所示，为圆周 $x^2 + y^2 = 4$ 的内部和直线 $x - y = 0$ 的左上方的部分，包含半个圆周，但不包含 $x - y = 0$ 的直径.

设 $z = f(x,y)$ 是定义在区域 D 上的一个二元函数，点集
$$S = \{(x,y,z) \mid z = f(x,y), (x,y) \in D\}$$
称为二元函数 $z = f(x,y)$ 的图形. 显然，属于 S 的点 $Q(x_0, y_0, z_0)$ 满足三元方程
$$F(x,y,z) = z - f(x,y) = 0,$$
因此二元函数 $z = f(x,y)$ 的图形就是空间中区域 D 上的一张曲面，如图 7.1.10 所示，定义域 D 就是该曲面在 xOy 的投影.

例如，函数 $z = \sqrt{x^2 + y^2}$ 表示以原点 O 为顶点，以 z 轴为对称轴的圆锥面的上半部分；函数 $z = -\sqrt{x^2 + y^2}$ 表示下半个圆锥面，所以整个圆锥面的方程是
$$x^2 + y^2 - z^2 = 0.$$

$z = \sqrt{1 - x^2 - y^2}$ 在空间直角坐标系下表示以 O 为圆心，以 1 为半径的上半球面，而其定义域就是该上半球面在 xOy 面上的投影 $x^2 + y^2 \leqslant 1$.

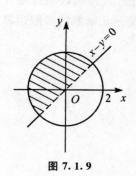

图 7.1.9

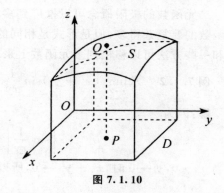

图 7.1.10

7.1.3 多元函数的极限

先讨论二元函数 $z = f(x,y)$ 的极限,与一元函数极限的概念类似,二元函数的极限是反映函数值随自变量变化而变化的趋势. 对比一元函数极限的概念可以定义二元函数的极限.

定义 7.1.13 设函数 $z = f(x,y)$ 在点 $P_0(x_0,y_0)$ 的某邻域内有定义(点 P_0 可除外),A 是一个常数,若点 $P(x,y)$ 以任何方式趋近于 $P_0(x_0,y_0)$ 时,$f(x,y)$ 总趋向于 A,则称 A 是二元函数 $f(x,y)$ 当 (x,y) 趋近于 (x_0,y_0) 时的极限,记为

$$\lim_{\substack{x \to x_0 \\ y \to y_0}} f(x,y) = A,$$

或

$$\lim_{(x,y) \to (x_0,y_0)} f(x,y) = A.$$

值得注意的是,极限 $\lim\limits_{(x,y) \to (0,0)} f(x,y) = A$ 是否成立,取决于当 $(x,y) \to (x_0,y_0)$ 时,$f(x,y) - A$ 是否为无穷小,而与函数 $f(x,y)$ 在点 (x_0,y_0) 是否有定义无关,因此在讨论极限时,只要求 $P_0(x_0,y_0)$ 是 $f(x,y)$ 的定义域的聚点即可.

在一元函数中,$x \to x_0$ 是在直线上进行的,只有两个方向. 而在二元函数中,$(x,y) \to (x_0,y_0)$ 具有无穷多个方向,其采用的路径也是任意的,即可以在直线上进行,也可以在曲线上进行. 二元函数 $f(x,y)$ 的极限是 A,意味着无论 (x,y) 以何种方式趋于 (x_0,y_0),函数都无限趋近于常数 A. 如果当 (x,y) 沿某一路径趋于 (x_0,y_0) 时,$f(x,y)$ 无极限,或 (x,y) 以不同方式趋于 (x_0,y_0) 时,$f(x,y)$ 趋于不同的值,那么就可以断定这函数的极限不存在.

二元函数的极限概念可以推广到多元函数. 虽然二元函数的极限比一元函数的要复杂得多, 但是形式是相同的, 所以有关一元函数的极限运算法则和一些方法可以移植到多元函数上来.

例 7.1.2 求 $\lim\limits_{\substack{x\to 0\\y\to 0}} f(x^2+y^2)\sin\dfrac{1}{xy}$.

解: 因为

$$\left|\sin\frac{1}{xy}\right|\leqslant 1,$$

而当 $x\to 0, y\to 0$ 时, $x^2+y^2\to 0$, 所以

$$\lim\limits_{\substack{x\to 0\\y\to 0}} f(x^2+y^2)\sin\frac{1}{xy}=0.$$

例 7.1.3 设 $f(x,y)=\dfrac{xy}{x^2+y}$, 证明: 当点 (x,y) 沿任意直线趋于 $(0,0)$ 时极限都为 0, 但 $f(x,y)$ 在点 $(0,0)$ 处极限不存在.

证明: 当 (x,y) 沿 $y=kx$ (k 为任意实常数) 趋于 $(0,0)$ 点时, 有

$$\lim\limits_{\substack{x\to 0\\y=kx}} f(x,y)=\lim\limits_{x\to 0}\frac{kx^2}{x^2+kx}=\lim\limits_{x\to 0}\frac{kx}{x+k}=0,$$

当 (x,y) 沿 y 轴方向趋于 $(0,0)$ 点时, 有

$$\lim\limits_{\substack{x=0\\y\to 0}} f(x,y)=0.$$

由此可知, 点 (x,y) 沿任意直线趋于 $(0,0)$ 时极限都为 0. 但当沿曲线 $y=-x^2+x^3$ 趋于 $(0,0)$ 点时, 有

$$\lim\limits_{\substack{x\to 0\\y=-x^2+x^3}} f(x,y)=-1\neq 0.$$

所以 $f(x,y)$ 在点 $(0,0)$ 处极限不存在.

7.1.4　多元函数的连续性

有了二元函数的极限概念之后, 仿照一元函数连续性的定义, 可以定义二元函数的连续性.

定义 7.1.14 设二元函数 $z=f(x,y)$ 在点 (x_0,y_0) 的某一邻域内有定义, 如果

$$\lim\limits_{\substack{x\to x_0\\y\to y_0}} f(x,y)=f(x_0,y_0),$$

则称函数 $z=f(x,y)$ 在点 (x_0,y_0) 处连续, 否则称函数 $z=f(x,y)$ 在点 (x_0,y_0) 处间断.

二元函数的连续性也可以等价地定义为:

设二元函数 $z = f(x,y)$ 在点 (x_0,y_0) 的某一邻域内有定义,如果

$$\lim_{\substack{\Delta x \to 0 \\ \Delta y \to 0}} \Delta z = \lim_{\substack{\Delta x \to 0 \\ \Delta y \to 0}} [f(x_0 + \Delta x, y_0 + \Delta y) - f(x_0, y_0)] = 0,$$

则称函数 $z = f(x,y)$ 在点 (x_0,y_0) 处连续.

如果 $f(x,y)$ 在区域 D 内每一点都连续,则称函数 $f(x,y)$ 在区域 D 内连续,也称 $f(x,y)$ 为区域 D 内的连续函数.如果 $f(x,y)$ 在区域 D 内连续,则 $f(x,y)$ 在区域 D 内的图形就是一张连续曲面.

与一元函数类似,二元函数有以下重要性质:

性质 7.1.1　二元连续函数的和、差、积、商(分母不为零)仍是连续函数.

性质 7.1.2　二元连续函数的复合函数也是连续函数.

性质 7.1.3　二元初等函数(指用一个表达式定义的函数,该表达式由常量及具有不同自变量的一元基本初等函数经过有限次的四则运算和复合而成)在其定义区域内是连续的.

性质 7.1.4　在有界闭区域 D 上的二元连续函数,在 D 上一定可取得最大值与最小值.

性质 7.1.5　在有界闭区域 D 上的二元连续函数必取得介于最小值与最大值之间的任何值.

以上关于二元函数连续性的讨论可类似推广到多元函数.

例 7.1.4　求 $\displaystyle\lim_{\substack{x \to 0 \\ y \to 0}} \frac{2 - \sqrt{xy + 4}}{xy}$.

解:

$$\begin{aligned}
\lim_{\substack{x \to 0 \\ y \to 0}} \frac{2 - \sqrt{xy + 4}}{xy} &= \lim_{\substack{x \to 0 \\ y \to 0}} \frac{(2 - \sqrt{xy + 4})(2 + \sqrt{xy + 4})}{xy(2 + \sqrt{xy + 4})} \\
&= \lim_{\substack{x \to 0 \\ y \to 0}} \frac{-xy}{xy(2 + \sqrt{xy + 4})} \\
&= \lim_{\substack{x \to 0 \\ y \to 0}} \frac{-1}{2 + \sqrt{xy + 4}} \\
&= -\frac{1}{4}.
\end{aligned}$$

例 7.1.5　讨论 $f(x,y) = \begin{cases} (x^2 + y^2)\sin\dfrac{1}{x^2 + y^2}, & x^2 + y^2 \neq 0 \\ 0, & x^2 + y^2 = 0 \end{cases}$ 的连续性.

解:当 $(x,y) \neq (0,0)$ 时,有

$$f(x,y) = (x^2 + y^2)\sin\frac{1}{x^2 + y^2},$$

它是一个初等函数,一定是连续的.

当 $(x,y) = (0,0)$ 时,$f(0,0) = 0$. 而

$$0 \leqslant \left| (x^2 + y^2)\sin\frac{1}{x^2 + y^2} \right| \leqslant x^2 + y^2,$$

又由于

$$\lim_{\substack{x \to 0 \\ y \to 0}}(x^2 + y^2) = 0,$$

则

$$\lim_{\substack{x \to 0 \\ y \to 0}}f(x,y) = \lim_{\substack{x \to 0 \\ y \to 0}}(x^2 + y^2)\sin\frac{1}{x^2 + y^2} = 0,$$

所以

$$\lim_{\substack{x \to 0 \\ y \to 0}}f(x,y) = f(0,0).$$

于是此函数在 $(0,0)$ 处连续. 综上可知,此函数在全平面上连续.

7.2　偏导数及其几何意义

对于多元(主要是二元)函数,由于自变量多于一个,因变量与自变量的关系比一元函数要复杂得多,在考虑多元函数的因变量对自变量的变化率时,最简单也是最基本的方法是分别讨论因变量对每一个自变量的变化率,即在讨论对某一个自变量的变化率时,把其余自变量都作为常数看待,因此称其为偏导数.

定义 7.2.1　设函数 $z = f(x,y)$ 在点 $P_0(x_0,y_0)$ 的某一邻域内有定义,将 y 固定为 y_0,给 x_0 以改变量 Δx,于是函数有相应改变量

$$\Delta_x z = f(x_0 + \Delta x, y_0) - f(x_0,y_0),$$

$\Delta_x z$ 称为函数 $z = f(x,y)$ 对 x 的偏增量(或偏改变量). 若极限

$$\lim_{\Delta x \to 0}\frac{\Delta_x z}{\Delta x} = \lim_{\Delta x \to 0}\frac{f(x_0 + \Delta x, y_0) - f(x_0,y_0)}{\Delta x}$$

存在,则称此极限值为函数 $z = f(x,y)$ 在点 $P_0(x_0,y_0)$ 处对 x 的偏导数,记作 $f_x(x_0,y_0)$ 或 $\dfrac{\partial f(x_0,y_0)}{\partial x}$ 或 $z_x\big|_{(x_0,y_0)}$ 或 $\dfrac{\partial z}{\partial x}\Big|_{(x_0,y_0)}$. 完全类似地,我们可以定义函数 $z = f(x,y)$ 在点 $P_0(x_0,y_0)$ 处关于 y 的偏导数,并把它记作 $f_y(x_0,y_0)$ 或 $\dfrac{\partial f(x_0,y_0)}{\partial y}$ 或 $z_y\big|_{(x_0,y_0)}$ 或 $\dfrac{\partial z}{\partial y}\Big|_{(x_0,y_0)}$.

由定义可以看到，$f_x(x_0,y_0)$ 实际上就是 x 的一元函数 $f(x,y_0)$ 在 x_0 点的导数，$f_y(x_0,y_0)$ 就是 y 的一元函数 $f(x_0,y)$ 在 y_0 点的导数.

如果函数 $z=f(x,y)$ 在区域 D 中的每一点 (x,y) 对 x 的偏导数 $f_x(x,y)$ 都存在，则 $f_x(x,y)$ 就是 x,y 的函数，称为函数 $z=f(x,y)$ 对 x 的偏导函数，同样可以定义 $z=f(x,y)$ 对 y 的偏导函数. 它们可以分别记为 z_x，$f_x,\dfrac{\partial f}{\partial x},\dfrac{\partial z}{\partial x}$ 和 $z_y,f_y,\dfrac{\partial f}{\partial y},\dfrac{\partial z}{\partial y}$. 偏导函数常简称为偏导数.

由上面定义可知，$z=f(x,y)$ 对 x（或 y）的偏导数 $f_x(x,y)$（$f_y(x,y)$）就是把 $z=f(x,y)$ 中的 y（或 x）看成常数对 x（或 y）求导，从而偏导数的计算就是一元函数的导数计算，求导公式、四则运算等，都与一元函数一样，故不需特别讲解.

二元函数的偏导数概念可以推广到一般的多元函数.

下面，我们来简单分析偏导数的几何意义.

设二元函数 $z=f(x,y)$ 在点 (x_0,y_0) 处有偏导数，点 $P_0(x_0,y_0,f(x_0,y_0))$ 为曲面 $z=f(x,y)$ 上一点，过点 P_0 作平面 $y=y_0$，此平面与曲面相交得一曲线，曲线的方程为

$$\begin{cases} z=f(x,y) \\ y=y_0 \end{cases},$$

如图 7.2.1 所示.

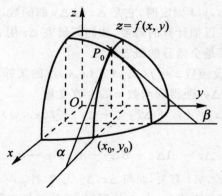

图 7.2.1

由于偏导数 $f_x(x_0,y_0)$ 等于一元函数 $f(x,y_0)$ 的导数，即 $f'(x,y_0)$，因此一元函数导数的几何意义可知，偏导数 $f_x(x_0,y_0)$ 为曲线 $\begin{cases} z=f(x,y) \\ y=y_0 \end{cases}$ 在点 P_0 处对 x 轴的切线斜率，即

$$f_x(x_0,y_0)=\tan\alpha.$$

类似地,偏导数 $f_y(x_0,y_0)$ 为曲线 $\begin{cases} z = f(x,y) \\ x = x_0 \end{cases}$ 在点 P_0 处对 y 轴的切线斜率,即

$$f_y(x_0,y_0) = \tan\beta.$$

7.3 全微分及其应用

我们知道,一元函数 $y = f(x)$ 在点 x_0 处的微分 $\mathrm{d}y = A\Delta x$ 具有如下两个特性:

(1) 它是 Δx 的线性函数.

(2) 当 $\Delta x \to 0$ 时,它与函数改变量 Δy 之差是比 Δx 更高阶的无穷小,即
$$\Delta y = A\Delta x + o(\Delta x) = \mathrm{d}y + o(\Delta x), \Delta x \to 0.$$
在几何上,微分 $\mathrm{d}y$ 表示曲线 $y = f(x)$ 在点 (x_0,y_0) 处切线纵坐标的改变量. 当 $\Delta x \to 0$ 时,Δy 可以近似地等于 $\mathrm{d}y$,即
$$\Delta y \approx \mathrm{d}y = f'(x)\mathrm{d}x.$$

对于二元函数 $z = f(x,y)$ 也有类似的问题需要研究,即当自变量 x 与 y 分别有改变量 Δx 与 Δy 时,函数有相应改变量(称为全增量)
$$\Delta z = f(x_0 + \Delta x, y_0 + \Delta y) - f(x_0, y_0).$$
这一改变量在点 (x_0,y_0) 固定时,它是 Δx 与 Δy 的函数,一般说来这个函数是比较复杂的. 为了近似计算的需要,我们需研究 Δz 用 Δx 与 Δy 来线性近似表示的问题,这就是全微分的概念.

定义 7.3.1 设函数 $z = f(x,y)$ 在 (x_0,y_0) 的某邻域内有定义,给 x_0, y_0 以改变量 Δx 与 Δy,便得到函数 z 的全改变量
$$\Delta z = (x_0 + \Delta x, y_0 + \Delta y) - f(x_0, y_0),$$
若 Δz 可以表示为
$$\Delta z = A\Delta x + B\Delta y + o(\rho), \rho \to 0, \qquad (7.3.1)$$
其中,A,B 仅与点 (x_0,y_0) 有关,而与 $\Delta x, \Delta y$ 无关,且 $\rho = \sqrt{(\Delta x)^2 + (\Delta y)^2}$,则称函数 $z = f(x,y)$ 在点 (x_0,y_0) 处可微,并称线性主部 $A\Delta x + B\Delta y$ 为函数 $z = f(x,y)$ 在点 (x_0,y_0) 处的全微分,记作
$$\mathrm{d}z = A\Delta x + B\Delta y.$$

若函数在区域 D 内各点处都可微,则称函数在 D 内可微.

现在的问题是,函数 $z = f(x,y)$ 在什么条件下在点 (x_0,y_0) 处可微,式 (7.3.1) 中 $\Delta x, \Delta y$ 的系数 A,B 是什么?在一元函数时,可导与可微为充分必要条件,那么在二元函数可微与偏导数存在又有什么关系呢?我们有如下

重要定理.

定理 7.3.1（可微的必要条件）　如果函数 $z = f(x,y)$ 在点 (x,y) 处可微，则有

（1）$f(x,y)$ 在点 (x,y) 处连续.

（2）$f(x,y)$ 在点 (x,y) 处可偏导，且有 $A = \dfrac{\partial z}{\partial x}, B = \dfrac{\partial z}{\partial y}$，即 $z = f(x,y)$ 在 (x,y) 处的全微分为

$$\mathrm{d}z = \frac{\partial z}{\partial x}\Delta x + \frac{\partial z}{\partial y}\Delta y.$$

证明：（1）由于 $z = f(x,y)$ 在点 (x,y) 处可微，则有

$$\Delta z = A\Delta x + B\Delta y + o(\rho),$$

因此

$$\lim_{\rho \to 0}\Delta z = 0,$$

于是

$$\lim_{(\Delta x,\Delta y) \to (0,0)} f(x+\Delta x, y+\Delta y) = \lim_{(\Delta x,\Delta y) \to (0,0)} [f(x,y) + \Delta z] = f(x,y).$$

从而 $f(x,y)$ 在点 (x,y) 处连续.

（2）由于 $z = f(x,y)$ 在点 (x,y) 处可微，于是在点 (x,y) 的某一邻域内有

$$f(x+\Delta x, y+\Delta y) - f(x,y) = A\Delta x + B\Delta y + o(\rho),$$

特别地，当 $\Delta y = 0$ 时，上式变为

$$f(x+\Delta x, y) - f(x,y) = A\Delta x + o(|\Delta x|),$$

上式两端各除以 Δx，再令 $\Delta x \to 0$，则有

$$\lim_{\Delta x \to 0} \frac{f(x+\Delta x, y) - f(x,y)}{\Delta x} = A,$$

于是偏导数 $\dfrac{\partial z}{\partial x}$ 存在，且 $\dfrac{\partial z}{\partial x} = A$；同理可证 $\dfrac{\partial z}{\partial y} = B$，从而有

$$\mathrm{d}z = \frac{\partial z}{\partial x}\Delta x + \frac{\partial z}{\partial y}\Delta y.$$

在一元函数中，函数可导必可微，可微必可导，但对于多元函数来说，情况就不一样了. 因为当函数可偏导时，虽然能形式地写出 $\dfrac{\partial z}{\partial x}\Delta x + \dfrac{\partial z}{\partial y}\Delta y$，但它与 Δz 之差并不一定是比 ρ 高阶的无穷小，因此它不一定是函数的全微分.

定理 7.3.2（可微的充分条件）　如果函数 $z = f(x,y)$ 的偏导数 $f_x(x,y), f_y(x,y)$ 在点 (x,y) 处连续，则函数 $f(x,y)$ 在该点处必可微.

证明：由于

$$\Delta z = f(x+\Delta x, y+\Delta y) - f(x,y)$$

$$= [f(x+\Delta x,y+\Delta y)-f(x+\Delta x,y)]+[f(x+\Delta x,y)-f(x,y)],$$

由于前一个表达式中 $x+\Delta x$ 不变,因而可以看作是 x 的一元函数 $f(x,y+\Delta y)$ 的增量,于是应用拉格朗日中值定理有

$$f(x+\Delta x,y+\Delta y)-f(x+\Delta x,y)=f_y(x+\Delta x,y+\theta_1\Delta y)\cdot\Delta y, 0<\theta_1<1,$$

同理可得

$$f(x+\Delta x,y)-f(x,y)=f_x(x+\theta_2\Delta x,y)\cdot\Delta x, 0<\theta_2<1,$$

又由于 $f_x(x,y)$ 与 $f_y(x,y)$ 在 (x,y) 处连续,因此由极限存在与无穷小的关系有

$$f(x+\Delta x,y+\Delta y)-f(x+\Delta x,y)=f_y(x,y)\Delta y+\alpha\Delta y,$$
$$f(x+\Delta x,y)-f(x,y)=f_x(x,y)\Delta x+\beta\Delta x,$$

其中 α,β 为 $\Delta x\to 0, \Delta y\to 0$ 时的无穷小,α 为 Δy 的函数,β 为 Δx 的函数.

由此便可求得全增量为

$$\Delta z=f_x(x,y)\Delta x+f_y(x,y)\Delta y+\beta\Delta x+\alpha\Delta y,$$

且 $\Delta x\to 0, \Delta y\to 0$ 时,

$$\left|\frac{\beta\Delta x+\alpha\Delta y}{\sqrt{(\Delta x)^2+(\Delta y)^2}}\right|\leqslant|\beta|+|\alpha|\to 0.$$

由定义可知,这就证明了 $z=f(x,y)$ 在点 (x,y) 处可微.

综上讨论可知,二元函数的可微性、偏导数存在性和连续性之间的关系如下:

$$\text{函数偏导数存在且连续} \Rightarrow \text{函数可微} \begin{cases} \Rightarrow \text{函数连续} \\ \Rightarrow \text{偏导数存在} \end{cases},$$

但上述关系一般情况下是不可逆的,即偏导数存在且连续只是可微的充分条件而不是必要条件,函数可微只是函数连续或偏导数存在的充分条件而不是必要条件.

由全微分的相关理论可知,当函数 $z=f(x,y)$ 的偏导数 $f_x(x,y)$,$f_y(x,y)$ 连续,且 $|\Delta x|,|\Delta y|$ 很小时,有近似等式

$$\Delta z\approx \mathrm{d}z=f_x(x,y)\Delta x+f_y(x,y)\Delta y,$$

从而

$$f(x+\Delta x,y+\Delta y)\approx f(x,y)+f_x(x,y)\Delta x+f_y(x,y)\Delta y.$$

$$(7.3.2)$$

这样,我们可利用(7.3.2)式对二元函数作近似计算和误差估计.

例 7.3.1 一个圆柱形的封闭铁罐,内半径为 5 cm,内高为 12 cm,壁厚为 0.2 cm.估计做这个铁罐所需材料的体积大约为多少?

解:圆柱体的体积为

$$V=\pi r^2 h.$$

令 $r=5\text{ cm},h=12\text{ cm},\Delta r=0.2\text{ cm},\Delta h=0.4\text{ cm}$,则这个铁罐所需材料体积为

$$\Delta V=\pi(r+\Delta r)^2(h+\Delta h)-\pi r^2h,$$

由于 $\Delta r=0.2\text{ cm},\Delta h=0.4\text{ cm}$ 都比较小,因此 ΔV 可用 $\mathrm{d}V$ 近似代替得

$$\Delta V\approx\mathrm{d}V=\frac{\partial V}{\partial r}\Delta r+\frac{\partial V}{\partial h}\Delta h=2\pi rh\Delta r+\pi r^2\Delta h,$$

将 $r=5\text{ cm},h=12\text{ cm},\Delta r=0.2\text{ cm},\Delta h=0.4\text{ cm}$ 代入上式得

$$\Delta V\Big|_{\substack{r=5,h=12,\\ \Delta r=0.2,\Delta h=0.4}}=2\pi\times5\times12\times0.2+\pi\times5^2\times0.4$$
$$=34\pi=106.8\text{ cm}^3$$

因此所需材料的体积约为 106.8 cm^3.

7.4　多元复合函数的导数

7.4.1　多元复合函数的求导法

设函数 $z=f(u,v)$ 是变量 u,v 的函数,而 u,v 又分别是变量 x,y 的函数,$u=u(x,y),v=v(x,y)$,且可复合为 $z=f[u(x,y),v(x,y)]$,则 x 就是 x,y 的复合函数.

求二元复合函数的偏导与一元复合函数求导法类似——链式法则.

定理 7.4.1　设函数 $z=f(u,v)$,而 $u=u(x,y),v=v(x,y)$,若 u,v 的偏导数 $\frac{\partial u}{\partial x},\frac{\partial u}{\partial y},\frac{\partial v}{\partial x},\frac{\partial v}{\partial y}$ 在某点 (x,y) 都存在,且 $z=f(u,v)$ 在相应于点 (x,y) 的点 (u,v) 可微,则复合函数 $z=f[u(x,y),v(x,y)]$ 在点 (x,y) 对 x 及 y 的偏导数存在,且有:

$$\frac{\partial z}{\partial x}=\frac{\partial z}{\partial u}\frac{\partial u}{\partial x}+\frac{\partial z}{\partial v}\frac{\partial v}{\partial x},$$

$$\frac{\partial z}{\partial y}=\frac{\partial z}{\partial u}\frac{\partial u}{\partial y}+\frac{\partial z}{\partial v}\frac{\partial v}{\partial y},$$

其复合关系和求导运算途径如图 7.4.1 所示.

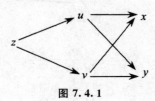

图 7.4.1

下面给出几点说明：

(1) 若 $z = f(u,v)$，而 $u = u(x)$，$v = v(x)$，$z = f[u(x),v(x)]$（图 7.4.2），这时称 z 对 x 的导数为全导数，即有：

$$\frac{\mathrm{d}z}{\mathrm{d}x} = \frac{\partial z}{\partial u}\frac{\mathrm{d}u}{\mathrm{d}x} + \frac{\partial z}{\partial v}\frac{\mathrm{d}v}{\mathrm{d}x}.$$

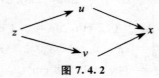

图 7.4.2

(2) 若中间变量个数或自变量个数多于两个，则有类似结果，例如中间变量为三个棱形（图 7.4.3）.

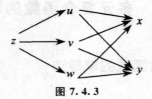

图 7.4.3

设函数 $z = f(u,v,w)$，而 $u = u(x,y)$，$v = v(x,y)$，$w = w(x,y)$，则有：

$$\frac{\partial z}{\partial x} = \frac{\partial z}{\partial u}\frac{\partial u}{\partial x} + \frac{\partial z}{\partial v}\frac{\partial v}{\partial x} + \frac{\partial z}{\partial w}\frac{\partial w}{\partial x},$$

$$\frac{\partial z}{\partial y} = \frac{\partial z}{\partial u}\frac{\partial u}{\partial y} + \frac{\partial z}{\partial v}\frac{\partial v}{\partial y} + \frac{\partial z}{\partial w}\frac{\partial w}{\partial y}.$$

(3) 若 $z = f(u,x,y)$ 具有连续偏导数，而 $u = u(x,y)$ 具有偏导数，则复合函数 $z = f[u(x,y),x,y]$ 可以看作上述情形中当 $v = x$，$w = y$ 的特殊情况（图 7.4.4），因此对自变量 x,y 的偏导数为：

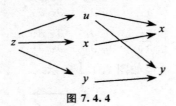

图 7.4.4

$$\frac{\partial z}{\partial x} = \frac{\partial f}{\partial u}\frac{\partial u}{\partial x} + \frac{\partial f}{\partial x},$$

$$\frac{\partial z}{\partial y} = \frac{\partial f}{\partial u}\frac{\partial u}{\partial y} + \frac{\partial f}{\partial y}.$$

这里，$\dfrac{\partial z}{\partial x}$ 与 $\dfrac{\partial f}{\partial x}$ 是不同的，$\dfrac{\partial z}{\partial x}$ 是把复合函数 $z = f[u(x,y),x,y]$ 中的 y 看作不变，而对 x 的偏导数，$\dfrac{\partial f}{\partial x}$ 是把 $f(u,x,y)$ 中的 u 及 y 看作不变，而对 x 的偏导数，$\dfrac{\partial z}{\partial y}$ 与 $\dfrac{\partial f}{\partial y}$ 也有类似的区别.

例 7.4.1　设 $z = \mathrm{e}^u \sin v$，而 $u = xy$，$v = x + y$，求 $\dfrac{\partial z}{\partial x}$，$\dfrac{\partial z}{\partial y}$.

解：

$$\frac{\partial z}{\partial x} = \frac{\partial z}{\partial u}\frac{\partial u}{\partial x} + \frac{\partial z}{\partial v}\frac{\partial v}{\partial x} = (\mathrm{e}^u\sin v)y + (\mathrm{e}^u\cos v)$$
$$= \mathrm{e}^{xy}[y\sin(x+y) + \cos(x+y)],$$
$$\frac{\partial z}{\partial y} = \frac{\partial z}{\partial u}\frac{\partial u}{\partial y} + \frac{\partial z}{\partial v}\frac{\partial v}{\partial y} = (\mathrm{e}^u\sin v)x + (\mathrm{e}^u\cos v)$$
$$= \mathrm{e}^{xy}[x\sin(x+y) + \cos(x+y)].$$

例 7.4.2　设 $z = u^2 v$，$u = \cos t$，$v = \sin t$，求 $\dfrac{\mathrm{d}z}{\mathrm{d}t}$.

解：$\dfrac{\mathrm{d}z}{\mathrm{d}t} = \dfrac{\partial z}{\partial u}\dfrac{\mathrm{d}u}{\mathrm{d}t} + \dfrac{\partial z}{\partial v}\dfrac{\mathrm{d}v}{\mathrm{d}t} = 2uv(-\sin t) + u^2\cos t = \cos^3 t - 2\sin^2 t\cos t$.

例 7.4.3　设 $z = f(x^2 - y^2, xy)$，求 $\dfrac{\partial z}{\partial x}$，$\dfrac{\partial z}{\partial y}$.

解：$u = x^2 - y^2$，$v = xy$，则有

$$\frac{\partial z}{\partial x} = \frac{\partial z}{\partial u}\frac{\partial u}{\partial x} + \frac{\partial z}{\partial v}\frac{\partial v}{\partial x} = f_u 2x + f_v y = 2xf_u + yf_v,$$
$$\frac{\partial z}{\partial y} = \frac{\partial z}{\partial u}\frac{\partial u}{\partial y} + \frac{\partial z}{\partial v}\frac{\partial v}{\partial y} = f_u(-2y) + f_v x = -2yf_u + xf_v.$$

我们也可引入记号，记 $f_1 = f_u$，$f_2 = f_v$.

7.4.2　多元复合函数微分法

复合函数的求导法则在一元函数微分学中地位的重要性是不言而喻，现在，我们将一元函数中的复合函数推广到多元复合函数之中. 多元复合函数可分为三种复合情形，即中间变量均是一元函数、中间变量均是多元函数，中间变量既有一元函数又有多元函数. 为了方便于大家理解，我们先来讨论中间变量均是一元函数的情形，然后再将所得结论推广到其他情形.

中间变量均是一元函数的二元复合函数，有如下定理：

定理 7.4.2　如果函数 $u = \varphi(t)$ 及 $v = \psi(t)$ 都在点 t 处可导，函数 $z = f(u,v)$ 在对应点 (u,v) 处具有连续偏导数，则复合函数 $z = f[\varphi(t),\psi(t)]$

在对应点 t 处可导,且其导数的计算公式为

$$\frac{\mathrm{d}z}{\mathrm{d}t} = \frac{\partial z}{\partial u}\frac{\mathrm{d}u}{\mathrm{d}t} + \frac{\partial z}{\partial v}\frac{\mathrm{d}v}{\mathrm{d}t}.$$

证明:设给 t 以增量 Δt,则函数 u,v 相应得到增量

$$\Delta u = \varphi(t + \Delta t) - u(t),$$
$$\Delta v = \psi(t + \Delta t) - v(t).$$

由于函数 $z = f(u,v)$ 在点 (u,v) 处有连续的偏导数,因此 $f(u,v)$ 在点 (u,v) 处可微,从而

$$\Delta z = \frac{\partial z}{\partial u}\Delta u + \frac{\partial z}{\partial v}\Delta v + \varepsilon_1 \Delta u + \varepsilon_2 \Delta v,$$

其中,当 $\Delta u \to 0, \Delta v \to 0$ 时,$\varepsilon_1 \to 0, \varepsilon_2 \to 0$. 在上式两端同时除以 Δt,得

$$\frac{\Delta z}{\Delta t} = \frac{\partial z}{\partial u}\frac{\Delta u}{\Delta t} + \frac{\partial z}{\partial v}\frac{\Delta v}{\Delta t} + \varepsilon_1 \frac{\Delta u}{\Delta t} + \varepsilon_2 \frac{\Delta v}{\Delta t},$$

所以

$$\frac{\mathrm{d}z}{\mathrm{d}t} = \lim_{\Delta t \to 0} \frac{\Delta z}{\Delta t} = \frac{\partial z}{\partial u}\frac{\mathrm{d}u}{\mathrm{d}t} + \frac{\partial z}{\partial v}\frac{\mathrm{d}v}{\mathrm{d}t}.$$

我们可以将定理 7.4.2 推广到复合函数的中间变量多于两个的情形,例如,设 $z = f(u,v,w), u = \varphi(t), v = \psi(t), w = \omega(t)$ 复合而得复合函数

$$z = f[\varphi(t), \psi(t), \omega(t)],$$

则在与定理 7.4.2 相类似的条件下,这复合函数在点 t 可导,且其导数为

$$\frac{\mathrm{d}z}{\mathrm{d}t} = \frac{\partial z}{\partial u}\frac{\mathrm{d}u}{\mathrm{d}t} + \frac{\partial z}{\partial v}\frac{\mathrm{d}v}{\mathrm{d}t} + \frac{\partial z}{\partial w}\frac{\mathrm{d}w}{\mathrm{d}t}.$$

中间变量均是多元函数的二元复合函数,有如下定理:

定理 7.4.3 如果函数 $u = \varphi(x,y)$ 及 $v = \psi(x,y)$ 都在点 (x,y) 具有对 x 及 y 的偏导数,函数 $z = f(u,v)$ 在对应点 (u,v) 处可微,则复合函数 $z = f[\varphi(x,y), \psi(x,y)]$ 在点 (x,y) 的两个偏导数存在,且

$$\begin{cases} \dfrac{\partial z}{\partial x} = \dfrac{\partial z}{\partial u}\dfrac{\partial u}{\partial x} + \dfrac{\partial z}{\partial v}\dfrac{\partial v}{\partial x} \\ \dfrac{\partial z}{\partial y} = \dfrac{\partial z}{\partial u}\dfrac{\partial u}{\partial y} + \dfrac{\partial z}{\partial v}\dfrac{\partial v}{\partial y} \end{cases}.$$

事实上,这里求 $\dfrac{\partial z}{\partial x}$ 时,将 y 看作常量,因此 $u = \varphi(x,y)$ 及 $v = \psi(x,y)$ 仍可看作一元函数,而应用定理 7.4.2. 但由于复合函数 $z = f[\varphi(x,y), \psi(x,y)]$ 以及 $u = \varphi(x,y)$ 和 $v = \psi(x,y)$ 都是 x,y 的二元函数.

类似地,设 $u = \varphi(x,y)$、$v = \psi(x,y)$ 及 $w = \omega(x,y)$ 都在点 (x,y) 具有对 x 及对 y 的偏导数,函数 $z = f(u,v,w)$ 在对应点 (u,v,w) 具有连续偏导数,则复合函数

$$z = f[\varphi(x,y), \psi(x,y), \omega(x,y)]$$

在点 (x,y) 的两个偏导数都存在,且

$$\begin{cases} \dfrac{\partial z}{\partial x} = \dfrac{\partial z}{\partial u}\dfrac{\partial u}{\partial x} + \dfrac{\partial z}{\partial v}\dfrac{\partial v}{\partial x} + \dfrac{\partial z}{\partial w}\dfrac{\partial w}{\partial x} \\[3mm] \dfrac{\partial z}{\partial y} = \dfrac{\partial z}{\partial u}\dfrac{\partial u}{\partial y} + \dfrac{\partial z}{\partial v}\dfrac{\partial v}{\partial y} + \dfrac{\partial z}{\partial w}\dfrac{\partial w}{\partial y} \end{cases}$$

对于中间变量既有一元函数又有多元函数的多元复合函数,有如下定理:

定理 7.4.4　设函数 $u = \varphi(x,y)$ 在点 (x,y) 的两个偏导数存在,函数 $v = \psi(x)$ 在点 x 可导,而函数 $z = f(u,v)$ 在对应点 (u,v) 可微,则复合函数 $z = f[\varphi(x,y), \psi(x)]$ 在点 (x,y) 的两个偏导数存在,且

$$\begin{cases} \dfrac{\partial z}{\partial x} = \dfrac{\partial z}{\partial u}\dfrac{\partial u}{\partial x} + \dfrac{\partial z}{\partial v}\dfrac{\mathrm{d}v}{\mathrm{d}x} \\[3mm] \dfrac{\partial z}{\partial y} = \dfrac{\partial z}{\partial u}\dfrac{\partial u}{\partial y} \end{cases}$$

在定理 7.4.4 所描述的情形中,有时会遇到复合函数的某些中间变量本身又是复合函数的自变量的情况.例如,设函数 $u = u(x,y)$ 在点 (x,y) 的两个偏导数都存在,函数 $z = f(u,x,y)$ 在点 (u,x,y) 可微,则复合函数 $z = f[u(x,y), x, y]$ 在 (x,y) 的两个偏导数都存在,且

$$\frac{\partial z}{\partial x} = \frac{\partial z}{\partial u}\frac{\partial u}{\partial x} + \frac{\partial f}{\partial x},$$

$$\frac{\partial z}{\partial y} = \frac{\partial z}{\partial u}\frac{\partial u}{\partial y} + \frac{\partial f}{\partial y}.$$

需要注意的是,上述 $\dfrac{\partial z}{\partial x}$ 与 $\dfrac{\partial f}{\partial x}$ 的意义是不同的,$\dfrac{\partial z}{\partial x}$ 是二元复合函数 $z = f[u(x,y), x, y]$ 对 x(将 y 看作常量)的偏导数;$\dfrac{\partial f}{\partial x}$ 是以 u,x,y 为自变量的三元函数 $z = f(u,x,y)$ 对 x(将 u,y 看作常量)的偏导数.同理,$\dfrac{\partial z}{\partial y}$ 与 $\dfrac{\partial f}{\partial y}$ 也有类似的区别.

上述定理给出三个不同形式的链式法则.应该注意的是,在许多情况下,已知的是一个不易直接求出导数或偏导数的一元或多元函数,我们需要适当选取中间变量使之成为上面三个不同形式(中间变量可能不止两个)的复合函数之一,然后据相应的法则求出结果.在求导过程中,务必认清各变量之间的关系(是否有复合关系,如何复合等),有关的每个复合关系都要求导.

接下来,我们在多元复合函数微分法的基础上讨论全微分形式不变性.

设函数 $z = f(u,v)$ 具有连续偏导数,当 u 和 v 是自变量时,其全微分为

$$dz = \frac{\partial z}{\partial u}du + \frac{\partial z}{\partial v}dv.$$

如果 u 和 v 又是 x 和 y 的函数 $u = \varphi(x,y)$、$v = \psi(x,y)$,且这两个函数也具有连续偏导数,则复合函数 $z = f[\varphi(x,y),\psi(x,y)]$ 全微分为

$$dz = \frac{\partial z}{\partial x}dx + \frac{\partial z}{\partial y}dy,$$

其中,$\frac{\partial z}{\partial x}$ 及 $\frac{\partial z}{\partial y}$ 由式(7.4.3)给出,将其代入上式,得

$$dz = \frac{\partial z}{\partial x}dx + \frac{\partial z}{\partial y}dy$$

$$= \left(\frac{\partial z}{\partial u}\frac{\partial u}{\partial x} + \frac{\partial z}{\partial v}\frac{\partial v}{\partial x}\right)dx + \left(\frac{\partial z}{\partial u}\frac{\partial u}{\partial y} + \frac{\partial z}{\partial v}\frac{\partial v}{\partial y}\right)dy$$

$$= \frac{\partial z}{\partial u}\left(\frac{\partial u}{\partial x}dx + \frac{\partial u}{\partial y}dy\right) + \frac{\partial z}{\partial v}\left(\frac{\partial v}{\partial x}dx + \frac{\partial v}{\partial y}dy\right)$$

$$= \frac{\partial z}{\partial u}du + \frac{\partial z}{\partial v}dv.$$

因此无论 u 和 v 是自变量还是中间变量,函数 $z = f(u,v)$ 的全微分都可写成相同的形式,这个性质称为全微分的形式不变性.

例 7.4.4 设 $z = e^{2u-3v}$,其中 $u = t^2$,$v = \cos t$,求 $\frac{dz}{dt}$.

解:因为

$$\frac{\partial z}{\partial u} = 2e^{2u-3v}, \frac{\partial z}{\partial v} = -3e^{2u-3v}; \frac{du}{dt} = 2t, \frac{dv}{dt} = -\sin t,$$

所以

$$\frac{dz}{dt} = \frac{\partial z}{\partial u}\frac{du}{dt} + \frac{\partial z}{\partial v}\frac{dv}{dt} = e^{2u-3v}(4t + 3\sin t) = e^{2t^2-3\cos t}(4t + 3\sin t).$$

例 7.4.5 设 $z = u^v$,$u = x^2 + y$,$v = xy$,求 $\frac{\partial z}{\partial x}$ 和 $\frac{\partial z}{\partial y}$.

解:由公式(7.4.3)可得

$$\frac{\partial z}{\partial x} = \frac{\partial z}{\partial u}\frac{\partial u}{\partial x} + \frac{\partial z}{\partial v}\frac{\partial v}{\partial x} = vu^{v-1}2x + u^v y\ln u$$

$$= 2x^2 y(x^2+y)^{xy-1} + y(x^2+y)^{xy}\ln(x^2+y),$$

$$\frac{\partial z}{\partial y} = \frac{\partial z}{\partial u}\frac{\partial u}{\partial y} + \frac{\partial z}{\partial v}\frac{\partial v}{\partial y} = vu^{v-1} + u^v x\ln u$$

$$= xy(x^2+y)^{xy-1} + x(x^2+y)^{xy}\ln(x^2+y).$$

例 7.4.6 设 $z = f\left(xy, \frac{y}{x}\right)$,其中 f 具有二阶连续偏导数,求 $\frac{\partial^2 z}{\partial x^2}$

和 $\dfrac{\partial^2 z}{\partial x \partial y}$.

解：设 $u = xy, v = \dfrac{y}{x}$，由链式法则可得

$$\frac{\partial z}{\partial x} = y f_u - \frac{y}{x^2} f_v.$$

注意到 $f_u = f_u(u, v)$ 和 $f_v = f_v(u, v)$，再由链式法则，知

$$\frac{\partial^2 z}{\partial x^2} = y \left(y f_{uu} - \frac{y}{x^2} f_{uv} \right) + \frac{2y}{x^3} f_v - \frac{y}{x^2} \left(y f_{vu} - \frac{y}{x^2} f_{vv} \right),$$

因为 f 有连续的二阶偏导数，所以 $f_{uv} = f_{vu}$，故有

$$\frac{\partial^2 z}{\partial x^2} = \frac{2y}{x^3} f_v + y^2 f_{uu} - 2 \frac{y^2}{x^2} f_{uv} + \frac{y^2}{x^4} f_{vv}.$$

同样可得

$$\frac{\partial z}{\partial x \partial y} = f_u + y \left(x f_{uu} + \frac{1}{x} f_{uv} \right) - \frac{1}{x^2} f_v - \frac{y}{x^2} \left(x f_{vu} + \frac{1}{x} f_{vv} \right)$$

$$= f_u - \frac{1}{x^2} f_v + xy f_{uu} - \frac{y}{x^3} f_{vv}.$$

例 7.4.7　利用全微分形式不变性求函数 $z = \mathrm{e}^{xy} \sin(x + y)$ 的全微分 $\mathrm{d}z$ 及偏导数 $\dfrac{\partial z}{\partial x}$ 和 $\dfrac{\partial z}{\partial y}$.

解：设 $u = xy, v = x + y$，则 $z = \mathrm{e}^u \sin v$，由全微分形式的不变性得

$\mathrm{d}z = \mathrm{d}(\mathrm{e}^u \sin v) = \mathrm{e}^u \sin v \mathrm{d}u + \mathrm{e}^u \cos v \mathrm{d}v$

$\quad = \mathrm{e}^{xy} \sin(x + y) \mathrm{d}(xy) + \mathrm{e}^{xy} \cos(x + y) \mathrm{d}(x + y)$

$\quad = \mathrm{e}^{xy} \sin(x + y)(y \mathrm{d}x + x \mathrm{d}y) + \mathrm{e}^{xy} \cos(x + y)(\mathrm{d}x + \mathrm{d}y)$

$\quad = \mathrm{e}^{xy} [y \sin(x + y) + \cos(x + y)] \mathrm{d}x + \mathrm{e}^{xy} [x \sin(x + y) + \cos(x + y)] \mathrm{d}y,$

与 $\mathrm{d}z = \dfrac{\partial z}{\partial x} \mathrm{d}x + \dfrac{\partial z}{\partial y} \mathrm{d}y$ 比较，得

$$\frac{\partial z}{\partial x} = \mathrm{e}^{xy} [y \sin(x + y) + \cos(x + y)],$$

$$\frac{\partial z}{\partial y} = \mathrm{e}^{xy} [x \sin(x + y) + \cos(x + y)].$$

7.5　隐函数的求导公式

在第 2 章 2.3 节中我们已经提出了隐函数的概念，并且指出了不经过显化直接由方程 $F(x, y) = 0$ 确定隐函数的方法，现在我们根据多元复合函数的求导法来导出隐函数的导数公式.

定理 7.5.1 设二元函数 $F(x,y)$ 在点 $P(x,y)$ 为内点的某邻域 D 内满足条件:

(1) 偏导数 F_x, F_y 在 D 内连续.

(2) $F(x,y) = 0$.

(3) $F_y(x,y) \neq 0$,

则方程 $F(x,y) = 0$ 在点 (x,y) 的某邻域内唯一确定一个具有连续导数的函数 $y = f(x)$ 使 $y_0 = f(x_0)$, $F(x,f(x)) = 0$ 且

$$\frac{\mathrm{d}y}{\mathrm{d}x} = -\frac{F_x}{F_y}.$$

用同样的方法,我们可以推出多元隐函数的偏导数公式. 例如,当三元函数 $F(x,y,z)$ 满足定理 7.5.1 中类似条件时,则由方程 $F(x,y,z) = 0$ 确定了一个二元可导隐函数 $z = z(x,y)$. 把它代入原方程 $F(x,y,z) = 0$ 中,可得

$$F[x,y,z(x,y)] = 0,$$

上式两边分别对 x,y 求偏导数可得

$$F_x + F_z \frac{\partial z}{\partial x} = 0, \quad F_y + F_z \frac{\partial z}{\partial y} = 0,$$

又 $F_z(x,y) \neq 0$,则有公式

$$\frac{\partial z}{\partial x} = -\frac{F_x}{F_z}, \quad \frac{\partial z}{\partial y} = -\frac{F_y}{F_z}.$$

例 7.5.1 设 $y - x - \frac{1}{2}\sin y = 0$,求 $\frac{\mathrm{d}y}{\mathrm{d}x}$.

解:设 $F(x,y) = y - x - \frac{1}{2}\sin y$,因为

$$F_x = -1, \quad F_y = 1 - \frac{1}{2}\cos y,$$

所以

$$\frac{\mathrm{d}y}{\mathrm{d}x} = -\frac{F_x}{F_y} = -\frac{-1}{1 - \frac{1}{2}\cos y} = \frac{2}{2 - \cos y}.$$

例 7.5.2 设函数 $y = f(x)$ 由方程 $\sin y + \mathrm{e}^x - xy^2 = 0$ 确定,求 $\frac{\mathrm{d}y}{\mathrm{d}x}$.

解:设 $F(x,y) = \sin y + \mathrm{e}^x - xy^2$,根据定理 7.5.3 可得

$$\frac{\mathrm{d}y}{\mathrm{d}x} = -\frac{F_x}{F_y} = -\frac{\mathrm{e}^x - y^2}{\cos y - 2xy} = \frac{y^2 - \mathrm{e}^x}{2xy - \cos y}.$$

例 7.5.3 设 $x^2 + y^2 - 1 = 0$,求 $\frac{\mathrm{d}y}{\mathrm{d}x}$.

解:解法 1:直接对 x 求导,可得

$$2x + 2y \frac{\mathrm{d}y}{\mathrm{d}x} = 0,$$

整理得

$$\frac{\mathrm{d}y}{\mathrm{d}x} = -\frac{x}{y}.$$

解法 2：令 $F(x,y) = x^2 + y^2 - 1$，则有

$$F_x = 2x, F_y = 2y,$$

所以

$$\frac{\mathrm{d}y}{\mathrm{d}x} = -\frac{F_x}{F_y} = -\frac{x}{y}.$$

例 7.5.4 设函数 $z = z(x,y)$ 由方程 $e^z = x^2 + y^2 + z^2 - 4z = 0$ 确定，求 $\frac{\partial^2 z}{\partial x \partial y}$.

解：设 $F(x,y,z) = x^2 + y^2 + z^2 - 4z$，则有

$$\frac{\partial z}{\partial x} = -\frac{F_x}{F_z} = -\frac{2x}{2z-4},$$

$$\frac{\partial z}{\partial y} = -\frac{F_y}{F_z} = -\frac{2y}{2z-4} = \frac{y}{2-z},$$

那么

$$\frac{\partial^2 z}{\partial x \partial y} = \frac{\partial}{\partial y}\left(\frac{\partial z}{\partial x}\right) = \frac{\partial}{\partial y}\left(\frac{x}{2-z}\right) = \frac{x}{(2-z)^2}\frac{\partial z}{\partial y} = \frac{xy}{(2-z)^3}.$$

通常可以把方程组

$$\begin{cases} F(x,y,u,v) = 0 \\ G(x,y,u,v) = 0 \end{cases}$$

理解为 x 和 y 是"常量"，u 和 v 是"变量"，所以从方程组解得 $u = u(x,y)$，$v = v(x,y)$，也就是此方程确定了二元隐函数组. 和二元方程一样，并非所有方程组都能确定这样的隐函数组，所以明确隐函数组存在的条件至关重要.

定理 7.5.2 设函数 $F(x,y,u,v)$ 和 $G(x,y,u,v)$ 在点 $P(x_0,y_0,u_0,v_0)$ 的某一邻域 Ω 内满足条件：

（1）$F(x,y,u,v)$ 和 $G(x,y,u,v)$ 的所有偏导数在 Ω 内连续.

（2）$F(x_0,y_0,u_0,v_0) = 0, G(x_0,y_0,u_0,v_0) = 0$.

（3）雅克比行列式 $J = \frac{\partial(F,G)}{\partial(u,v)} = \begin{vmatrix} F_u & F_v \\ G_u & G_v \end{vmatrix}$ 在点 P 不等于 0，则方程组 $F(x,y,u,v), G(x,y,u,v)$ 在点 $P(x_0,y_0,u_0,v_0)$ 的某一邻域内能确定唯一一组定义在点 (x_0,y_0) 的某邻域内具有连续偏导数的隐函数组 $u = u(x,y), v = v(x,y)$ 满足 $u_0 = u(x_0,y_0), v = v(x_0,y_0)$ 且

$$\frac{\partial u}{\partial x}=-\frac{1}{J}\frac{\partial(F,G)}{\partial(x,v)}=-\frac{\begin{vmatrix}F_x & F_v\\G_x & G_v\end{vmatrix}}{\begin{vmatrix}F_u & F_v\\G_u & G_v\end{vmatrix}}$$

$$\frac{\partial v}{\partial x}=-\frac{1}{J}\frac{\partial(F,G)}{\partial(u,x)}=-\frac{\begin{vmatrix}F_u & G_x\\G_u & G_x\end{vmatrix}}{\begin{vmatrix}F_u & F_v\\G_u & G_v\end{vmatrix}}$$

$$\frac{\partial u}{\partial y}=-\frac{1}{J}\frac{\partial(F,G)}{\partial(y,v)}=-\frac{\begin{vmatrix}F_y & F_v\\G_y & G_v\end{vmatrix}}{\begin{vmatrix}F_u & F_v\\G_u & G_v\end{vmatrix}}$$

$$\frac{\partial v}{\partial y}=-\frac{1}{J}\frac{\partial(F,G)}{\partial(u,y)}=-\frac{\begin{vmatrix}F_u & F_y\\G_u & G_y\end{vmatrix}}{\begin{vmatrix}F_u & F_v\\G_u & G_v\end{vmatrix}}$$

在此仅推导求导公式.

设 $u=u(x,y),v=v(x,y)$ 由方程组 $F(x,y,u,v)=0,G(x,y,u,v)=0$ 确定,则

$$\begin{cases}F(x,y,u(x,y),v(x,y))\equiv 0\\G(x,y,u(x,y),v(x,y))\equiv 0\end{cases},$$

在方程组的每个方程两边分别对 x 求偏导可得

$$\begin{cases}F_x+F_u\dfrac{\partial u}{\partial x}+F_v\dfrac{\partial v}{\partial x}=0\\G_x+G_u\dfrac{\partial u}{\partial x}+G_v\dfrac{\partial v}{\partial x}=0\end{cases},$$

因为

$$J=\frac{\partial(F,G)}{\partial(u,v)}=\begin{vmatrix}F_u & F_v\\G_u & G_v\end{vmatrix}_P\neq 0,$$

所以

$$\frac{\partial u}{\partial x}=-\frac{1}{J}\frac{\partial(F,G)}{\partial(x,v)},\frac{\partial v}{\partial x}=-\frac{1}{J}\frac{\partial(F,G)}{\partial(u,x)}.$$

同理,在方程组的每个方程两边分别对 y 求偏导,建立偏导方程组可得

$$\frac{\partial u}{\partial y}=-\frac{1}{J}\frac{\partial(F,G)}{\partial(y,v)},\frac{\partial v}{\partial y}=-\frac{1}{J}\frac{\partial(F,G)}{\partial(u,y)}.$$

例 7.5.5 设 $x=x(u,v),y=y(u,v),z=z(u,v),x,y,z$ 都可微,求

z_x, z_y.

解:可以把 z 看作是 x, y 的函数,x, y 是独立的自变量,则

$$\begin{cases} z_u = z_x x_u + z_y y_u, \\ z_v = z_x x_v + z_y y_v, \end{cases}$$

其中,x_u, x_v, y_u, y_v, z_u, z_v 都可以从已知的方程中求得,这样便可解得

$$z_x = -\dfrac{\dfrac{\partial(y,z)}{\partial(u,v)}}{\dfrac{\partial(x,y)}{\partial(u,v)}}, z_y = -\dfrac{\dfrac{\partial(z,x)}{\partial(u,v)}}{\dfrac{\partial(x,y)}{\partial(u,v)}},$$

其中,假设 $\dfrac{\partial(x,y)}{\partial(u,v)} \neq 0$.

例 7.5.6 设 $xu - yv = 0$,$yu + xv = 1$,求 $\dfrac{\partial u}{\partial x}$,$\dfrac{\partial u}{\partial y}$,$\dfrac{\partial v}{\partial x}$,$\dfrac{\partial v}{\partial y}$.

解:在所给方程的两边对 x 求导并移项可得

$$\begin{cases} x\dfrac{\partial u}{\partial x} - y\dfrac{\partial v}{\partial x} = -u \\ y\dfrac{\partial u}{\partial x} + x\dfrac{\partial v}{\partial x} = -v \end{cases}.$$

在 $J = \begin{vmatrix} x & -y \\ y & x \end{vmatrix} = x^2 + y^2 \neq 0$ 的条件下:

$$\dfrac{\partial u}{\partial x} = \dfrac{\begin{vmatrix} -u & -y \\ -v & x \end{vmatrix}}{\begin{vmatrix} x & -y \\ y & x \end{vmatrix}} = -\dfrac{xu + yu}{x^2 + y^2}, \dfrac{\partial v}{\partial x} = \dfrac{\begin{vmatrix} x & -u \\ y & -v \end{vmatrix}}{\begin{vmatrix} x & -y \\ y & x \end{vmatrix}} = \dfrac{yu - xu}{x^2 + y^2}.$$

同理,在所给方程的两边对 y 求导,可得

$$\dfrac{\partial u}{\partial y} = \dfrac{xv - yu}{x^2 + y^2}, \dfrac{\partial v}{\partial y} = -\dfrac{xu + yu}{x^2 + y^2}.$$

例 7.5.7 设

$$\begin{cases} x + y + z + u + v = 1 \\ x^2 + y^2 + z^2 + u^2 + v^2 = 2 \end{cases},$$

求 x_u, y_u, x_{uu}, y_{uu}.

解:可以把 x, y 看作是 z, u, v 的函数,z, u, v 是独立的自变量,将方程组对 u 求导可得

$$\begin{cases} x_u + y_u + 1 = 0 \\ xx_u + yy_u + u = 0 \end{cases},$$

把第一个方程乘以 y 再减去第二个方程可得

$$(y - x)x_u + y - u = 0.$$

当 $x \neq y$ 时,解得

$$x_u = \frac{u-y}{y-x}, y_u = 1 - x_u = \frac{x-u}{y-x}.$$

再将方程组对 u 求导,仍旧要注意将 x,y 以及 x_u,y_u 看作是 z,u,v 的函数,z,u,v 是独立的自变量,可得

$$\begin{cases} x_{uu} + y_{uu} = 0 \\ (x_u)^2 + xx_{uu} + (y_u)^2 + yy_{uu} + 1 = 0 \end{cases},$$

其中,x_{uu},y_{uu} 是未知的,x_u,y_u 已知,把该方程组的第一式代入第二式可得

$$(x-y)x_{uu} + (x_u)^2 + (y_u)^2 + 1 = 0,$$

当 $y-x \neq 0$ 时,解得

$$x_{uu} = \frac{1}{y-x}[(x_u)^2 + (y_u)^2 + 1] = \frac{(u-y)^2 + (u-x)^2 + (x-y)^2}{(y-x)^3}$$

$$y_{uu} = -x_{uu} = \frac{(u-y)^2 + (u-x)^2 + (x-y)^2}{(x-y)^3}.$$

7.6 多元函数微分学的几何应用

本节将利用偏导数讨论空间曲线的切线与法平面,空间曲面的切平面与法线问题.

7.6.1 空间曲线的切线与法平面

我们知道,平面曲线上点 P_0 处的切线被定义为割线的极限位置,空间曲线 Γ 上的点 M_0 处的切线概念也是如此.下面给出空间曲线的切线(参考图 7.6.1)与法平面的定义.

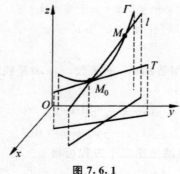

图 7.6.1

定义 7.6.1　设点 M_0 是空间曲线 Γ 上的一点，M 是 Γ 上不同于 M_0 的任意一点，如果存在这样一条过点 M_0 的直线 T：当点 MM 沿曲线 Γ 趋于 M_0 时，过点 M_0，M 的直线（割线）l 随之变化的极限位置与 T 重合，则称直线 T 为曲线 Γ 在点 M_0 的切线；称过点 M_0 且垂直于切线 T 的平面为曲线 T 在点 M_0 的法平面．

下面对空间曲线 Γ 不同形式的方程分情况进行切线与法平面问题的讨论．

7.6.1.1　空间曲线方程为参数方程

定理 7.6.1　如果空间曲线厂的方程为如下参数方程
$$\Gamma: x = x(t), y = y(t), z = z(t)$$
函数 $x(t), y(t), z(t)$ 在 $t = t_0$ 时可导，且 $x'(t_0), y'(t_0), z'(t_0)$ 不全为零，则曲线 Γ 上点 $M_0(x(t_0), y(t_0), z(t_0))$ 处的切线存在，其方向向量 s 为
$$s = \pm (x'(t_0), y'(t_0), z'(t_0)).$$
定理的证明略．

由此定理可得曲线 Γ 在点 $M_0(x(t_0), y(t_0), z(t_0))$ 处的切线方程为
$$\frac{x - x_0}{x'(t_0)} = \frac{y - y_0}{y'(t_0)} = \frac{z - z_0}{z'(t_0)}.$$
向量 s 也是曲线 Γ 在点 M_0 法平面的法向量，从而曲线 Γ 在点 M_0 的法平面方程为
$$x'(t_0)(x - x_0) + y'(t_0)(y - y_0) + z'(t_0)(z - z_0) = 0.$$

7.6.1.2　空间曲线方程为一般方程

设空间曲线 Γ 的方程为一般方程
$$\Gamma: \begin{cases} F(x,y,z) = 0 \\ G(x,y,z) = 0 \end{cases},$$
点 $M_0(x_0, y_0, z_0)$ 为曲线 Γ 上的一点，求点 M_0 处切线的方向向量 s．

上式方程组只有一个自由变量，假定方程组在点 $M_0(x_0, y_0, z_0)$ 的某邻域内确定了一组解
$$\begin{cases} y = y(x) \\ z = z(x) \end{cases},$$
显然此方程组也是曲线 Γ 的方程，曲线 Γ 上点 $M_0(x_0, y_0, z_0)$ 处切线的方向向量为
$$s = \pm (1, y'(t_0), z'(t_0)).$$

下面求 $y'(x_0), z'(x_0)$．将 $y = y(x), z = z(x)$ 代入 $\Gamma: \begin{cases} F(x,y,z) = 0 \\ G(x,y,z) = 0 \end{cases}$，得

$$\begin{cases} F(x,y(x),z(x)) = 0 \\ G(x,y(x),z(x)) = 0 \end{cases},$$

两边关于 x 求导数得

$$\begin{cases} \dfrac{\partial F}{\partial y}y'(x) + \dfrac{\partial F}{\partial z}z' + \dfrac{\partial F}{\partial x} = 0 \\[2mm] \dfrac{\partial G}{\partial y}y'(x) + \dfrac{\partial G}{\partial z}z' + \dfrac{\partial G}{\partial x} = 0 \end{cases}.$$

将此方程组看作关于 $y'(x),z'(x)$ 的二元一次方程组,通过消元法即可求得 $y'(x),z'(x)$,从而得 $y'(x_0),z'(x_0)$.

7.6.2 空间曲面的切平面与法线

7.6.2.1 曲面方程为 $F(x,y,z)=0$ 的情形

设曲面 $\sum$ 的方程为

$$F(x,y,z) = 0,$$

$M_0(x_0,y_0,z_0)$ 是曲面 $\sum$ 上的一点,并设函数 $F(x,y,z)$ 的偏导数在该点连续且不同时为零. 在曲面 $\sum$ 上,通过点 M 任意引一条曲线 Γ(图 7.6.2),假定曲线 Γ 的参数方程为

$$x = \varphi(t),\ y = \psi(t),\ z = \omega(t),\ (\alpha \leqslant t \leqslant \beta),$$

$t = t_0$ 对应于点 $M_0(x_0,y_0,z_0)$ 且 $\varphi'(t_0),\psi'(t_0),\omega'(t_0)$ 不全为零,则可得这曲线的切线方程为

$$\frac{x-x_0}{\varphi'(t_0)} = \frac{y-y_0}{\psi'(t_0)} = \frac{z-z_0}{\omega'(t_0)}.$$

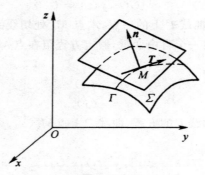

图 7.6.2

现要证明,在曲面 $\sum$ 上通过点 M 且在点 M 处具有切线的任何曲线,它们在点 M 处的切线都在同一个平面上. 事实上,因为曲线 Γ 完全在曲面 $\sum$ 上,所以有恒等式

$$F\big[\varphi(t),\psi(t),\omega(t)\big] \equiv 0,$$

又因 $F(x,y,z)$ 在点 (x_0,y_0,z_0) 处有连续偏导数,且 $\varphi'(t),\psi'(t),\omega'(t)$ 存在,所以这恒等式左边的复合函数在 $t=t_0$ 时有全导数,且这全导数等于零:

$$\frac{\mathrm{d}}{\mathrm{d}t}F\big[\bar\omega(t),\psi(t),\omega(t)\big]\big|_{t=t_0} = 0,$$

即有

$$F_x(x_0,y_0,z_0)\varphi'(t_0) + F_y(x_0,y_0,z_0)\psi'(t_0) + F_z(x_0,y_0,z_0)\omega'(t_0) = 0,$$

引入向量

$$\boldsymbol{n} = (F_x(x_0,y_0,z_0),F_y(x_0,y_0,z_0),F_z(x_0,y_0,z_0)),$$

则点 M 处的切向量

$$\boldsymbol{T} = (\varphi'(t_0),\psi'(t_0),\omega'(t_0)),$$

与向量 $\boldsymbol{n}$ 垂直. 因为曲线 $x=\varphi(t),y=\psi(t),z=\omega(t),(\alpha \leqslant t \leqslant \beta)$ 是曲面上通过点 M 的任意一条曲线,它们在点 M 的切线都与同一个向量 $\boldsymbol{n}$ 垂直,所以曲面上通过点 M 的一切曲线在点 M 的切线都在同一个平面上,如图 7.6.2 所示. 这个平面称为曲面 $\sum$ 在点 M 的切平面. 该切平面的方程为

$$F_x(x_0,y_0,z_0)(x-x_0) + F_y(x_0,y_0,z_0)(y-y_0) + F_z(x_0,y_0,z_0)(z-z_0) = 0$$

通过点 $M_0(x_0,y_0,z_0)$ 且垂直于切平面的直线称为曲面在该点的法线. 法线方程为

$$\frac{x-x_0}{F_x(x_0,y_0,z_0)} + \frac{y-y_0}{F_y(x_0,y_0,z_0)} + \frac{z-z_0}{F_z(x_0,y_0,z_0)} = 0.$$

垂直于曲面上切平面的向量称为曲面的法向量. 向量

$$\boldsymbol{n} = (F_x(x_0,y_0,z_0),F_y(x_0,y_0,z_0),F_z(x_0,y_0,z_0))$$

即为曲面 $\sum$ 在点 M 处的一个法向量.

7.6.2.2　曲面方程为 $z = f(x,y)$ 的情形

设曲面 $\sum$ 的方程为

$$z = f(x,y),$$

令

$$F(x,y,z) = f(x,y) - z,$$

则有

$$F_x(x,y,z) = f_x(x,y,z),F_y(x,y,z) = f_y(x,y,z),F_z(x,y,z) = -1.$$

于是,当函数 $f(x,y)$ 的偏导数 $f_x(x,y)$、$f_y(x,y)$ 在点 (x_0,y_0) 连续时,曲面 $z=f(x,y)$ 在点 $M(x_0,y_0,z_0)$ 处的法向量为

$$\boldsymbol{n}=(f_x(x_0,y_0),f_y(x_0,y_0),-1),$$

切平面方程为

$$f_x(x_0,y_0)(x-x_0)+f_y(x_0,y_0)(y-y_0)-(z-z_0)=0,$$

或

$$z-z_0=f_x(x_0,y_0)(x-x_0)+f_y(x_0,y_0)(y-y_0),$$

而法线方程为

$$\frac{x-x_0}{f_x(x_0,y_0)}=\frac{y-y_0}{f_y(x_0,y_0)}=\frac{z-z_0}{-1}.$$

由切平面方程可以看出,方程的右端恰好是函数 $z=f(x,y)$ 在点 (x_0,y_0) 的全微分,而左端是切平面上点的竖坐标的增量.因此,函数 $z=f(x,y)$ 在点 (x_0,y_0) 的全微分,在几何上表示曲面 $z=f(x,y)$ 在点 (x_0,y_0,z_0) 处的切平面上点的竖坐标的增量.

如果用 α、β、γ 表示曲面的法向量的方向角,并假定法向量的方向是向上的,即使得它与 z 轴的正向所成的角 γ 是一锐角,则法向量的方向余弦为

$$\cos\alpha=\frac{-f_x}{\sqrt{1+f_x^2+f_y^2}},$$

$$\cos\beta=\frac{-f_y}{\sqrt{1+f_x^2+f_y^2}},$$

$$\cos\gamma=\frac{1}{\sqrt{1+f_x^2+f_y^2}}.$$

这里,把 $f_x(x_0,y_0)$,$f_y(x_0,y_0)$ 分别简记为 f_x,f_y.

例 7.6.1 求曲面 $e^z-z+xy=3$ 在点 $(2,1,0)$ 处的切面平面方程及法线方程.

解:令 $F(x,y,z)=e^z-z+xy-3$,则

$$\boldsymbol{n}=(\boldsymbol{F}_x,\boldsymbol{F}_y,\boldsymbol{F}_z)=(y,x,e^z-1),$$

所以

$$\boldsymbol{n}\big|_{(2,1,0)}=(1,2,0),$$

故点 $(2,1,0)$ 处的切面方程为

$$(x-2)+2(y-1)+0(z-0)=0,$$

即

$$x+2y=4,$$

法线方程为

$$\frac{x-2}{1}=\frac{y-1}{2}=\frac{z}{0}.$$

7.7　方向导数与梯度

7.7.1　数量场

设 D 是 $\mathbf{R}^n$ 中的一个区域，f 是定义在 D 内的一个实值函数，即 $f:D \to \mathbf{R}$，这表明对 D 内每一点 x，都连系着一个数量 $f(x)$（即 f 在点 x 的函数值），我们就说在 D 内有了一个数量场 f.

例如，在某一间教室里，每一点 x 处都有一个温度 $T(x)$，那么这间教室就有一个温度场 T，它就是一个数量场；又如，点电荷产生一个电位场，在空间每一点处（除该点电荷外）都有一个电位，这也是一个数量场.

设 f 是 D 内的一个数量场，称
$$S = \{x \in D \mid f(x) = C\} \quad (C \text{ 是常数})$$
是数量场 f 的等量面或等值面，即在 S 内每一点 x 处，它所对应的数值是相同的，都等于 C，特别当 D 是 $\mathbf{R}^2$ 中的区域时，称 S 是等量线或等值线.

例如，在天气预报中会有等温面和等压面，它们分别表示在同一等温面上大气的温度是相同的，在同一个等压面上大气的气压是相同的；又如，地势图上的等高线，在同一条等高线上各点对应的地势高度是相同的.

如图 7.7.1 所示，画出了平面上的数量场 $f(x,y) = x^2 + y^2$ 的等量线，图上标的 1，2，3，4 线分别是等量线
$$x^2 + y^2 = i^2, i = 1,2,3,4$$

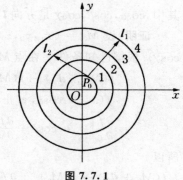

图 7.7.1

7.7.2　方向导数

导数还是偏导数，都是函数对自变量的变化率. 偏导数反映的是函数沿坐标轴方向的变化率，但在许多工程技术问题中，需要考虑函数在某一点沿某一方向或任意方向的变化率问题. 例如，用混凝土浇注水坝时，由于水坝各点的温度不同，在热胀冷缩的作用下，会产生温度应力，以致水坝出现裂缝. 在某点处，如果温度沿某一方向变化得太大，那么裂缝可能在这个方向

发生,因此需研究温度在各个方向上的变化率.再如,要进行气象预报,就要确定大气温度、气压沿着某些方向的变化率.

设 $u = f(x,y,z)$ 在域 D 上可微 $l = \cos\alpha i + \cos\beta j + \cos\gamma k$ 是一个单位向量,考虑 $u = f(x,y,z)$ 在 l 方向上的变化率.

给定 $M_0(x_0,y_0,z_0) \in D$,过 M_0 而平行于 l 的射线 l 的参数方程为

$$x = x_0 + t\cos\alpha, y = y_0 + t\cos\beta, z = z_0 + t\cos\gamma (t > 0).$$

若把函数沿方向 l 的变化率记成 $\dfrac{\partial f}{\partial l}$,则

$$\frac{\partial f}{\partial l} = \lim_{t \to 0^+} \frac{f(x_0 + t\cos\alpha, y_0 + t\cos\beta, z_0 + t\cos\gamma) - f(x_0,y_0,z_0)}{t},$$

称 $\dfrac{\partial f}{\partial l}\left(或\dfrac{\partial u}{\partial l}\right)$ 为 $u = f(x,y,z)$ 沿方向 l 的方向导数.

下面给出方向导数存在的一个充分条件以及它的求法.

定理 7.7.1 设函数 f 在点 M_0 可微,则 f 在点 M_0 沿任何方向 l 的方向导数存在,并且有

$$\frac{\partial f}{\partial l}\bigg|_{M_0} = \frac{\partial f}{\partial x}\bigg|_{M_0}\cos\alpha + \frac{\partial f}{\partial y}\bigg|_{M_0}\cos\beta + \frac{\partial f}{\partial z}\bigg|_{M_0}\cos\gamma.$$

其中,$\cos\alpha,\cos\beta,\cos\gamma$ 是方向 l 的方向余弦.

证明:设 $M_0 = (x_0,y_0,z_0)$,l_0 是 l 上的单位向量,即 $l_0 = (\cos\alpha,\cos\beta,\cos\gamma)$.根据已知条件 f 在点 M_0 可微可得

$$f(M_0 + tl_0) - f(M_0)$$
$$= f(x_0 + t\cos\alpha, y_0 + t\cos\beta, z_0 + t\cos\gamma) - f(x_0,y_0,z_0)$$
$$= \frac{\partial f}{\partial x}\bigg|_{M_0} \cdot t\cos\alpha + \frac{\partial f}{\partial y}\bigg|_{M_0} \cdot t\cos\beta + \frac{\partial f}{\partial z}\bigg|_{M_0} \cdot t\cos\gamma + o(t),$$

所以

$$\frac{f(M_0 + tl_0) - f(M_0)}{t} = \frac{\partial f}{\partial x}\bigg|_{M_0}\cos\alpha + \frac{\partial f}{\partial y}\bigg|_{M_0}\cos\beta + \frac{\partial f}{\partial z}\bigg|_{M_0}\cos\gamma + o(1),$$

令 $t \to +0$,即证.

在平面的情形,设 D 是 $\mathbf{R}^2$ 中的一个区域,$f(x,y)$ 是 D 内的二元可微函数,那么在 D 内每一点 (x,y),f 沿单位向量 l 的方向导数是

$$\frac{\partial f}{\partial l} = \frac{\partial f}{\partial x}\cos\alpha + \frac{\partial f}{\partial y}\cos\beta,$$

其中,$\cos\alpha,\cos\beta$ 是方向 l 的方向余弦.

例 7.7.1 设 $u = xy - y^2z + ze^x$,求 u 在点 $(1,0,2)$ 沿方向 $(2,1,-1)$ 的方向导数.

解:因为

$$\frac{\partial u}{\partial x} = y + z\mathrm{e}^x, \frac{\partial u}{\partial y} = x - 2yz, \frac{\partial u}{\partial z} = -y^2 + \mathrm{e}^x,$$

则

$$\frac{\partial u}{\partial x}\bigg|_{(1,0,2)} = 2\mathrm{e}, \frac{\partial u}{\partial y}\bigg|_{(1,0,2)} = 1, \frac{\partial u}{\partial z}\bigg|_{(1,0,2)} = \mathrm{e},$$

又向量$(2,1,-1)$的方向余弦是

$$\cos\alpha = \frac{2}{\sqrt{6}}, \cos\beta = \frac{1}{\sqrt{6}}, \cos\gamma = \frac{-1}{\sqrt{6}},$$

所以

$$\frac{\partial u}{\partial l}\bigg|_{(1,0,2)} = 2\mathrm{e}\frac{2}{\sqrt{6}} + \frac{1}{\sqrt{6}} - \mathrm{e}\frac{1}{\sqrt{6}} = \frac{1}{\sqrt{6}}(3\mathrm{e}+1).$$

例 7.7.2　设 n 为曲面 $2x^2 + 3y^2 + z^2 = 6$ 在点 $P(1,1,1)$ 处指向外侧的法向量,求函数 $u = \dfrac{\sqrt{6x^2 + 8y^2}}{z}$ 在点 P 处沿方向 n 的方向导数.

解:令 $F(x,y,z) = 2x^2 + 3y^2 + z^2 - 6$,则
$$n = (4x, 6y, 2z)\big|_{(1,1,1)} = (4,6,2),$$

所以 n 的方向余弦为

$$\cos\alpha = \frac{2}{\sqrt{14}}, \cos\beta = \frac{3}{\sqrt{14}}, \cos\gamma = \frac{1}{\sqrt{14}},$$

又函数 u 在点 P 的偏导数为

$$\frac{\partial u}{\partial x}\bigg|_P = \frac{1}{z}\frac{6x}{\sqrt{6x^2+8y^2}}\bigg|_P = \frac{6}{\sqrt{14}},$$

$$\frac{\partial u}{\partial y}\bigg|_P = \frac{1}{z}\frac{8y}{\sqrt{6x^2+8y^2}}\bigg|_P = \frac{8}{\sqrt{14}},$$

$$\frac{\partial u}{\partial z}\bigg|_P = \frac{-1}{z^2}\sqrt{6x^2+8y^2}\bigg|_P = -\sqrt{14},$$

所以

$$\frac{\partial u}{\partial n}\bigg|_P = \frac{\partial u}{\partial x}\bigg|_P \cos\alpha + \frac{\partial u}{\partial y}\bigg|_P \cos\beta + \frac{\partial u}{\partial z}\bigg|_P \cos\gamma$$

$$= \frac{6}{\sqrt{14}} \times \frac{2}{\sqrt{14}} + \frac{8}{\sqrt{14}} \times \frac{3}{\sqrt{14}} - \sqrt{14} \times \frac{1}{\sqrt{14}}$$

$$= \frac{11}{7}.$$

例 7.7.3　求函数 $z = xy^2 + y\mathrm{e}^{2x}$ 在点 $P(0,1)$ 处沿着从点 $P(0,1)$ 到点 $Q(-1,2)$ 的方向的方向导数.

解:因为

$$\frac{\partial z}{\partial x}\bigg|_{(0,1)} = y^2 + 2y\mathrm{e}^{2x}\big|_{(0,1)} = 3, \frac{\partial z}{\partial y}\bigg|_{(0,1)} = 2xy + \mathrm{e}^{2x}\big|_{(0,1)} = 1,$$

所求方向导数的方向为

$$\overrightarrow{PQ} = (-1,1),$$

其方向余弦为

$$\cos\alpha = \frac{-1}{\sqrt{2}}, \cos\beta = \frac{1}{\sqrt{2}},$$

所以

$$\frac{\partial z}{\partial l}\bigg|_{(0,1)} = 3 \times \frac{-1}{\sqrt{2}} + 1 \times \frac{1}{\sqrt{2}} = -\sqrt{2}.$$

7.7.3 梯度

在一个数量场中,在给定沿不同的方向,其方向导数一般是不同的,现在我们关心的是:沿哪一个方向其方向导数最大?其最大值是多少?因此,引进一个很重要的概念,就是与方向导数有关联的一个概念——函数的梯度.

设数量场 $f(x,y,z)$ 定义于某个单位区域 D 内,又设函数 f 具有关于各个变元的连续偏导数,称向量

$$\frac{\partial f}{\partial x}(x,y,z)\boldsymbol{i} + \frac{\partial f}{\partial y}(x,y,z)\boldsymbol{j} + \frac{\partial f}{\partial z}(x,y,z)\boldsymbol{k}$$

是 f 在点 (x,y,z) 的梯度,记为 $\mathrm{grad}f(x,y,z)$(grad 是 $\mathrm{gradient}$ 的缩写),即

$$\mathrm{grad}f = \frac{\partial f}{\partial x}\boldsymbol{i} + \frac{\partial f}{\partial y}\boldsymbol{j} + \frac{\partial f}{\partial z}\boldsymbol{k}.$$

它是一个向量,是由数量场 f 产生的向量.

接下来我们研究 $\mathrm{grad}f$ 的意义.

在有关方向导数的定理 7.7.1 中,已经获得公式

$$\frac{\partial f}{\partial l}(x,y,z) = \frac{\partial f}{\partial x}(x,y,z)\cos\alpha + \frac{\partial f}{\partial y}(x,y,z)\cos\beta + \frac{\partial f}{\partial z}(x,y,z)\cos\gamma,$$

其中,$\cos\alpha,\cos\beta,\cos\gamma$ 是方向 l 的方向余弦. 设 $\boldsymbol{l}$ 是单位向量,即

$$\boldsymbol{l} = (\cos\alpha,\cos\beta,\cos\gamma),$$

则上式可以写成

$$\frac{\partial f}{\partial \boldsymbol{l}}(x,y,z) = \mathrm{grad}f(x,y,z) \cdot \boldsymbol{l}$$

$$= |\mathrm{grad}f(x,y,z)|\cos\theta.$$

其中,θ 是向量 $\mathrm{grad}f(x,y,z)$ 和向量 $\boldsymbol{l}$ 之间的夹角. 由此可知,当 $\theta = 0$,即 $\boldsymbol{l}$ 与 $\mathrm{grad}f$ 同向时,方向导数 $\dfrac{\partial f}{\partial l}$ 取到最大值,最大值为 $|\mathrm{grad}f(x,y,z)|$.

由于 $u = f(x, y, z)$ 在点 M 处沿方向 l 的方向导数等于梯度在方向 l 上的投影,因此 f 在指定点 M 处沿着梯度正向的方向导数最大,即函数值增长最快,其增长率等于 $|\text{grad}u|$;而沿着梯度负向的方向微商最小,即函数值减小最快,减小率为 $-|\text{grad}u|$. 热量沿着温度 T 下降最快的方向即 $-\text{grad}T$ 的方向传导;大气沿压强 p 减小最快的方向流动,就是沿着 $-\text{grad}p$ 的方向流动.

求函数的梯度是一种特定的微分运算,它遵守以下运算法则.

设 u_1, u_2 都可微,则

(1) $\text{grad}(c_1 u_1 + c_2 u_2) = c_1 \text{grad}u_1 + c_2 \text{grad}u_2$,其中 c_1, c_2 是任意常数.

(2) $\text{grad}(u_1 u_2) = u_1 \text{grad}u_2 + u_2 \text{grad}u_1$.

(3) $\text{grad}\left(\dfrac{u_1}{u_2}\right) = \dfrac{u_1 \text{grad}u_2 - u_2 \text{grad}u_1}{u_2^5}$,假设 $u_2 \neq 0$.

(4) $\text{grad}f(u) = f'(u)\text{grad}u$.

例 7.7.4 置于原点处的点电荷电量为 q 产生的电位为 $U = \dfrac{q}{4\pi\varepsilon r}$,其中,$\varepsilon$ 为介电常数,r 是定位向量 $r = (x, y, z)$ 的模,即 $r = \sqrt{x^2 + y^2 + z^2}$,求 $\text{grad}U$.

解:$\dfrac{\partial U}{\partial x} = \dfrac{q}{4\pi\varepsilon}\dfrac{\partial}{\partial x}\left(\dfrac{1}{r}\right) = -\dfrac{q}{4\pi\varepsilon}\dfrac{1}{r^2}\dfrac{\partial r}{\partial x} = -\dfrac{q}{4\pi\varepsilon}\dfrac{x}{r^3}$,同理

$$\dfrac{\partial U}{\partial y} = -\dfrac{q}{4\pi\varepsilon}\dfrac{y}{r^3}, \dfrac{\partial U}{\partial z} = -\dfrac{q}{4\pi\varepsilon}\dfrac{z}{r^3},$$

因此

$$\text{grad}U = \dfrac{\partial U}{\partial x}\boldsymbol{i} + \dfrac{\partial U}{\partial y}\boldsymbol{j} + \dfrac{\partial U}{\partial z}\boldsymbol{k} = -\dfrac{q}{4\pi\varepsilon}(x\boldsymbol{i} + y\boldsymbol{j} + z\boldsymbol{k}) = -\dfrac{q}{4\pi\varepsilon}\boldsymbol{r}.$$

其中,$\boldsymbol{r} = x\boldsymbol{i} + y\boldsymbol{j} + z\boldsymbol{k}$,而 $\dfrac{q}{4\pi\varepsilon r^3}\boldsymbol{r}$ 正是点 (x, y, z) 处的电场强度 E,于是 E 和电位 U 之间的关系是

$$E = -\text{grad}U.$$

这说明电位在电场强度相反的方向增加的最快.

例 7.7.5 求函数 $u = 3x^2 + 2y^2 - z^2$ 在点 $P(1, 2, -1)$ 处,分别沿什么方向时,方向导数取得最大值和最小值?并求出其最大值和最小值.

解:该函数在点 P 处的梯度为

$$\text{grad}u|_P = (6x\boldsymbol{i} + 4y\boldsymbol{j} - 2z\boldsymbol{k})|_P = 6\boldsymbol{i} + 8\boldsymbol{j} + 2\boldsymbol{k},$$

由梯度的定义可知,函数沿向量 $(6, 8, 2)$ 的方向,方向导数取得最大值,从而

$$\text{grad}u|_P = \sqrt{6^2 + 8^2 + 2^2} = 2\sqrt{26},$$

沿梯度$\mathrm{grad}u|_P$的反方向$(-6,-8,-2)$,方向导数取得最小值,从而

$$-\mathrm{grad}u|_P = -2\sqrt{26}.$$

7.8　多元函数的极值及其求法

7.8.1　多元函数的极值

多元函数的极值与一元函数一样,也是一种局部的性质.

定义 7.8.1　设函数$z=f(x,y)$在点(x_0,y_0)的某邻域内有定义,如果对于该邻域内任意异于(x_0,y_0)的点(x,y),恒有不等式

$$f(x_0,y_0) \geqslant f(x,y)\text{(或 }f(x_0,y_0) \leqslant f(x,y))$$

成立,则称$f(x_0,y_0)$是$z=f(x,y)$的一个极大值(极小值),并称(x_0,y_0)是$z=f(x,y)$的一个极大值点(极小值点).极大值和极小值统称为极值.

在讨论一元函数极值存在的必要条件时,我们知道导数等于零或导数不存在的点才有可能是极值点.而在二元函数$z=f(x,y)$中固定y,则z是x的一元函数.因此,若z在(x_0,y_0)点取极值,定有$f_x(x_0,y_0)=0$.或在该点处对x的偏导数不存在,对y有同样的情形,所以有下面定理.

定理 7.8.1(极值存在的必要条件)　设函数$z=f(x,y)$在点(x_0,y_0)的两个偏导数存在,若(x_0,y_0)是$z=f(x,y)$的极值点,则

$$f_x(x_0,y_0)=0, f_y(x_0,y_0)=0.$$

证明:因为(x_0,y_0)是$f(x,y)$的极值点,所以如果固定$y=y_0$,则一元函数$f(x,y_0)$以$x=x_0$为极值点.再由一元函数极值存在的必要条件可知

$$f_x(x_0,y_0)=0,$$

同理可证$f_y(x_0,y_0)=0$.

在这里需要特别指出的是,定理7.8.1可推广,如果三元函数$u=f(x,y,z)$在(x_0,y_0,z_0)具有偏导数,则它在点(x_0,y_0,z_0)取得极值的必要条件是

$$f_x(x_0,y_0,z_0)=0, f_y(x_0,y_0,z_0)=0, f_z(x_0,y_0,z_0)=0.$$

与一元函数类似,把使$f_x(x_0,y_0)=0$,$f_y(x_0,y_0)=0$同时成立的点(x,y)作为函数$f(x,y)$的驻点.这里需要注意以下两点:

(1)极值点也可能是函数偏导数不存在的点.例如,对于函数$f(x,y)=\sqrt{x^2+y^2}$,已知$f(0,0)=0$为此函数的极小值,即$(0,0)$为此函

数极小值点,但易证 $f_x(0,0)$,$f_y(0,0)$ 均不存在.

(2)可导函数的极值必为驻点,但驻点却不一定是函数的极值点.例如,对于函数 $f(x,y)=x^2+y^2$,在(0,0)处有

$$f_x(0,0)=2x\mid_{(0,0)}=0,f_y(0,0)=-2y\mid_{(0,0)}=0,$$

(0,0)为驻点,但在(0,0)的任何一个去心邻域内位于 x 轴上的点(x,0)($x\neq 0$)有 $f(x,0)=x^2>0$,位于 y 轴上的点(0,y)($y\neq 0$)有 $f(0,y)=-y^2<0$,又因为 $f(0,0)=0$,所以 $f(0,0)$ 不为极值,即(0,0)不是函数 $f(x,y)=x^2+y^2$ 的极值点.

由于可知驻点可能是极值点,也可能不是极值点,我们给出下面的定理来判定函数的极值点.

定理 7.8.2(极值存在的充分条件)　设函数 $z=f(x,y)$ 在点 (x_0,y_0) 的某邻域内有一阶到二阶的连续偏导数,且 $f_x(x_0,y_0)=0$,$f_y(x_0,y_0)=0$.令 $f_{xx}(x_0,y_0)=A$,$f_{xy}(x_0,y_0)=B$,$f_{yy}(x_0,y_0)=C$,则有

(1)当 $AC-B^2>0$ 时,函数 $f(x,y)$ 在 (x_0,y_0) 处有极值,且当 $A>0$ 时有极小值 $f(x_0,y_0)$;当 $A<0$ 时有极大值 $f(x_0,y_0)$.

(2)当 $AC-B^2<0$ 时,函数 $f(x,y)$ 在 (x_0,y_0) 处没有极值.

(3)当 $AC-B^2=0$ 时,无法判定.

证明略.

根据上面两个定理,如果函数 $z=f(x,y)$ 具有二阶连续偏导数,则求 $z=f(x,y)$ 的极值的步骤如下:

(1)求驻点,即解方程组 $\begin{cases} f_x(x,y)=0 \\ f_y(x,y)=0 \end{cases}$,求出 $f(x,y)$ 的所有驻点 (x_i,y_j)($i=1,2,\cdots,n$;$j=1,2,\cdots,n$).

(2)求出每个驻点的二阶偏导数的值,$A=f_{xx}(x_i,y_j)$,$B=f_{xy}(x_i,y_j)$,$C=f_{yy}(x_i,y_j)$.

(3)根据 $AC-B^2$ 的正负号判定驻点是否为极值点.

(4)求出函数 $f(x,y)$ 在极值点处的极值.

7.8.2　函数的最大值和最小值

设函数 $f(x,y)$ 在有界闭区域 D 上连续,与一元函数在闭区间上连续的性质类似,函数在区域 D 上必有最大值和最小值.但函数取得最值的点可能在 D 的内部,也可能在 D 的边界上.

对于实际问题,如果根据问题的性质,函数的最值是客观存在的,而 D 的内部又只有一个驻点,那么该点的函数值就是函数的最大值或最小值.

例 7.8.1 某地有三个军用物资需求处,分别位于平面直角坐标系中的 $A(-100,0)$,$B(100,0)$ 和 $C(50,150)$ 三点,如图 7.8.1 所示. 由于训练作战需要,要在三个军需处之间建一个军供站,以补充所需物资,通过对三个军需处的需求量与运输环境的估算,所建军供站到三个军需处的运输成本与到它们的距离平方成正比,比例系数分别为 3、4 和 5. 问军供站建在何处,才能使总运输成本最小.

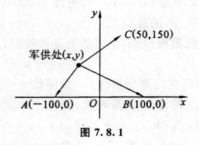

图 7.8.1

解: 设军供站所处位置为 (x,y),总运输成本为 S,则
$$S = 3[(x+100)^2 + y^2] + 4[(x-100)^2 + y^2] + 5[(x-50)^2 + (y-150)^2].$$

令
$$S_x = 6(x+100) + 8(x-100) + 10(x-50) = 0,$$
$$S_y = 6y + 8y + 10(y-150) = 0,$$

解出唯一驻点为 $\left(\dfrac{175}{6}, \dfrac{375}{6}\right)$.

根据实际问题,最小值一定存在,所以把军供站建在点 $\left(\dfrac{175}{6}, \dfrac{375}{6}\right)$ 时,运输费用最小.

例 7.8.2 要挖一条灌溉渠道,其横断面是等腰梯形,由于事先对流量有要求,所以横断面面积是一定的,应当怎样选取两岸边倾斜角 θ 以及高度 h,使得湿周(所谓湿周,是指断面上与水接触的各边总长,一般湿周越小,所用材料和修建工作量越省)最小?

解: 如图 7.8.2 所示,设水渠横断面面积为 S(定值),湿周长为 L,底边长为 a,则
$$S = (a + h\cot\theta)h$$

由此,得 $a = \dfrac{S}{h} - h\cot\theta$,又因为腰长为 $\dfrac{h}{\sin\theta}$,所以
$$L = \frac{S}{h} - h\cot\theta + \frac{2h}{\sin\theta} = \frac{S}{h} + \frac{2-\cos\theta}{\sin\theta}h \left(h > 0, 0 < \theta \leqslant \frac{\pi}{2}\right).$$

可见湿周 L 是 h 和 θ 的二元函数. 令

$$\begin{cases} L_h = -\dfrac{S}{h^2} + \dfrac{2 - \cos\theta}{\sin\theta} = 0 \\[3mm] L_\theta = \dfrac{\sin^2\theta - (2 - \cos\theta)\cos\theta}{\sin^2\theta} h = \dfrac{1 - 2\cos\theta}{\sin^2\theta} h = 0 \end{cases}$$

由于 $h > 0, 0 < \theta \leqslant \dfrac{\pi}{2}$, 所以解得 $\theta = \dfrac{\pi}{3}, h = \dfrac{\sqrt{S}}{\sqrt[4]{3}}$, 即在定义域内只有唯一

驻点 $\left(\dfrac{\pi}{3}, \dfrac{\sqrt{S}}{\sqrt[4]{3}}\right)$, 根据问题的实际意义, L 必可取得最小值. 因此, 当 $\theta = \dfrac{\pi}{3}$,

$h = \dfrac{\sqrt{S}}{\sqrt[4]{3}}$ 时, 就能使湿周最小.

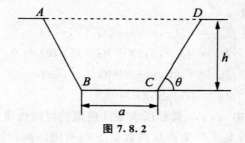

图 7.8.2

7.8.3 条件极值

极值问题有两类, 一类是在给定的区域上求函数的极值, 对于函数的自变量并无其他限制条件, 这类极值我们称为无条件极值; 另一类是对函数的自变量还有附加条件的极值问题. 例如, 求表面积为 a^2 而体积最大的长方体的体积问题. 设长方体的长、宽、高分别为 x, y, z, 则体积 $V = xyz$. 因为长方体的表面积为 a^2, 所以自变量 x, y, z 还需满足附加条件 $2(xy + yz + xz) = a^2$. 类似于这样对自变量有附加条件的极值称为条件极值.

有些情况下, 可将条件极值问题转化为无条件极值问题, 如在上述问题中, 可以从 $2(xy + yz + xz) = a^2$ 接触变量 z 关于变量 x, y 的表达式

$$z = \frac{a^2 - 2xy}{2(x + y)},$$

并代入体积 $V = xyz$ 的表达式中, 即可将上述条件极值问题化为求

$$V = \frac{xy}{2}\left(\frac{a^2 - 2xy}{x + y}\right)$$

的无条件极值问题.

但并不是所有条件极值都可以转化为无条件极值,因为有时很难在约束条件中解出某一个变量. 为此,下面介绍一种求解条件极值的方法——拉格朗日乘数法.

假设三元函数 $G(x,y,z)$ 和 $f(x,y,z)$ 在所考察的区域内有一阶连续偏导数,则求函数 $u = f(x,y,z)$ 在条件 $G(x,y,z) = 0$ 下的极值问题,可以转化为求拉格朗日函数

$$L(x,y,z,\lambda) = f(x,y,z) + \lambda G(x,y,z)(\lambda \text{ 为某一常数}).$$

的无条件极值问题. 利用拉格朗日乘数法求函数 $u = f(x,y,z)$ 在条件 $G(x,y,z) = 0$ 下的极值有如下步骤:

(1) 构造拉格朗日函数

$$L(x,y,z,\lambda) = f(x,y,z) + \lambda G(x,y,z)(\lambda \text{ 为某一常数})$$

(2) 由方程组

$$\begin{cases} L_x = f_x(x,y,z) + \lambda G_x(x,y,z) = 0 \\ L_y = f_y(x,y,z) + \lambda G_y(x,y,z) = 0 \\ L_z = f_z(x,y,z) + \lambda G_z(x,y,z) = 0 \\ L_\lambda = G(x,y,z) = 0 \end{cases}$$

解出 x,y,z,λ,其中,x,y,z 就是所求条件极值的可能极值点.

例 7.8.3 设某工厂某产品的数量 S 与所用的两种原料 A,B 的数量 x,y 间有关系式

$$S(x,y) = 0.005x^2 y.$$

现用 150 万元购置原料,已知 A,B 原料每吨单价分别为 1 万元和 2 万元,问怎样购进两种原料,才能使生产的数量最多?

解:根据题意可知,该问题可归结为求函数

$$S(x,y) = 0.005x^2 y$$

在约束条件

$$x + 2y = 150$$

下的最大值. 构造拉格朗日函数

$$L(x,y,\lambda) = 0.005x^2 y + \lambda(x + 2y - 150),$$

解得

$$\lambda = -25, x = 100, y = 25.$$

因为只有唯一的一个驻点,且实际问题的最大值是存在的,所以驻点 $(100,25)$ 也是函数 $S(x,y)$ 的最大值点,最大值为

$$S(100,25) = 0.005 \times 100^2 \times 25 = 1\ 250 \text{ 吨},$$

即购进 A 原料 100 吨、B 原料 25 吨,可使生产量达到最大值 1 250 吨.

例 7.8.4 求内接于椭球 $\dfrac{x^2}{a^2}+\dfrac{y^2}{b^2}+\dfrac{z^2}{c^2}=1$ 的体积最大的长方体的体积,长方体的各个面平行于坐标面.

解:

解法 1:设内接于椭球且各个面平行于坐标面的长方体在第一象限的顶点的坐标是 (x,y,z),则长方体的体积是

$$V=8xyz,$$

拉格朗日函数为

$$L=xyz+\lambda\left(\dfrac{x^2}{a^2}+\dfrac{y^2}{b^2}+\dfrac{z^2}{c^2}-1\right),$$

根据拉格朗日乘数法得

$$\begin{cases} yz+\lambda\dfrac{2x}{a^2}=0, & ① \\[2mm] xz+\lambda\dfrac{2y}{b^2}=0, & ② \\[2mm] xy+\lambda\dfrac{2z}{c^2}=0, & ③ \\[2mm] \dfrac{x^2}{a^2}+\dfrac{y^2}{b^2}+\dfrac{z^2}{c^2}=1, \end{cases}$$

①$\times x+$②$\times y+$③$\times z$ 可得

$$3xyz=-2\lambda,$$

把 λ 分别代入 ①,②,③ 得

$$\begin{cases} x=\dfrac{a}{\sqrt{3}}, \\[2mm] y=\dfrac{b}{\sqrt{3}}, \\[2mm] z=\dfrac{c}{\sqrt{3}}. \end{cases}$$

不难证明,当长方体在第一象限内的顶点坐标为 $\left(\dfrac{a}{\sqrt{3}},\dfrac{b}{\sqrt{3}},\dfrac{c}{\sqrt{3}}\right)$ 时,内接于题目中椭球的长方体的体积最大,为

$$V_{\max}=\dfrac{8\sqrt{3}}{9}abc.$$

解法 2:原问题等价于求 $\dfrac{x^2}{a^2},\dfrac{y^2}{b^2},\dfrac{z^2}{c^2}$ 的最大值,而这三个数的和等于1,而

$$\sqrt[3]{\dfrac{x^2}{a^2}\dfrac{y^2}{b^2}\dfrac{z^2}{c^2}}\leqslant\dfrac{1}{3}\left(\dfrac{x^2}{a^2}+\dfrac{y^2}{b^2}+\dfrac{z^2}{c^2}\right)=\dfrac{1}{3},$$

不难验证,当 $\dfrac{x^2}{a^2} = \dfrac{y^2}{b^2} = \dfrac{z^2}{c^2} = \dfrac{1}{3}$ 时,即当 $x = \dfrac{a}{\sqrt{3}}$, $y = \dfrac{b}{\sqrt{3}}$, $z = \dfrac{c}{\sqrt{3}}$ 时,

$\sqrt[3]{\dfrac{x^2}{a^2}\dfrac{y^2}{b^2}\dfrac{z^2}{c^2}} = \dfrac{1}{3}$,综上所述,当长方体在第一象限的顶点的坐标为 $\left(\dfrac{a}{\sqrt{3}}\right.$,

$\left.\dfrac{b}{\sqrt{3}}, \dfrac{c}{\sqrt{3}}\right)$ 时,内接于题目中椭球的长方体的体积最大且为

$$V_{max} = \frac{8\sqrt{3}}{9}abc.$$

解法 3:设长方体的棱与坐标轴平行,在第一象限内的顶点为 $M(x, y, z)$,则

$$V = 8xyz = 8cxy\sqrt{1 - \frac{x^2}{a^2} - \frac{y^2}{b^2}},$$

$$D: \frac{x^2}{a^2} + \frac{y^2}{b^2} < 1, x > 0, y > 0,$$

因为

$$V_x = \frac{8cy}{\sqrt{1 - \dfrac{x^2}{a^2} - \dfrac{y^2}{b^2}}}\left(1 - 2\frac{x^2}{a^2} - \frac{y^2}{b^2}\right),$$

$$V_y = \frac{8cx}{\sqrt{1 - \dfrac{x^2}{a^2} - \dfrac{y^2}{b^2}}}\left(1 - \frac{x^2}{a^2} - 2\frac{y^2}{b^2}\right),$$

令 $V_x = 0$, $V_y = 0$,解得唯一的驻点为

$$x = \frac{a}{\sqrt{3}}, y = \frac{b}{\sqrt{3}},$$

又因为 V 的最大值显然存在且在区域 D 中,所以所求的最大体积是

$$V_{max} = V\left(\frac{a}{\sqrt{3}}, \frac{b}{\sqrt{3}}\right) = \frac{8\sqrt{3}}{9}abc.$$

第 8 章　重积分

8.1　二重积分的概念与性质

在几何、力学、物理和工程技术中,有许多几何量和物理量都可归结为形如

$$V = \lim_{\lambda \to 0} \sum_{i=1}^{n} f(\xi_i, \eta_i) \Delta \sigma_i$$

的和式的极限. 为了更一般的研究这类和式的极限,现抽象出如下定义:

定义 8.1.1　设 $f(x, y)$ 是有界闭区域 D 上的有界函数,把闭区域 D 任意分成 n 个小闭区域 $\Delta\sigma_1, \Delta\sigma_2, \cdots, \Delta\sigma_n$,其中 $\Delta\sigma_i$ 表示第 i 个小闭区域,也表示它的面积,在每个 $\Delta\sigma_i$ 上任取一点 (ξ_i, η_i),作乘积

$$f(\xi_i, \eta_i) \Delta\sigma_i, i = 1, 2, \cdots, n,$$

并作和式

$$\sum_{i=1}^{n} f(\xi_i, \eta_i) \Delta\sigma_i, \tag{8.1.1}$$

如果当各小闭区域的直径中的最大值 λ 趋近于 0 时,式(8.1.1)的极限存在,则称此极限为函数 $f(x, y)$ 在闭区域 D 上的二重积分,记为

$$\iint\limits_{D} f(x, y) \mathrm{d}\sigma,$$

或

$$\iint\limits_{D} f(x, y) \mathrm{d}x\mathrm{d}y,$$

即

$$\iint\limits_{D} f(x, y) \mathrm{d}\sigma = \iint\limits_{D} f(x, y) \mathrm{d}x\mathrm{d}y = \lim_{\lambda \to 0} \sum_{i=1}^{n} f(\xi_i, \eta_i) \Delta\sigma_i.$$

其中,$f(x, y)$ 称为被积函数;$\mathrm{d}\sigma$ 称为面积微元;$f(x, y)\mathrm{d}\sigma$ 称为被积表达式;x 和 y 称为积分变量;D 称为积分区域,并称 $\sum_{i=1}^{n} f(\xi_i, \eta_i) \Delta\sigma_i$ 为积分和.

如果上述极限不存在,说明函数 $f(x, y)$ 在闭区域 D 上是不可积的.

一般地,如果 $f(x,y) \geqslant 0$,被积函数 $f(x,y)$ 可视为曲顶柱体的顶在点 (x,y) 处的竖坐标,所以二重积分的几何意义就是曲顶柱体的体积. 如果 $f(x,y) < 0$,柱体就位于 xOy 面的下方,二重积分的绝对值仍等于曲顶柱体的体积,但二重积分的值是负的. 如果 $f(x,y)$ 在积分区域 D 的若干部分是正的,其余部分是负的,我们可以把 xOy 面上方的柱体体积取为正的,xOy 面下方的柱体体积取为负的,于是 $f(x,y)$ 在 D 上的二重积分就等于这些部分区域上柱体体积的代数和.

二重积分也有与一元函数定积分类似的性质,而且其证明也与定积分性质证明类似. 所以,下面我们不加证明地叙述如下:

性质 8.1.1　设 α,β 为常数,则

$$\iint\limits_D [\alpha f(x,y) + \beta g(x,y)] \mathrm{d}\sigma = \alpha \iint\limits_D f(x,y) \mathrm{d}\sigma + \beta \iint\limits_D g(x,y) \mathrm{d}\sigma.$$

这个性质表明二重积分满足线性运算.

性质 8.1.2　如果闭区域 D 可被曲线分为两个没有公共内点的闭子区间 D_1 和 D_2,则

$$\iint\limits_D f(x,y) \mathrm{d}\sigma = \iint\limits_{D_1} f(x,y) \mathrm{d}\sigma \pm \iint\limits_{D_2} f(x,y) \mathrm{d}\sigma.$$

这个性质表明二重积分区域具有可加性.

性质 8.1.3　如果在闭区域 D 上,$f(x,y) = 1$,σ 为 D 的面积,则

$$\iint\limits_D 1 \mathrm{d}\sigma = \iint\limits_D \mathrm{d}\sigma = \sigma.$$

这个性质的几何意义是:以 D 为底,高为 1 的平顶柱体的体积在数值上等于柱体的底面积.

性质 8.1.4(估值定理)　如果在闭区间 D 上,有 $f(x,y) \leqslant g(x,y)$,则

$$\iint\limits_D f(x,y) \mathrm{d}\sigma \leqslant \iint\limits_D g(x,y) \mathrm{d}\sigma.$$

特别地,有

$$\left| \iint\limits_D f(x,y) \mathrm{d}\sigma \right| \leqslant \iint\limits_D |f(x,y)| \mathrm{d}\sigma.$$

性质 8.1.5　设 M,m 分别是 $f(x,y)$ 在闭区域 D 上的最大值和最小值,σ 为 D 的面积,则

$$m\sigma \leqslant \iint\limits_D f(x,y) \mathrm{d}\sigma \leqslant M\sigma.$$

这个不等式称为二重积分的估值不等式.

性质 8.1.6　设函数 $f(x,y)$ 在闭区域 D 上连续,σ 为 D 的面积,则在 D 上至少存在一点 (ξ,η),使得

$$\iint\limits_{D}f(x,y)\mathrm{d}\sigma = f(\xi,\eta)\sigma.$$

这个性质称为二重积分的中值定理. 其几何意义为：在区域 D 上以曲面 $f(x,y)$ 为顶的曲顶柱体的体积，等于以区域 D 内某一点 (ξ,η) 为高的平顶柱体体积.

注：由性质 8.1.6 可得 $\dfrac{1}{\sigma}\iint\limits_{D}f(x,y)\mathrm{d}\sigma = f(\xi,\eta)$. 通常把数值 $\dfrac{1}{\sigma}\iint\limits_{D}f(x,y)\mathrm{d}\sigma$ 称为函数 $f(x,y)$ 在 D 上的平均值.

例 8.1.1　设 D 是圆环 $1 \leqslant x^2 + y^2 < 4$，证明：
$$\frac{3\pi}{\mathrm{e}^4} \leqslant \iint\limits_{D}\mathrm{e}^{-(x^2+y^2)}\mathrm{d}\sigma \leqslant \frac{3\pi}{\mathrm{e}}.$$

证明：由题意可得区域 D 的面积为
$$\sigma = \pi\cdot 2^2 - \pi\cdot 1^2 = 3\pi,$$

因为
$$1 \leqslant x^2 + y^2 < 4,$$

所以
$$\frac{3\pi}{\mathrm{e}^4} = \frac{1}{\mathrm{e}^4}\iint\limits_{D}\mathrm{d}\sigma \leqslant \iint\limits_{D}\mathrm{e}^{-(x^2+y^2)}\mathrm{d}\sigma \leqslant \frac{1}{\mathrm{e}}\iint\limits_{D}\mathrm{d}\sigma = \frac{3\pi}{\mathrm{e}},$$

即
$$\frac{3\pi}{\mathrm{e}^4} \leqslant \iint\limits_{D}\mathrm{e}^{-(x^2+y^2)}\mathrm{d}\sigma \leqslant \frac{3\pi}{\mathrm{e}}$$

得证.

8.2　二重积分的计算法

8.2.1　直角坐标系下二重积分的计算

在直角坐标系 xOy 中，用两组平行于坐标轴的直线划分区域 D，则除了包含边界的一些小闭区域外，其余小闭区域都是矩形. 设矩形闭区域 $\Delta\sigma_i$ 的边长为 Δx_i 和 Δy_i，如图 8.2.1 所示，则
$$\Delta\sigma_i = \Delta x_i \Delta y_i,$$
把面积微元 $\mathrm{d}\sigma$ 写成 $\mathrm{d}x\mathrm{d}y$，由此

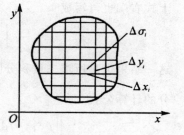

图 8.2.1

$$\iint\limits_{D} f(x,y)\mathrm{d}\sigma = \iint\limits_{D} f(x,y)\mathrm{d}x\mathrm{d}y.$$

下面给出二重积分的计算方法,根据二重积分的定义,对闭区域 D 的划分是任意的.为方便起见,不妨设被积函数 $f(x,y) \geqslant 0$,现就区域 D 的不同形状分情况讨论.

(1) 称形如

$$D = \{(x,y) \mid \varphi_1(x) \leqslant y \leqslant \varphi_2(x), x \in [a,b]\}$$

的区域为 X 型域,其中 $y = \varphi_1(x)$ 和 $y = \varphi_2(x)$ 均为 $[a,b]$ 上的连续函数,如图 8.2.2 所示.X 型域的特点是:任何平行于 y 轴且穿过区域 D 内部的直线与 D 的边界相交不多于两点.

在此求以 $z = f(x,y)$ 为顶,以 D 为底的曲顶柱体的体积.在区间 $[a,b]$ 内任取 x,过 x 作垂直于 x 轴的平面与柱体相交,截出的面积设为 $S(x)$,如图 8.2.3 所示.

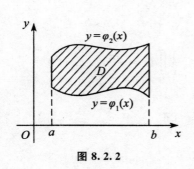

图 8.2.2 图 8.2.3

由定积分可知

$$S(x) = \int_{\varphi_1(x)}^{\varphi_2(x)} f(x,y)\mathrm{d}y,$$

所求曲顶柱体的体积为

$$V = \int_a^b S(x)\mathrm{d}x = \int_a^b \left[\int_{\varphi_1(x)}^{\varphi_2(x)} f(x,y)\mathrm{d}y\right]\mathrm{d}x, \qquad (8.2.1)$$

上式右端也可写成

$$\int_a^b \mathrm{d}x \int_{\varphi_1(x)}^{\varphi_2(x)} f(x,y)\mathrm{d}y,$$

这一结果也是所求二重积分 $\iint\limits_{D} f(x,y)\mathrm{d}x\mathrm{d}y$ 的值,便可得到 X 型域上二重积分的计算公式

$$\iint\limits_{D} f(x,y)\mathrm{d}x\mathrm{d}y = \int_a^b \mathrm{d}x \int_{\varphi_1(x)}^{\varphi_2(x)} f(x,y)\mathrm{d}y. \qquad (8.2.2)$$

从上面的公式可以看出,计算二重积分需要计算两次定积分:先把 x 视为常数,将函数 $f(x,y)$ 看作以 y 为变量的一元函数,并在 $[\varphi_1(x),\varphi_2(x)]$ 上对 y 求定积分,第一次积分的结果与 x 有关;第二次积分时,x 是积分变量,积分限是常数,计算结果是一个定值. 以上过程称为先对 y 后对 x 的累次积分或二次积分.

(2) 称形如

$$D = \{(x,y) \mid \psi_1(x) \leqslant x \leqslant \psi_2(x), y \in [c,d]\}$$

的区域为 Y 型域,其中 $\psi_1(x)$ 与 $\psi_2(x)$ 均在 $[c,d]$ 上连续,如图 8.2.4 所示. Y 型域的特点是:任何平行于 x 且穿过区域 D 内部的直线与 D 的边界相交不多于两点.

当 D 为 Y 型域时,有

$$\iint\limits_{D} f(x,y)\mathrm{d}x\mathrm{d}y = \int_c^d \mathrm{d}y \int_{\psi_1(x)}^{\psi_2(x)} f(x,y)\mathrm{d}x.$$

(3) 对于那些既不是 X 型域也不是 Y 型域的有界闭区域,可分解成若干个 X 型域和 Y 型域的并集,如图 8.2.5 所示.

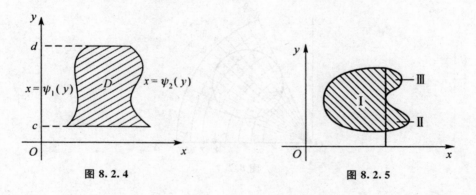

图 8.2.4　　　　　　　　　　图 8.2.5

(4) 如果区域 D 既为 X 型域又为 Y 型域,且 $f(x,y)$ 在 D 上连续时,如图 8.2.6 所示,则有

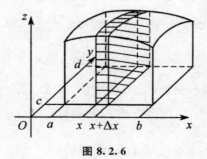

图 8.2.6

$$\int_a^b \mathrm{d}x \int_{\varphi_1(x)}^{\varphi_2(x)} f(x,y)\mathrm{d}y = \int_c^d \mathrm{d}y \int_{\psi_1(x)}^{\psi_2(x)} f(x,y)\mathrm{d}x,$$

即累次积分可交换积分顺序.

8.2.2 二重积分在极坐标系中的计算

有些二重积分在直角坐标系下计算特别复杂,尤其是对于积分区域为圆域或圆域的一部分,被积函数为 $f(x^2+y^2)$ 或 $f\left(\dfrac{y}{x}\right)$ 等形式时,采用极坐标系计算往往会显得更简便.

对于极坐标系下的面积元素的表示方法. 设函数 $z=f(x,y)$ 在有界闭区域 D 上连续,在直角坐标系中,一般以平行于 x 轴和 y 轴的两族直线来分割区域 D,然后作积分并求其极限,而在极坐标系中,则用半径 r 为常数的一族同心圆和倾角 θ 为常数的一族过极点的射线来分割 D,如图 8.2.7 所示,得出若干个小块,每块面积记为 $\Delta\sigma_i$.

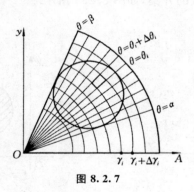

图 8.2.7

已知扇形的面积为 $S=\dfrac{1}{2}r^2\theta$,则每一小块的面积等于 $r+\Delta r$ 为半径的大扇形的面积与以 r 为半径的小扇形的面积之差,则

$$\Delta\sigma_i = \frac{1}{2}(r_i+\Delta r_i)^2\Delta\theta_i - \frac{1}{2}r_i^2\Delta\theta_i$$

$$= r_i\Delta r\Delta\theta + \frac{1}{2}(\Delta r_i)^2\Delta\theta_i.$$

其中,Δr_i,$\Delta\theta_i$ 分别表示变量 r 与 θ 的增量. 当 Δr_i,$\Delta\theta_i$ 充分小时,有

$$\Delta\sigma_i \approx r_i\Delta r_i\Delta\theta_i,$$

因此极坐标下面积元素

$$\mathrm{d}\sigma = r\mathrm{d}r\mathrm{d}\theta.$$

如果将被积函数 $f(x,y)$ 中的 x 和 y 用平面直角坐标 (x,y) 与极坐标 (r,θ) 的变换公式 $x = r\cos\theta, y = r\sin\theta$ 代换，则可求得如下极坐标系下的二重积分的计算公式

$$\iint_D f(x,y)\mathrm{d}x\mathrm{d}y = \iint_D f(r\cos\theta, y = r\sin\theta)\mathrm{d}r\mathrm{d}\theta.$$

下面给出在具体的计算中将极坐系的二重积分式化为二次积分的方法.

如果区域 D 可以用不等式

$$\varphi_1(\theta) \leqslant r \leqslant \varphi_2(\theta), \alpha \leqslant \theta \leqslant \beta$$

表示，如图 8.2.8 所示，则二重积分可化为极坐标系下的二次积分

$$\iint_D f(r\cos\theta, r\sin\theta)r\mathrm{d}r\mathrm{d}\theta = \int_\alpha^\beta \mathrm{d}\theta \int_{\varphi_1(\theta)}^{\varphi_2(\theta)} f(r\cos\theta, r\sin\theta)r\mathrm{d}r.$$

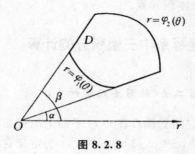

图 8.2.8

如果区域 D 是把原点 O 包含在内部的有界闭区域，边界曲线为 $r = \varphi(\theta)$，如图 8.2.9 所示，则二重积分可化为极坐标系下的二次积分

$$\iint_D f(r\cos\theta, r\sin\theta)r\mathrm{d}r\mathrm{d}\theta = \int_0^{2\pi} \mathrm{d}\theta \int_0^{\varphi(\theta)} f(r\cos\theta, r\sin\theta)r\mathrm{d}r.$$

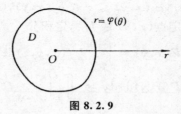

图 8.2.9

8.3　三重积分的计算

二重积分在几何上表示立体的体积，三重积分在几何上已没有几何意

义,但它在物理和力学中有重要的应用.

定义 8.3.1 设 $z = f(x,y,z)$ 在有界闭区域 Ω 上有定义,用分法 T 把 Ω 分为 n 个小闭区域 $\Delta v_1, \Delta v_2, \cdots, \Delta v_n$, $\|T\|$ 表示所有小空间立体 Δv_i 的直径的最大值,在 Δv_i 上任取一点 (ξ_i, η_i, ζ_i),如果

$$\lim_{\|T\| \to 0} \sum_{i=1}^{n} f(\xi_i, \eta_i, \zeta_i) \Delta v_i = I$$

存在,且数 I 与分法 T 及点 (ξ_i, η_i, ζ_i) 无关,则称 $f(x,y,z)$ 在 Ω 上可积,并称 I 是 $\lim\limits_{\|T\| \to 0} \sum\limits_{i=1}^{n} f(\xi_i, \eta_i, \zeta_i) \Delta v_i = I$ 的三重积分,记为 $\iiint\limits_{\Omega} f(x,y,z) dv$,即

$$\iiint\limits_{\Omega} f(x,y,z) dv = \lim_{\|T\| \to 0} \sum_{i=1}^{n} f(\xi_i, \eta_i, \zeta_i) \Delta v_i.$$

其中,Ω 为积分区域,$f(x,y,z)dv$ 称为被积表达式,$f(x,y,z)$ 称为被积函数,dv 或 $dxdydz$ 称为体积元素.

8.3.1 直角坐标系中三重积分的计算

8.3.1.1 先一后二法(投影法或穿针法)

定义 8.3.2 设空间立体 Ω 在 xOy 平面上的投影区域为 D_{xy},曲面 $z = \varphi_1(x,y)$, $z = \varphi_2(x,y)$, $\varphi_1(x,y) \leqslant \varphi_2(x,y)$ 为定义在 D_{xy} 上的两个光滑曲面,如果 Ω 可表示成

$$\Omega = \{(x,y,z) \mid \varphi_1(x,y) \leqslant z \leqslant \varphi_2(x,y), (x,y) \in D_{xy}\},$$

则称 Ω 为 z- 型空间区域.

同理可得到 x- 型空间区域和 y- 型空间区域.

定理 8.3.1 设函数 $f(x,y,z)$ 在 z 型空间区域

$$\Omega = \{(x,y,z) \mid \varphi_1(x,y) \leqslant z \leqslant \varphi_2(x,y), (x,y) \in D_{xy}\}$$

上可积,如果对每个固定点 $(x,y) \in D_{xy}$,定积分

$$F(x,y) = \int_{\varphi_1(x,y)}^{\varphi_2(x,y)} f(x,y,z) dz$$

存在,则二重积分 $\iint\limits_{D_{xy}} F(x,y) dxdy = \iint\limits_{D_{xy}} \left[\int_{\varphi_1(x,y)}^{\varphi_2(x,y)} f(x,y,z) dz \right] dxdy$ 也存在,且

$$\iiint\limits_{V} f(x,y,z) dxdydz = \iint\limits_{D_{xy}} \left[\int_{\varphi_1(x,y)}^{\varphi_2(x,y)} f(x,y,z) dz \right] dxdy$$

$$= \iint\limits_{D_{xy}} dxdy \int_{\varphi_1(x,y)}^{\varphi_2(x,y)} f(x,y,z) dz.$$

进一步,如果射影区域 D_{xy} 是平面 x-型空间区域,即
$$D_{xy} = \{(x,y)\,|\,\psi_1(x) \leqslant y \leqslant \psi_2(x), a \leqslant x \leqslant b\},$$
则三重积分可化为
$$\iiint\limits_{\Omega} f(x,y,z)\mathrm{d}x\mathrm{d}y\mathrm{d}z = \int_a^b \mathrm{d}x \int_{\psi_1(x)}^{\psi_2(x)} \mathrm{d}y \int_{\varphi_1(x,y)}^{\varphi_2(x,y)} f(x,y,z)\mathrm{d}z.$$
上式右端称为先对 z,再对 y,最后对 x 的累次积分.

当空间立体是 x-型空间区域和 y-型空间区域时,也有类似的累次积分公式.

8.3.1.2　截面法(先二后一法)

定理 8.3.2　设函数 $f(x,y,z)$ 在空间立体 Ω 上可积,Ω 可表示成
$$\Omega = \{(x,y,z)\,|\,(x,y) \in D(z), a \leqslant z \leqslant b\},$$
其中,$D(z)$ 为平面 $z=z$ 与 V 相交的截面,如果对每个固定的 $z \in [a,b]$,二重积分 $\iint\limits_{D(z)} f(x,y,z)\mathrm{d}x\mathrm{d}y$ 存在,则积分 $\int_a^b \mathrm{d}z \iint\limits_{D(z)} f(x,y,z)\mathrm{d}x\mathrm{d}y$ 也存在,且
$$\iiint\limits_{\Omega} f(x,y,z)\mathrm{d}x\mathrm{d}y\mathrm{d}z = \int_a^b \mathrm{d}z \iint\limits_{D(z)} f(x,y,z)\mathrm{d}x\mathrm{d}y.$$

8.3.2　柱坐标系中三重积分的计算

三维空间的柱坐标系就是平面极坐标系加上 z 轴,如图 8.3.1 所示,所以直角坐标与柱面坐标之间的关系是
$$x = r\cos\theta, y = r\sin\theta, z = z$$
$$(0 \leqslant r < +\infty, 0 \leqslant \theta \leqslant 2\pi, -\infty < z < +\infty)$$
且
$$x^2 + y^2 = r^2.$$
三个坐标面分别是

(1)$r = r_0$,是一个以 z 轴为中心轴、半径为 r_0 的圆柱面.

(2)$\theta = \theta_0$,是一个过 z 轴、极角为 θ_0 的半平面.

(3)$z = z_0$,是一个与 xOy 平面平行,高度为 z_0 的水平面.

在平面极坐标系中计算二重积分时,必须用极坐标表示面积微元,即 $\mathrm{d}\sigma = r\mathrm{d}r\mathrm{d}\theta$.为了在柱坐标系下计算三重积分 $\iiint\limits_{\Omega} f(x,y,z)\mathrm{d}v$,我们需要用柱坐标表示体积微元 $\mathrm{d}v$.如图 8.3.2 所示,体积元素 ΔV 由半径为 r 和 $r+\mathrm{d}r$ 的圆柱面,极角为 θ 和 $\theta+\mathrm{d}\theta$ 的半平面,以及高度为 z 和 $z+\mathrm{d}z$ 的水平面所围

成. 通过以直带曲和以平行代相交把 ΔV 近似看作一长方体, 该长方体的三条边分别为 $\mathrm{d}z, \mathrm{d}r, r\mathrm{d}\theta$, 则有

$$\Delta V \approx r\mathrm{d}\theta\mathrm{d}z\mathrm{d}r,$$

略去高阶无穷小后, 可得体积微元

$$\mathrm{d}v = r\mathrm{d}\theta\mathrm{d}z\mathrm{d}r.$$

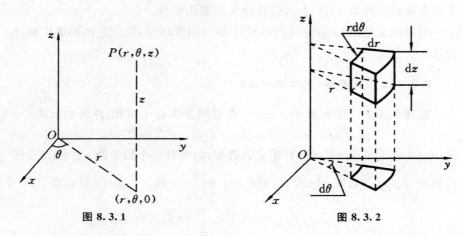

图 8.3.1　　　　　　　　　　　图 8.3.2

于是把直角坐标系中的三重积分变换到柱坐标时, 只要把被积函数 $f(x,y,z)$ 中 x,y,z 分别换成 $r\cos\theta, r\sin\theta, z$; 把体积微元 $\mathrm{d}v$ 换成柱坐标系中的体积微元 $r\mathrm{d}\theta\mathrm{d}z\mathrm{d}r$; 最后把积分区域 Ω 换成 r,θ,z 的相应变化范围 Ω', 即

$$\iiint\limits_{\Omega} f(x,y,z)\mathrm{d}x\mathrm{d}y\mathrm{d}z = \iiint\limits_{\Omega'} f(r\cos\theta, r\sin\theta, z)r\mathrm{d}\theta\mathrm{d}z\mathrm{d}r. \quad (8.3.1)$$

式 (8.3.1) 称为三重积分的柱坐标变换公式. 柱坐标系中的三重积分也可以转化为三次积分来计算, 下面通过例子来说明.

8.3.3　球坐标系中三重积分的计算

设 $M(x,y,z)$ 是空间内一点, 点 M 到原点 O 的距离为 r, 向量 $\overrightarrow{OM}$ 与 z 轴正向的夹角为 φ, 点 M 在 xOy 面上的投影为 P, 从 z 轴正向看, 自 x 轴按逆时针方向转到向量 $\overrightarrow{OP}$ 的角度为 θ, 则称 r,φ,θ 为 M 的球坐标, 如图 8.3.3 所示. 规定柱坐标 r,φ,θ 的变化范围是

$$\begin{cases} 0 \leqslant r < +\infty, \\ 0 \leqslant \varphi \leqslant \pi, \\ 0 \leqslant \theta \leqslant 2\pi. \end{cases}$$

三个坐标面分别是

(1) $r = r_0$ (r_0 为常数)，即以原点 O 为中心，以 r_0 为半径的球面.

(2) $\varphi = \varphi_0$ (φ_0 为常数)，即顶点在原点，以 z 轴为轴，顶角为 $2\varphi_0$ 的锥面.

(3) $\theta = \theta_0$ (θ_0 为常数)，即通过 z 轴、极角为 θ_0 的半平面.

所以点 M 的直角坐标与球坐标的关系是

$$\begin{cases} x = r\sin\varphi\cos\theta, \\ y = r\sin\varphi\sin\theta, \\ z = r\cos\varphi. \end{cases}$$

要把三重积分 $\iiint\limits_{\Omega} f(x,y,z)\mathrm{d}x\mathrm{d}y\mathrm{d}z$ 中的变量变换为球坐标，我们用三组球坐标面把积分区域 Ω 分成若干小闭区域，现在考虑由 r,φ,θ 各取微小增量 $\mathrm{d}r,\mathrm{d}\varphi,\mathrm{d}\theta$ 所成的六面体的体积 Δv，如图 8.3.4 所示，略去高阶无穷小，该六面体可看作长方体，边长分别是 $r\mathrm{d}\varphi, r\sin\varphi\mathrm{d}\theta, \mathrm{d}r$，所以球坐标系中的体积元素是

$$\mathrm{d}v = r^2\sin\varphi\mathrm{d}r\mathrm{d}\varphi\mathrm{d}\theta,$$

所以三重积分 $\iiint\limits_{\Omega} f(x,y,z)\mathrm{d}x\mathrm{d}y\mathrm{d}z$ 可化为球坐标系中的三重积分

$$\iiint\limits_{\Omega} f(x,y,z)\mathrm{d}x\mathrm{d}y\mathrm{d}z = \iiint\limits_{\Omega} f(r\sin\varphi\cos\theta, r\sin\varphi\sin\theta, r\cos\varphi)r^2\sin\varphi\mathrm{d}r\mathrm{d}\varphi\mathrm{d}\theta,$$

或

$$\iiint\limits_{\Omega} f(x,y,z)\mathrm{d}x\mathrm{d}y\mathrm{d}z = \iiint\limits_{\Omega} F(r,\varphi,\theta)r^2\sin\varphi\mathrm{d}r\mathrm{d}\varphi\mathrm{d}\theta,$$

其中，$F(r,\varphi,\theta) = f(r\sin\varphi\cos\theta, r\sin\varphi\sin\theta, r\cos\varphi)$.

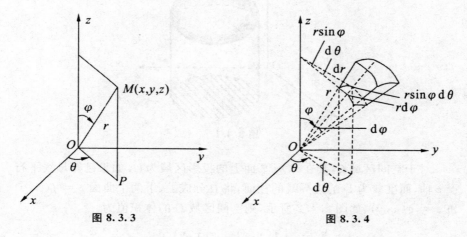

图 8.3.3   图 8.3.4

8.4 重积分的应用

8.4.1 重积分在几何中的应用

8.4.1.1 平面图形的面积

由二重积分的几何意义和性质可知,如果在区域 D 上 $f(x,y)=1$,则平面区域 D 的面积为

$$\iint\limits_{D}1\mathrm{d}\sigma = \sigma = \iint\limits_{D}\mathrm{d}\sigma,$$

因此可用二重积分计算平面图形的面积.

8.4.1.2 体积

对于以 xOy 平面上的有界闭区域 D 为底,其侧面以 D 的边界线为准线,而母线平行于 z 轴的柱面,其顶是连续曲面 $z=f(x,y)\geqslant 0$,如图 8.4.1 所示. 由二重积分的几何意义可知,曲顶柱体的体积值为

$$V = \iint\limits_{D}f(x,y)\mathrm{d}\sigma.$$

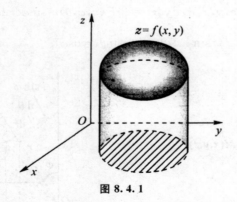

图 8.4.1

对于空间区域 Ω,其在 xOy 平面上的投影区域为 D. 如果已知母线平行于 z 轴,而准线为 D 的边界线的柱面,将 Ω 分成上、下两个曲面 $z=f(x,y)$ 和 $z=g(x,y)$,如图 8.4.2 所示,则空间区域 Ω 的体积值为

$$V = \iint\limits_{D}[f(x,y)-g(x,y)]\mathrm{d}\sigma.$$

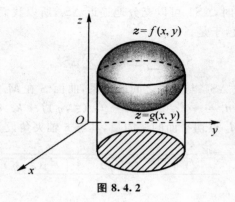

图 8.4.2

8.4.1.3 空间曲面的面积

首先介绍曲面面积的求法.

设曲面 S 由方程

$$z = f(x, y)$$

给出,曲面 S 在 xOy 平面上的投影区域为 D,并设函数 $f(x, y)$ 在 D 上有连续偏导数,所以函数在每一点可微,曲面 S 在每一点处的切平面存在,现在来求曲面 S 的面积.

把区域 D 分成 n 个小区域 $\Delta\sigma_i (i = 1, 2, \cdots, n)$,面积记为 $\Delta\sigma_i$,相应地把曲面 S 分成 n 块小的曲面 $\Delta S_i (i = 1, 2, \cdots, n)$,在 $\Delta\sigma_i$ 上任取一点 $P_i(\xi_i, \eta_i)$,相应地小块曲面 ΔS_i 上有一点 $M_i(\xi_i, \eta_i, f(\xi_i, \eta_i))$.过 M_i 点作曲面 S 的切平面,在切平面上取一小块平面 ΔS_i^*,使 ΔS_i^* 在 xOy 平面上的投影与 ΔS_i 在 xOy 平面上的投影相重合,都为 $\Delta\sigma_i$ (图 8.4.3).

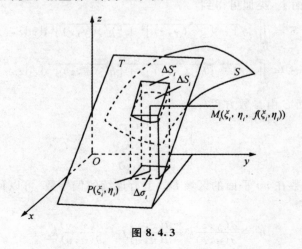

图 8.4.3

当 $\Delta\sigma_i$ 充分小时，ΔS_i^* 可以充分地逼近 ΔS_i，所以我们可以把面积 ΔS_i^* 作为 ΔS_i 的近似值，于是

$$S = \sum_{i=1}^{n} \Delta S_i = \sum_{i'=1}^{n} \Delta S_i^*.$$

下面我们寻找 ΔS_i^* 与 $\Delta\sigma_i$ 之间的关系，曲面 S 在 M_i 点的法向量为

$$\boldsymbol{n}_i = -f'_x(\xi_i, \eta_i)\boldsymbol{i} - f'_y(\xi_i, \eta_i)\boldsymbol{j} + \boldsymbol{k}.$$

它也是曲面 S 在 M_i 点切平面的法向量，其与 z 轴夹角设为 γ_i，则

$$\cos\gamma_i = \pm \frac{1}{\sqrt{1 + [f'_x(\xi_i, \eta_i)]^2 + [f'_y(\xi_i, \eta_i)]^2}},$$

可得到

$$\Delta\sigma_i = \Delta S_i^* |\cos\gamma_i|,$$

$$\Delta S_i^* = \frac{\Delta\sigma_i}{|\cos\gamma_i|} = \sqrt{1 + [f'_x(\xi_i, \eta_i)]^2 + [f'_y(\xi_i, \eta_i)]^2} \, \Delta\sigma_i,$$

$$S = \sum_{i=1}^{n} \Delta S_i \approx \sum_{i=1}^{n} \Delta S_i^*,$$

即

$$S \approx \sum_{i=1}^{n} \sqrt{1 + [f'_x(\xi_i, \eta_i)]^2 + [f'_y(\xi_i, \eta_i)]^2} \, \Delta\sigma_i.$$

令各小闭区域 $\Delta\sigma_i$ 直径中的最大值 $\lambda \to 0$，得到计算曲面面积公式

$$S = \lim_{\lambda \to 0} \sum_{i=1}^{n} \sqrt{1 + [f'_x(\xi_i, \eta_i)]^2 + [f'_y(\xi_i, \eta_i)]^2} \, \Delta\sigma_i$$

$$= \iint_D \sqrt{1 + [f'_x(\xi_i, \eta_i)]^2 + [f'_y(\xi_i, \eta_i)]^2} \, \mathrm{d}\sigma.$$

如果曲面方程为 $x = g(y, z)$ 或 $y = h(x, z)$，则可将曲面投影到 yOz 平面或 zOx 平面上，类似可得到

$$S = \iint_{D_{yz}} \sqrt{1 + [g'_y(y, z)]^2 + [g'_z(y, z)]^2} \, \mathrm{d}y\mathrm{d}z,$$

$$S = \iint_{D_{xz}} \sqrt{1 + [h'_x(x, z)]^2 + [h'_z(x, z)]^2} \, \mathrm{d}x\mathrm{d}z.$$

如果曲面 S 由参数方程

$$\begin{cases} x = x(u, v) \\ y = y(u, v) \\ z = z(u, v) \end{cases}$$

给出，这些函数在 uv 平面的区域 D_{uv} 上有连续的偏导数. 可以证明：曲面 S 的法向量 $\boldsymbol{n}$ 为

$$\boldsymbol{n} = \frac{\partial(y, z)}{\partial(u, v)}\boldsymbol{i} + \frac{\partial(z, x)}{\partial(u, v)}\boldsymbol{j} + \frac{\partial(x, y)}{\partial(u, v)}\boldsymbol{k}.$$

法向量 $\boldsymbol{n}$ 的第三个方向余弦为(设 $C \neq 0$)

$$\cos\gamma = \pm \frac{C}{\sqrt{A^2 + B^2 + C^2}},$$

其中 $A = \dfrac{\partial(y, z)}{\partial(u, v)}, B = \dfrac{\partial(z, x)}{\partial(u, v)}, C = \dfrac{\partial(x, y)}{\partial(u, v)}.$

小面积微元

$$dS = \frac{d\sigma}{|\cos\gamma|} = \frac{\sqrt{A^2 + B^2 + C^2}}{|C|} d\sigma.$$

由二重积分变量变换公式可知

$$d\sigma = |J(u, v)| du dv = |C| du dv,$$

所以

$$dS = \sqrt{A^2 + B^2 + C^2} \, du dv.$$

求曲面 S 的面积公式为

$$S = \iint\limits_{D_{uv}} \sqrt{A^2 + B^2 + C^2} \, du dv.$$

例 8.4.1　求球面 $x^2 + y^2 + z^2 = a^2$ 含在柱面 $x^2 + y^2 = ax(a > 0)$ 内部的面积(图 8.4.4 表示所求面积的一半).

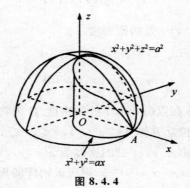

图 8.4.4

解:由球面方程可得

$$z'_x = -\frac{x}{z}, z'_y = -\frac{y}{z},$$

所以

$$\sqrt{1 + z'^2_x + z'^2_y} = \sqrt{1 + \frac{x^2}{z^2} + \frac{y^2}{z^2}} = \frac{a}{\sqrt{a^2 - x^2 - y^2}},$$

其中 D 为以 OA 为直径的圆域,在 xOy 平面上第一象限那一部分. 采用极坐标计算,有

$$S = 4 \iint_D \frac{a}{\sqrt{a^2 - x^2 - y^2}} \mathrm{d}x \mathrm{d}y$$

$$= 4 \int_0^{\frac{\pi}{2}} \mathrm{d}\theta \int_0^{a\cos\theta} \frac{a}{\sqrt{a^2 - r^2}} r \mathrm{d}r$$

$$= 4a \int_0^{\frac{\pi}{2}} (-\sqrt{a^2 - r^2}) \Big|_0^{a\cos\theta} \mathrm{d}\theta$$

$$= 4a \int_0^{\frac{\pi}{2}} (1 - \sin\theta) \mathrm{d}\theta$$

$$= 2a^2 (\pi - 2).$$

8.4.2 重积分在物理中的应用

8.4.2.1 物质的质量

根据前面的内容,易得下面的公式:

平面薄片的质量为

$$m = \iint_D \rho(x,y) \mathrm{d}\sigma,$$

其中 $\rho(x,y)$ 为在点 (x,y) 处的面密度.

空间物体的质量为

$$m = \iiint_\Omega \rho(x,y,z) \mathrm{d}V,$$

其中 $\rho(x,y,z)$ 为物体在点 (x,y,z) 处的密度. Ω 为物体占有的空间.

例 8.4.2   求单位立方体 $0 \leqslant x \leqslant 1, 0 \leqslant y \leqslant 1, 0 \leqslant z \leqslant 1$ 的物体的质量,如果物体在点 $M(x,y,z)$ 处的密度为 $\rho(x,y,z) = x + y + z$.

解:因为 $\rho(x,y,z) = x + y + z$,则所求物体的质量为

$$m = \iiint_\Omega (x+y+z) \mathrm{d}x\mathrm{d}y\mathrm{d}z = \int_0^1 \mathrm{d}x \int_0^1 \mathrm{d}y \int_0^1 (x+y+z) \mathrm{d}z$$

$$= \int_0^1 \mathrm{d}x \int_0^1 \left(x + y + \frac{1}{2}\right) \mathrm{d}y = \int_0^1 \left[\left(x + \frac{1}{2}\right) + \frac{1}{2}\right] \mathrm{d}x = \frac{3}{2}.$$

8.4.2.2 物体的质心

在物理学中,我们知道有限个质点的质点系的质心位置. 设平面上有 n 个质点组成的质点系,其位置分别为 $(x_i, y_i)(i = 1, 2, \cdots, n)$,每个质点的质量为 $m_i(i = 1, 2, \cdots, n)$,则该质点系的质心坐标 $(\bar{x}, \bar{y})$ 计算公式为

$$\bar{x} = \frac{\sum\limits_{i=1}^{n} m_i x_i}{\sum\limits_{i=1}^{n} m_i}, \bar{y} = \frac{\sum\limits_{i=1}^{n} m_i y_i}{\sum\limits_{i=1}^{n} m_i}.$$

现在对于一非均匀物体,设其密度为 x,y 的连续函数 $\rho(x,y)$,我们求其质心.

把区域 D 分割成 n 个小区域 $\Delta\sigma_i(i=1,2,\cdots,n)$,小区域的面积用 $\Delta\sigma_i$ 表示, $\Delta\sigma_i$ 的质量近似为

$$\Delta m_i \approx \rho(\xi_i,\eta_i)\Delta\sigma_i.$$

现在想象把小区域的质量集中在点 $M_i(\xi_i,\eta_i)$ 处,这样得到 n 个质点组成的质点系,物体的质心近似等于这 n 个质点组成的质点系的质心.

$$\bar{x} \approx \frac{\sum\limits_{i=1}^{n} \xi_i\rho(\xi_i,\eta_i)\Delta\sigma_i}{\sum\limits_{i=1}^{n} \rho(\xi_i,\eta_i)\Delta\sigma_i}, \bar{y} = \frac{\sum\limits_{i=1}^{n} \eta_i\rho(\xi_i,\eta_i)\Delta\sigma_i}{\sum\limits_{i=1}^{n} \rho(\xi_i,\eta_i)\Delta\sigma_i},$$

取极限后,得到物体的质心 $(\bar{x},\bar{y})$ 计算公式为

$$\bar{x} = \frac{\iint\limits_{D} x\rho(x,y)\mathrm{d}x\mathrm{d}y}{\iint\limits_{D} \rho(x,y)\mathrm{d}x\mathrm{d}y}, \bar{y} = \frac{\iint\limits_{D} y\rho(x,y)\mathrm{d}x\mathrm{d}y}{\iint\limits_{D} \rho(x,y)\mathrm{d}x\mathrm{d}y},$$

同理可得到空间非均匀物体 Ω 的质心 $(\bar{x},\bar{y},\bar{z})$ 坐标计算公式为

$$\bar{x} = \frac{\iiint\limits_{\Omega} x\rho(x,y,z)\mathrm{d}x\mathrm{d}y\mathrm{d}z}{\iiint\limits_{\Omega} \rho(x,y,z)\mathrm{d}x\mathrm{d}y\mathrm{d}z},$$

$$\bar{y} = \frac{\iiint\limits_{\Omega} y\rho(x,y,z)\mathrm{d}x\mathrm{d}y\mathrm{d}z}{\iiint\limits_{\Omega} \rho(x,y,z)\mathrm{d}x\mathrm{d}y\mathrm{d}z},$$

$$\bar{z} = \frac{\iiint\limits_{\Omega} z\rho(x,y,z)\mathrm{d}x\mathrm{d}y\mathrm{d}z}{\iiint\limits_{\Omega} \rho(x,y,z)\mathrm{d}x\mathrm{d}y\mathrm{d}z},$$

其中, $\rho(x,y,z)$ 为物体 Ω 在点 (x,y,z) 处的密度.它是 x,y,z 的连续函数.

第9章　曲线积分与曲面积分

9.1　对弧长的曲线积分

一元函数的定积分 $\int_a^b f(x)\mathrm{d}x$，二元函数的重积分 $\iint\limits_D f(x,y)\mathrm{d}\sigma$ 等，我们都可以看成是连续量求和的极限，前一个是函数 $f(x)$ 在区间 $[a,b]$ 上每一点 x 的函数值求和，后一个是函数 $f(x,y)$ 在区域 $D=[a,b]\times[c,d]$ 上每一点 (x,y) 的函数值求和. 在前面的讨论中，我们已经通过和式的极限给出了点函数 $f(P)$ 在形体 (Ω) 上积分的定义. 当 (Ω) 是平面或空间的可求长曲线 L 时，相应的积分称为对弧长的曲线积分，也称为第一类曲线积分. 下面我们给出这类积分的精确定义.

定义 9.1.1　设 L 为平面曲线，$f(x,y)$ 在 L 上有界，在 L 上插进一点列 $M_1,M_2,\cdots,M_{n-1}$ 将 L 分为 n 段. 设第 i 个小段的长度为 Δs_i. 在第 i 个小段上任取的一点 (ξ_i,η_i)，作乘积 $f(\xi_i,\eta_i)\Delta s_i(i=1,2,\cdots,n)$，再作和式 $\sum\limits_{i=1}^n f(\xi_i,\eta_i)\Delta s_i$. 如果 $\lambda=\max(\Delta s_1,\Delta s_2,\cdots,\Delta s_n)\to 0$ 时，和式 $\sum\limits_{i=1}^n f(\xi_i,\eta_i)\Delta s_i$ 的极限总存在，则称此极限为 $f(x,y)$ 在曲线 L 上对弧长的曲线积分或者第一类曲线积分，记作 $\int_L f(x,y)\mathrm{d}s$，即

$$\int_L f(x,y)\mathrm{d}s=\lim_{\lambda\to 0}\sum_{i=1}^n f(\xi_i,\eta_i)\Delta s_i,$$

其中 L 称为积分路径，$f(x,y)$ 称为被积函数，$f(x,y)\mathrm{d}s$ 称为被积式，$\mathrm{d}s$ 称为弧长元素(即弧微分).

同理，可定义空间对弧长曲线积分的定义，即有

$$\int_L f(x,y,z)\mathrm{d}s=\lim_{\lambda\to 0}\sum_{i=1}^n f(\xi_i,\eta_i,\zeta_i)\Delta s_i.$$

若曲线 L 为闭曲线，那么函数 $f(x,y)$ 在闭曲线 L 上对弧长的曲线积分

记作 $\oint_L f(x,y)\mathrm{d}s$.

对弧长曲线积分与定积分及二重积分具有类似的性质.下面我们列举对弧长的曲线积分的几条简单性质.

性质 9.1.1　对弧长的曲线积分与曲线 L 的方向(由 A 到 B 或由 B 到 A)无关,即

$$\int_{L(A,B)} f(x,y)\mathrm{d}s = \int_{L(B,A)} f(x,y)\mathrm{d}s.$$

性质 9.1.2(积分关于被积函数的线性性质)　假设曲线积分 $\int_L f(x,y)\mathrm{d}s$ 和 $\int_L g(x,y)\mathrm{d}s$ 都存在,则对于任意常数 α,β,曲线积分 $\int_L [\alpha f(x,y) + \beta g(x,y)]\mathrm{d}s$ 也存在,并且

$$\int_L [\alpha f(x,y) + \beta g(x,y)]\mathrm{d}s = \alpha\int_L f(x,y)\mathrm{d}s + \beta\int_L g(x,y)\mathrm{d}s.$$

性质 9.1.3(积分关于曲线的可加性)　设曲线 L 由 k 条曲线 L_1, $L_2,\cdots,L_n$ 连接而成,则

$$\int_L f(x,y)\mathrm{d}s = \int_{L_1} f(x,y)\mathrm{d}s + \int_{L_2} f(x,y)\mathrm{d}s + \cdots + \int_{L_k} f(x,y)\mathrm{d}s.$$

性质 9.1.4　若在 L 上 $f(x,y) \leqslant g(x,y)$,则

$$\int_L f(x,y)\mathrm{d}s \leqslant \int_L g(x,y)\mathrm{d}s,$$

特别地,总有

$$\left|\int_L f(x,y)\mathrm{d}s\right| \leqslant \int_L |f(x,y)|\mathrm{d}s.$$

性质 9.1.5(积分存在的充分条件)　若曲线 $L:x = x(t),y = y(t)$, $z = z(t)(\alpha \leqslant t \leqslant \beta)$ 中的函数 $x(t),y(t),z(t)$ 有连续的导数,并且 $f(x,y,z)$ 在曲线 L 上是连续函数,则曲线积分 $\int_L f(x,y,z)\mathrm{d}s$ 存在.

值得注意的是,(x,y,z) 仅在曲线 L 上变动时,$f(x,y,z)$ 就变成参数 t 的一元函数 $f(x(t),y(t),z(t))$.如果这个一元函数在参数 t 的变换范围连续,就称 $f(x,y,z)$ 在曲线 L 上连续.

在了解了对弧长的曲线积分的概念与性质之后,我们从形式上推出关于对弧长的曲线积分的计算公式.

假设 $f(x,y,z)$ 是曲线 L 上的连续函数,而曲线 L 有参数方程为

$$\begin{cases} x = x(t) \\ y = y(t), t \in [\alpha,\beta] \\ z = z(t) \end{cases}$$

其中,三个函数 $x = x(t), y = y(t), z = z(t)$ 在区间 $[\alpha, \beta]$ 有连续导数.分割区间 $[\alpha, \beta]$:

$$\alpha = t_0 < t_1 < \cdots < t_n = \beta$$

这时曲线 L 就被分成若干小弧段 $\Delta L_1, \Delta L_2, \cdots, \Delta L_n$,其中每一小段曲线的长度为

$$\Delta s_i = \int_{t_{i-1}}^{t_i} \sqrt{[x'(t)]^2 + [y'(t)]^2 + [z'(t)]^2} \, dt,$$

又根据积分中值定理,得

$$\Delta s_i = \int_{t_{i-1}}^{t_i} \sqrt{[x'(t)]^2 + [y'(t)]^2 + [z'(t)]^2} \, dt$$
$$= \sqrt{[x'(\tau_i)]^2 + [y'(\tau_i)]^2 + [z'(\tau_i)]^2} \, \Delta t_i, \qquad (9.1.1)$$

其中,$\tau_i \in [t_{i-1}, t_i]$.又在 ΔL_i 上取点 P_i,构造积分和

$$\sum_{i=1}^{n} f(P_i) \Delta s_i = \sum_{i=1}^{n} f(P_i) \sqrt{[x'(\tau_i)]^2 + [y'(\tau_i)]^2 + [z'(\tau_i)]^2} \, \Delta t_i.$$

$$(9.1.2)$$

由于 $f(x, y, z)$ 在 L 上连续,由曲线积分存在的充分条件可知,$\int_L f(x, y, z) ds$ 存在,因此,这里的 P_i 可以在 ΔL_i 上任取,于是可以令 $P_i = (x(\tau_i), y(\tau_i), z(\tau_i))$.由此,积分和式(9.1.2)就转化为

$$\sum_{i=1}^{n} f(P_i) \Delta s_i$$
$$= \sum_{i=1}^{n} f((x(\tau_i), y(\tau_i), z(\tau_i))) \sqrt{[x'(\tau_i)]^2 + [y'(\tau_i)]^2 + [z'(\tau_i)]^2} \, \Delta t_i$$

$$(9.1.3)$$

由于 $x = x(t), y = y(t), z = z(t)$ 在区间 $[\alpha, \beta]$ 连续,所以当 $\max\{\Delta t_i\} \to 0$ 时,有 $\max\{\Delta s_i\} \to 0$.又由于曲线积分存在,因此当 $\max\{\Delta t_i\} \to 0$ 时,等式 (9.1.3) 左端的和式 $\sum_{i=1}^{n} f(P_i) \Delta s_i$ 趋向于曲线积分 $\int_L f(x, y, z) ds$.

另一方面,由于函数 $f(x(t), y(t), z(t)) \sqrt{[x'(t)]^2 + [y'(t)]^2 + [z'(t)]^2}$ 连续,因此当 $\max\{\Delta t_i\} \to 0$ 时,等式(9.1.3)右端的和式趋向于积分

$$\int_{\alpha}^{\beta} f(x(t), y(t), z(t)) \sqrt{[x'(t)]^2 + [y'(t)]^2 + [z'(t)]^2} \, dt.$$

于是,在等式(9.1.3)两端取极限,就得到

$$\int_L f(x, y, z) ds = \int_{\alpha}^{\beta} f(x(t), y(t), z(t)) \sqrt{[x'(t)]^2 + [y'(t)]^2 + [z'(t)]^2} \, dt,$$

这就是曲线积分的计算公式.

9.2　对坐标的曲线积分

在物理学中我们会碰到一类新的问题,这让我们又要引入新的一类型的曲线积分. 一质点受变力 $\boldsymbol{F}(x,y)$ 的作用沿平面曲线 L_{AB} 运动,当质点从曲线段的一端 A 移动到另一端 B 时,求力 $\boldsymbol{F}(x,y)$ 所作的功.

众所周知,若质点在常力 $\boldsymbol{F}$(大小方向都不变)的作用下沿某一直线运动由点 A 移动到点 B,则力 $\boldsymbol{F}$ 对该质点所做的功为

$$W = \boldsymbol{F} \cdot \overrightarrow{AB}.$$

现在的问题是质点所受的力随处改变,而所走路线又是弯弯曲曲,怎么办呢?为此,我们对有向曲线段 L_{AB} 作一个分割 T,即在 L_{AB} 内插入 $n-1$ 个分点 $M_1, M_2, \cdots, M_{n-1}$ 与 $A = M_0, B = M_n$ 一起把曲线段分成 n 个有向小曲线弧段 $\overparen{M_{i-1}M_i}(i = 1,2,\cdots,n)$,如图 9.2.1 所示,设力 $\boldsymbol{F}(x,y)$ 在 x 轴和 y 轴方向上的投影分别为 $P(x,y)$ 与 $Q(x,y)$,即

$$\boldsymbol{F}(x,y) = \{P(x,y), Q(x,y)\} = P(x,y)\boldsymbol{i} + Q(x,y)\boldsymbol{j},$$

其中 $P(x,y)$、$Q(x,y)$ 在 L_{AB} 上连续. 由于任意一个有向小曲线段都光滑且很短,所以可以用有向线段 $\overrightarrow{M_{i-1}M_i} = (\Delta x_i)\boldsymbol{i} + (\Delta y_i)\boldsymbol{j}$ 来代替它,其中 $M_{i-1}(x_{i-1}, y_{i-1})$,$M_i(x_i, y_i)$,并记 $\Delta x_i = x_i - x_{i-1}, \Delta y_i = y_i - y_{i-1}(i = 1, 2, \cdots, n)$,又由于 $P(x,y)$、$Q(x,y)$ 在 L_{AB} 上连续,可以用 $\overparen{M_{i-1}M_i}$ 一上任意取定一点 (ξ_i, η_i) 处的力

$$\boldsymbol{F}(\xi_i, \eta_i) = P(\xi_i, \eta_i)\boldsymbol{i} + Q(\xi_i, \eta_i)\boldsymbol{j}$$

来近似代替小曲线段上其他各点处的力. 这样,变力 $\boldsymbol{F}(x,y)$ 在小曲线段 $\overparen{M_{i-1}M_i}$ 上所做的功 ΔW_i,可以认为近似地等于恒力 $\boldsymbol{F}(\xi_i, \eta_i)$ 沿小直线段 $\overrightarrow{M_{i-1}M_i}$ 所做的功

$$\Delta W_i \approx \boldsymbol{F}(\xi_i, \eta_i) \cdot \overrightarrow{M_{i-1}M_i} = P(\xi_i, \eta_i)\Delta x_i + Q(\xi_i, \eta_i)\Delta y_i,$$

于是

$$W = \sum_{i=1}^{n} \Delta W_i \approx \sum_{i=1}^{n} [P(\xi_i, \eta_i)\Delta x_i + Q(\xi_i, \eta_i)\Delta y_i].$$

若记小曲线段 $\overparen{M_{i-1}M_i}$ 的弧长为 Δs_i,当 $\lambda = \max_{1 \leqslant i \leqslant n} \Delta s_i \to 0$ 时,右端和式的极限如果存在,则此极限就是变力沿曲线段所作的功,即

$$W = \lim_{\lambda \to 0} \sum_{i=1}^{n} [P(\xi_i, \eta_i)\Delta x_i + Q(\xi_i, \eta_i)\Delta y_i].$$

这种和式的极限在研究其他问题时也会经常遇到,抽去其物理意义,得

出下述一般的对坐标的曲线积分的定义.

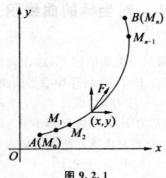

图 9.2.1

定义 9.2.1 设 L 为平面 xOy 内从 A 点到 B 点的一条有向光滑曲线弧, $P(x,y), Q(x,y)$ 在 L 上有界. 在 L 上沿 L 的方向任意插入一点列 $M_1(x_1, y_1), M_2(x_2, y_2), \cdots, M_{n-1}(x_{n-1}, y_{n-1})$ 把 L 分成 n 个有向小弧段 $\overline{M_{i-1}M_i}$, 其中 $i = 1, 2, \cdots, n, M_0 = A, M_n = B.$ 令 $\Delta x_i = x_i - x_{i-1}, \Delta y_i = y_i - y_{i-1}$, 在小弧段 $\overline{M_{i-1}M_i}$ 上任取一点 (ξ_i, η_i). 若当各小弧段长度的最大值 $\lambda \to 0$ 时, $\sum\limits_{i=1}^{n} P(\xi_i, \eta_i)\Delta x_i$ 的极限总存在, 那么称此极限为函数 $P(x,y)$ 在有向曲线弧上对坐标 x 的曲线积分, 记为 $\int_L P(x,y)\mathrm{d}x.$ 类似地, 若 $\lim\limits_{\lambda \to 0}\sum\limits_{i=1}^{n} Q(\xi_i, \eta_i)\Delta y_i$ 总存在, 那么称该极限为函数 $Q(x,y)$ 在有向曲线弧 L 上对坐标 y 的曲线积分, 记为 $\int_L Q(x,y)\mathrm{d}y.$ 即有

$$\int_L P(x,y)\mathrm{d}x = \lim_{\lambda \to 0}\sum_{i=1}^{n} P(\xi_i, \eta_i)\Delta x_i,$$

$$\int_L Q(x,y)\mathrm{d}y = \lim_{\lambda \to 0}\sum_{i=1}^{n} Q(\xi_i, \eta_i)\Delta y_i,$$

其中 $P(x,y), Q(x,y)$ 叫作被积函数, L 叫作积分弧段. 以上两个积分统称为对坐标的曲线积分或第二类曲线积分.

在许多应用场合需要求两个积分之和 $\int_L P(x,y)\mathrm{d}x + \int_L Q(x,y)\mathrm{d}y$, 为了书写简便, 可把它简写成 $\int_L P(x,y)\mathrm{d}x + Q(x,y)\mathrm{d}y$, 或写成向量形式 $\int_L \boldsymbol{F}(x,y) \cdot \mathrm{d}\boldsymbol{r}$, 其中

$$\boldsymbol{F}(x,y) = P(x,y)\boldsymbol{i} + Q(x,y)\boldsymbol{j},$$
$$\mathrm{d}\boldsymbol{r} = \mathrm{d}x\boldsymbol{i} + \mathrm{d}y\boldsymbol{j}.$$

上述定义可类似地推广到积分路径为空间有向曲线弧的情形,例如函数 $P(x,y,z)$ 在有向曲线弧 Γ 上对坐标 x 的曲线积分定义为

$$\int_\Gamma P(x,y,z)\mathrm{d}x = \lim_{\lambda \to 0} \sum_{i=1}^n P(\xi_i, \eta_i, \zeta_i)\Delta x_i.$$

相应地,在空间中,对坐标的曲线积分的向量形式为 $\displaystyle\int_\Gamma \boldsymbol{F}(x,y,z)\cdot\mathrm{d}\boldsymbol{r}$,其中

$$\boldsymbol{F}(x,y,z) = P(x,y,z)\boldsymbol{i} + Q(x,y,z)\boldsymbol{j} + R(x,y,z)\boldsymbol{k},$$
$$\mathrm{d}\boldsymbol{r} = \mathrm{d}x\boldsymbol{i} + \mathrm{d}y\boldsymbol{j} + \mathrm{d}z\boldsymbol{k}.$$

即有

$$\int_\Gamma \boldsymbol{F}(x,y,z)\cdot\mathrm{d}\boldsymbol{r} = \int_\Gamma P(x,y,z)\mathrm{d}x + Q(x,y,z)\mathrm{d}y + R(x,y,z)\mathrm{d}z.$$

从对坐标的曲线积分的定义中可知,它具有类似于对弧长的曲线积分的性质 9.2.2 和性质 9.2.3. 但却不具备类似的性质 9.2.4,特别要注意的是,该处的性质 9.2.1 应改成如下.

性质 9.2.1　当积分路径的方向改变(由 A 到 B 改为由 B 到 A)时,对坐标的曲线积分要改变符号,即

$$\int_{L(A,B)} \boldsymbol{F}(x,y)\cdot\mathrm{d}\boldsymbol{r} = -\int_{L(B,A)} \boldsymbol{F}(x,y)\cdot\mathrm{d}\boldsymbol{r}.$$

因此,关于对坐标的曲线积分,我们必须注意积分路径的方向.

特别,在计算物体沿着一条路经运动所做的功时,若把起点与终点对换,则所求的功刚好是原来的相反数. 这和我们已知的、沿直线运动做功的情形一致.

与对弧长的曲线积分一样,对坐标的曲线积分也是要把它化为定积分来计算的.

设 L 为光滑或按段光滑的曲线,其参数方程为 $\begin{cases} x = \varphi(t) \\ y = \psi(t) \end{cases}, t \in [\alpha, \beta]$,起点 $A(\varphi(\alpha), \psi(\alpha))$,终点 $B(\varphi(\beta), \psi(\beta))$,函数 $P(x,y)$ 和 $Q(x,y)$ 在 L 上连续. 当参数 t 从 α 连续地增加到 β 时,曲线点 A 沿 L 连续地变到点 B,则沿 L 从点 A 到点 B 的对坐标的曲线积分为

$$\int_L P(x,y)\mathrm{d}x + Q(x,y)\mathrm{d}y$$
$$= \int_\alpha^\beta [P(\varphi(t),\psi(t))\varphi'(t) + Q(\varphi(t),\psi(t))\psi'(t)]\mathrm{d}t. \tag{9.2.1}$$

公式 (9.2.1) 表明,计算对坐标的曲线积分 $\displaystyle\int_L P(x,y)\mathrm{d}x + Q(x,y)\mathrm{d}y$

时,只要把 x、y、$\mathrm{d}x$、$\mathrm{d}y$ 依次换为 $\varphi(t)$、$\psi(t)$、$\varphi'(t)\mathrm{d}t$、$\psi'(t)\mathrm{d}t$,然后从 L 的起点所对应的参数值 α 到终点所对应的参数值 β 作定积分即可. 这里必须注意的是,起点参数值作下限,终点参数值作上限.

公式(9.2.1)可以推广到空间曲线,比如空间曲线 Γ 的参数方程为

$$\begin{cases} x = x(t) \\ y = y(t), t \in [\alpha, \beta], \text{这样便得到} \\ z = z(t) \end{cases}$$

$$\int_{\Gamma} P(x, y, z)\mathrm{d}x + Q(x, y, z)\mathrm{d}y + R(x, y, z)\mathrm{d}z$$

$$= \int_{\alpha}^{\beta} [P(\varphi(t), \psi(t), \omega(t))\varphi'(t) + Q(\varphi(t), \psi(t), \omega(t))\psi'(t) +$$
$$R(\varphi(t), \psi(t), \omega(t))\omega'(t)]\mathrm{d}t.$$

这里积分下限 α 必须是对应积分所沿曲线 Γ 的起点参数,上限 β 必须对应 Γ 的终点参数.

9.3 格林公式及其应用

设平面上有一条简单闭曲线(简称闭路)C:
$$\boldsymbol{r}(t) = x(t)\boldsymbol{i} + y(t)\boldsymbol{j}, t \in [a, b], \boldsymbol{r}(a) = \boldsymbol{r}(b)$$
闭路 C 将平面 $\mathbf{R}^2$ 分成两个不相交的区域,而 C 是它们的公共边界. 这两个区域中有一个是有界的,称为内部区域;另一个是无界的,称为外部区域.

若闭路 C 位于 Oxy 平面上,一人按 z 轴的正向站立,沿闭路环行. 如果 C 围成的有界区域总位于人的左边,此时 C 的方向定义为正向,如图 9.3.1(a) 所示;反之为负向,如图 9.3.1(b) 所示. 正向的闭路 C,记为 C^+,负向的闭路 C 记为 C^-.

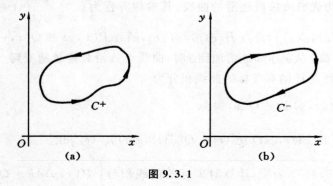

图 9.3.1

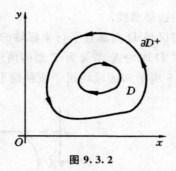

图 9.3.2

若 Oxy 平面上的开区域 D 由一条或有限条封闭曲线所围成,一人按 z 轴正向站立,沿 D 的边界行进,如果 D 位于左边,则此时各条边界曲线方向定义为区域 D 的边界的正向,记为 ∂D^+,如图 9.3.2 所示.

平面的开区域可分为如下两大类:(1) 单连通区域;(2) 非单连通区域.

如果在开区域 D 内任取一闭路,而闭路所围成的内部区域总是整个包含在 D 内,则称 D 为单连通区域,如图 9.3.3 所示.显然,单连通区域不能包含有"洞",包括"点洞"在内.

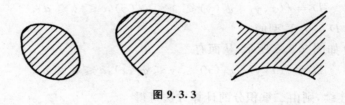

图 9.3.3

图 9.3.4 所示区域都是非单连通区域(又称复连通区域).

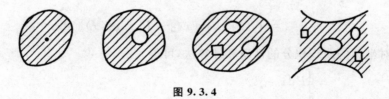

图 9.3.4

常见的有界单连通区域 D 由唯一的闭路 C 围成,此时 $\partial D^+ = C^+$,如图 9.3.1(a) 所示.

定理 9.3.1　设闭区域 D 由分段光滑的曲线 L 围城,函数 $P(x,y)$ 及 $Q(x,y)$ 在闭区域 D 上具有一阶连续偏导数,则格林公式成立,即

$$\iint\limits_{D}\left(\frac{\partial Q}{\partial x} - \frac{\partial P}{\partial y}\right)\mathrm{d}x\mathrm{d}y = \oint\limits_{L} P\,\mathrm{d}x + Q\,\mathrm{d}y, \tag{9.3.1}$$

其中 L 为 D 的取正向的边界曲线.

证明:首先假设穿过区域 D 内部且平行坐标轴的直线与 D 的边界线的交点恰好为两点,即区域 D 既为 X 型又为 Y 型的情形.

如图 9.3.5 和 9.3.6 所示的区域均属于该种情形.

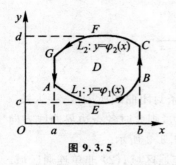

图 9.3.5

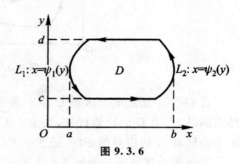

图 9.3.6

图 9.3.5 所示的区域 D 显然为 X 型,然而 D 又为 Y 型的,如果设有向曲线 $\overset{\frown}{FGAE}$ 为 $L'_1:x=\phi_1(y)$,$\overset{\frown}{EBCF}$ 为 $L'_2:x=\phi_2(y)$,从而区域 D 可表达为

$$D=\{(x,y)\mid \phi_1(y)\leqslant x\leqslant \phi_2(y),c\leqslant y\leqslant d\}.$$

所以区域 D 又为 Y 型的.

设 D 如图 9.3.5 所示,从而有

$$D=\{(x,y)\mid \varphi_1(x)\leqslant y\leqslant \varphi_2(x),a\leqslant x\leqslant b\}.$$

由于 $\dfrac{\partial P}{\partial y}$ 连续,则由二重积分的计算方法可得

$$\iint\limits_{D}\frac{\partial P}{\partial y}\mathrm{d}x\mathrm{d}y=\int_a^b\left\{\int_{\varphi_1(x)}^{\varphi_2(x)}\frac{\partial P(x,y)}{\partial y}\mathrm{d}y\right\}\mathrm{d}x$$

$$=\int_a^b\{P[x,\varphi_2(x)]-P[x,\varphi_1(x)]\}\mathrm{d}x.$$

根据对坐标的曲线积分的性质和计算法,可得

$$\oint_L P\mathrm{d}x$$

$$=\int_{L_1}P\mathrm{d}x+\int_{BC}P\mathrm{d}x+\int_{L_2}P\mathrm{d}x+\int_{GA}P\mathrm{d}x$$

$$=\int_{L_1}P\mathrm{d}x+\int_{L_2}P\mathrm{d}x$$

$$=\int_a^b P[x,\varphi_1(x)]\mathrm{d}x+\int_b^a P[x,\varphi_2(x)]\mathrm{d}x$$

$$=\int_a^b\{P[x,\varphi_1(x)]-P[x,\varphi_2(x)]\}\mathrm{d}x,$$

所以

$$-\iint\limits_{D}\frac{\partial P}{\partial y}\mathrm{d}x\mathrm{d}y=\oint_{L}P\,\mathrm{d}x, \qquad (9.3.2)$$

又因为

$$D=\{(x,y)\mid \psi_1(y)\leqslant x\leqslant \psi_2(y),c\leqslant y\leqslant d\},$$

所以有

$$\begin{aligned}
\iint\limits_{D}\frac{\partial Q}{\partial x}\mathrm{d}x\mathrm{d}y&=\int_{c}^{d}\Big[\int_{\psi_1(y)}^{\psi_2(y)}\frac{\partial Q}{\partial x}\mathrm{d}x\Big]\mathrm{d}y\\
&=\int_{c}^{d}\{Q[\psi_2(y),y]-Q[\psi_1(y),y]\}\mathrm{d}y\\
&=\int_{L'_2}Q\mathrm{d}y+\int_{L'_1}Q\mathrm{d}y\\
&=\oint_{L}Q\mathrm{d}y.
\end{aligned} \qquad (9.3.3)$$

因为对于区域 D,式(9.3.2),式(9.3.3)同时成立,合并后可得式(9.3.1).则对于图 9.3.6 所示的区域 D,完全类似地可证式(9.3.1)成立.

更一般的情形,如果区域的边界线与平行坐标轴的直线的交点多于两个,则可引进几条平行坐标轴的辅助直线,从而将区域 D 分成几个小区域,使得每个小区域均符合上述条件,例如,图 9.3.7 中 L_1 为 D_1 的正向边界、L_2 为 D_2 的正向边界、L_3 为 D_3 为正向边界,其中中间虚线为加的辅助直线,根据格林公式,则有

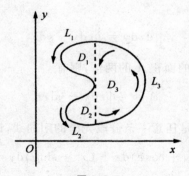

图 9.3.7

$$\iint\limits_{D_1}\Big(\frac{\partial Q}{\partial x}-\frac{\partial P}{\partial y}\Big)\mathrm{d}\sigma=\oint_{L_1}P\mathrm{d}x+Q\mathrm{d}y,$$

$$\iint\limits_{D_2}\Big(\frac{\partial Q}{\partial x}-\frac{\partial P}{\partial y}\Big)\mathrm{d}\sigma=\oint_{L_2}P\mathrm{d}x+Q\mathrm{d}y,$$

$$\iint_{D_3}\left(\frac{\partial Q}{\partial x}-\frac{\partial P}{\partial y}\right)\mathrm{d}\sigma=\oint_{L_3}P\mathrm{d}x+Q\mathrm{d}y.$$

上述三个公式等式两边分别相加,根据二重积分的性质,并且注意到在辅助直线上的积分,因为其方向相反,从而相互抵消了,所以有

$$\iint_{D}\left(\frac{\partial Q}{\partial x}-\frac{\partial P}{\partial y}\right)\mathrm{d}\sigma=\iint_{D_1}\left(\frac{\partial Q}{\partial x}-\frac{\partial P}{\partial y}\right)\mathrm{d}\sigma+\iint_{D_2}\left(\frac{\partial Q}{\partial x}-\frac{\partial P}{\partial y}\right)\mathrm{d}\sigma+\iint_{D_3}\left(\frac{\partial Q}{\partial x}-\frac{\partial P}{\partial y}\right)\mathrm{d}\sigma$$

$$=\oint_{L_1}P\mathrm{d}x+Q\mathrm{d}x+\oint_{L_2}P\mathrm{d}x+Q\mathrm{d}x+\oint_{L_3}P\mathrm{d}x+Q\mathrm{d}x$$

$$=\oint_{L}P\mathrm{d}x+Q\mathrm{d}x,$$

即有

$$\iint_{D}\left(\frac{\partial Q}{\partial x}-\frac{\partial P}{\partial y}\right)\mathrm{d}\sigma=\oint_{L}P\mathrm{d}x+Q\mathrm{d}y.$$

从而可见,只要满足定理9.3.1的条件:区域 D 为单连通域、L 为正向边界、P 和 Q 在 D 上具有一阶连续偏导数,格林公式为正确的.

需要注意,对于复连通区域 D,格林公式(9.3.1)右端应包含沿区域 D 的全部边界的曲线积分,且边界的方向对区域 D 来说均为正向.

下面来说明格林公式的一个简单应用.

在公式(9.3.1)中取

$$P=-y,Q=x,$$

可得

$$2\iint_{D}\mathrm{d}x\mathrm{d}y=\oint_{L}x\mathrm{d}y-y\mathrm{d}x,$$

上式左端为闭区域 D 的面积 A 的两倍,则有

$$A=\frac{1}{2}\oint_{L}x\mathrm{d}y-y\mathrm{d}x.$$

例 9.3.1 设 L 是任意一条分段光滑的闭曲线,证明

$$\oint_{L}(2xy+\cos x)\mathrm{d}x+(x^2+\sin y)\mathrm{d}y=0.$$

证明:令 $P=2xy+\cos x,Q=x^2+\sin y$,则

$$\frac{\partial Q}{\partial x}-\frac{\partial P}{\partial y}=2x-2x=0,$$

所以有

$$\oint_{L}(2xy+\cos x)\mathrm{d}x+(x^2+\sin y)\mathrm{d}y=\iint_{D}0\mathrm{d}x\mathrm{d}y=0.$$

9.4　对面积的曲面积分

9.4.1　对面积的曲面积分的概念和性质

引例　曲面 S 的质量 M.

若曲面质量为非均匀的,面密度不是常数,不妨设面密度为

$$\rho(x,y,z),$$

那么类似于求曲线质量的办法,从而可求得曲面质量. 将曲面任意地分为 n 块小曲面记作 ΔS_i,其中 $i=1,2,\cdots,n$, ΔS_i 也代表面积,在 ΔS_i 上任意取一点(ξ_i,η_i,ζ_i),可得

$$\Delta m_i \approx \rho(\xi_i,\eta_i,\zeta_i)\Delta S_i,(i=1,2,\cdots,n),$$

从而有

$$M \approx \sum_{i=1}^{n}\rho(\xi_i,\eta_i,\zeta_i)\Delta S_i,$$

所以

$$M = \lim_{\lambda \to 0}\sum_{i=1}^{n}\rho(\xi_i,\eta_i,\zeta_i)\Delta S_i,$$

其中 λ 表示 n 个小块曲面直径的最大直径.

定义 9.4.1　设曲面 S 为光滑的,函数 $f(x,y,z)$ 在 S 上有界,把 S 任意分成 n 小块 ΔS_i,并且 ΔS_i 也代表第 i 小块曲面的面积,设(ξ_i,η_i,ζ_i) 为 ΔS_i 上任意取定的一点,作乘积

$$f(\xi_i,\eta_i,\zeta_i)\Delta S_i(i=1,2,3,\cdots,n),$$

并作和

$$\sum_{i=1}^{n}f(\xi_i,\eta_i,\zeta_i)\Delta S_i,$$

若当各小块曲面的直径的最大值 $\lambda \to 0$ 时,该和的极限总是存在,那么则称此极限为函数 $f(x,y,z)$ 在曲面 S 上对面积的曲面积分或者称为第一类曲面积分,记作

$$\iint\limits_{S}f(x,y,z)\mathrm{d}S,$$

即有

$$\iint\limits_{S}f(x,y,z)\mathrm{d}S = \lim_{\lambda \to 0}\sum_{i=1}^{n}f(\xi_i,\eta_i,\zeta_i)\Delta S_i,$$

其中函数 $f(x,y,z)$ 叫作被积函数,S 叫作积分曲面,$f(x,y,z)\mathrm{d}S$ 称为被积表达式,$\mathrm{d}S$ 称为曲面的面积元素,若曲面为闭曲面,则曲面积分可记作

$$\oiint\limits_{S} f(x,y,z)\mathrm{d}S.$$

若 $f(x,y,z)$ 在曲面 S 上连续,那么

$$\iint\limits_{S} f(x,y,z)\mathrm{d}S$$

一定存在.

根据对面积的曲面积分的定义可知,曲面 S 的质量为

$$M = \iint\limits_{S} \rho(x,y,z)\mathrm{d}S.$$

对面积曲面积分的性质和对弧长的曲线积分类似,因此在这里我们不在讲述.

若曲面 S 为分片光滑的,则规定 S 上的对面积的曲面积分等于在各片光滑曲面的对面积的曲面积分之和. 例如,设 S 可分成两片光滑曲面 S_1 和 S_2,则有

$$\iint\limits_{S} f(x,y,z)\mathrm{d}S = \iint\limits_{S_1} f(x,y,z)\mathrm{d}S + \iint\limits_{S_2} f(x,y,z)\mathrm{d}S.$$

9.4.2　对面积的曲面积分的计算法

设曲面 S 的方程为

$$z = z(x,y),$$

S 在平面 xOy 上的投影为 D_{xy}(图 9.4.1),函数 $z = z(x,y)$ 在 D_{xy} 上具有一阶连续偏导数,函数 $f(x,y,z)$ 在 S 上连续.

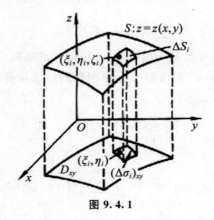

图 9.4.1

根据对面积的曲面积分的定义,则有

$$\iint\limits_{S} f(x,y,z)\mathrm{d}S = \lim_{\lambda \to 0}\sum_{i=1}^{n} f(\xi_i,\eta_i,\zeta_i)\Delta S_i \qquad (9.4.1)$$

设 S 上第 i 小块曲面 ΔS_i(其面积也记作 ΔS_i)在平面 xOy 上的投影区域为 $(\Delta\sigma_i)_{xy}$,其面积也记作 $(\Delta\sigma_i)_{xy}$,那么式(9.4.1)中的 ΔS_i 可表示为二重积分

$$\Delta S_i = \iint\limits_{(\Delta\sigma_i)_{xy}} \sqrt{1+z_x^2(x,y)+z_y^2(x,y)}\,\mathrm{d}x\mathrm{d}y.$$

根据二重积分的中值定理,可得

$$\Delta S_i = \sqrt{1+z_x^2(\xi'_i,\eta'_i)+z_y^2(\xi'_i,\eta'_i)}\,(\Delta\sigma_i)_{xy},$$

其中 (ξ'_i,η'_i) 为小闭区域 $(\Delta\sigma_i)_{xy}$ 上的一点.又因为 (ξ_i,η_i,ζ_i) 为 S 上的一点,所以

$$\zeta_i = z(\xi_i,\eta_i),$$

此处 $(\xi_i,\eta_i,0)$ 也为小闭区域 $(\Delta\sigma_i)_{xy}$ 上的点.所以

$$\sum_{i=1}^{n} f(\xi_i,\eta_i,\zeta_i)\Delta S_i$$

$$= \sum_{i=1}^{n} f[\xi_i,\eta_i,z(\xi_i,\eta_i)]\sqrt{1+z_x^2(\xi'_i,\eta'_i)+z_y^2(\xi'_i,\eta'_i)}\,(\Delta\sigma_i)_{xy},$$

因为函数 $f[x,yz(x,y)]$ 以及函数 $\sqrt{1+z_x^2(x,y)+z_y^2(x,y)}$ 都在闭区域 D_{xy} 上连续,可证明,当 $\lambda \to 0$ 时,上式右端的极限和

$$\sum_{i=1}^{n} f[x,y,z(x,y)]\sqrt{1+z_x^2(x,y)+z_y^2(x,y)}\,\mathrm{d}x\mathrm{d}y$$

的极限相等.其等于二重积分

$$\iint\limits_{D_{xy}} f[x,y,z(x,y)]\sqrt{1+z_x^2(x,y)+z_y^2(x,y)}\,\mathrm{d}x\mathrm{d}y,$$

所以左端的极限即曲面积分 $\iint\limits_{S} f(x,y,z)\mathrm{d}S$ 也存在,并且有

$$\iint\limits_{S} f(x,y,z)\mathrm{d}S$$

$$= \iint\limits_{D_{xy}} f[x,y,z(x,y)]\sqrt{1+z_x^2(x,y)+z_y^2(x,y)}\,\mathrm{d}x\mathrm{d}y. \qquad (9.4.2)$$

这就把对面积的曲面积分化为二重积分的公式.

例 9.4.1　求抛物面壳 $z=\frac{1}{2}(x^2+y^2)(0\leqslant z\leqslant 1)$ 的质量,该壳的面密度为 $\rho(x,y,z)=z$.

解：$M = \iint\limits_{S} \rho(x,y,z) \mathrm{d}S$

$= \iint\limits_{S} z \, \mathrm{d}S$

$= \iint\limits_{D_{xy}} z \, \sqrt{1 + z_x'^2 + z_y'^2} \, \mathrm{d}\sigma$

$= \iint\limits_{D_{xy}} \frac{1}{2}(x^2 + y^2) \, \sqrt{1 + x^2 + y^2} \, \mathrm{d}\sigma,$

其中，D_{xy} 为圆域：$x^2 + y^2 \leqslant 2$. 利用极坐标，可得

$$M = \frac{1}{2} \iint\limits_{D} r^2 \sqrt{1 + r^2} \, \mathrm{d}r \mathrm{d}\theta$$

$$= \frac{1}{2} \int_0^{2\pi} \mathrm{d}\theta \int_0^{\sqrt{2}} r^3 \sqrt{1 + r^2} \, \mathrm{d}r$$

$$= \frac{\pi}{2} \int_0^2 t \, \sqrt{1 + t} \, \mathrm{d}t$$

$$= \frac{2(1 + 6\sqrt{3})}{15} \pi.$$

例 9.4.2 计算曲面积分

$$\iint\limits_{S} \frac{\mathrm{d}S}{z},$$

其中，S 为球面 $x^2 + y^2 + z^2 = a^2$ 被平面 $z = h(0 < h < a)$ 截出的顶部（图 9.4.2）.

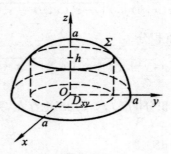

图 9.4.2

解：S 的方程为

$$z = \sqrt{a^2 - x^2 - y^2},$$

S 在 xOy 面上的投影区域 D_{xy} 为圆形闭区域

$$\{(x,y) \mid x^2 + y^2 \leqslant a^2 - h^2\}$$

又

$$\sqrt{1 + z_x^2 + z_y^2} = \frac{a}{\sqrt{a^2 - x^2 - y^2}}.$$

根据公式(9.4.2),则有

$$\iint\limits_S \frac{\mathrm{d}S}{z} = \iint\limits_{D_{xy}} \frac{a\,\mathrm{d}x\mathrm{d}y}{a^2 - x^2 - y^2}.$$

利用极坐标,可得

$$
\begin{aligned}
\iint\limits_S \frac{\mathrm{d}S}{z} &= \iint\limits_{D_{xy}} \frac{a\rho\,\mathrm{d}\rho\mathrm{d}\theta}{a^2 - \rho^2} \\
&= a\int_0^{2\pi} \mathrm{d}\theta \int_0^{\sqrt{a^2 - h^2}} \frac{\rho\mathrm{d}\rho}{a^2 - \rho^2} \\
&= 2\pi a\left[-\frac{1}{2}\ln(a^2 - \rho^2) \right]_0^{\sqrt{a^2 - h^2}} \\
&= 2\pi a\ln\frac{a}{h}.
\end{aligned}
$$

9.5　对坐标的曲面积分

9.5.1　对坐标的曲面积分的概念和性质

首先对曲面做一些说明,这里假定曲面为光滑的.

我们知道对坐标的曲线积分与积分路径的方向有关,所以讨论的曲线为有向曲线弧.对坐标的曲面积分也具有方向性,与曲面的侧有关.

通常遇到的曲面均为双侧的.例如,由方程 $z = z(x, y)$ 表示的曲面,有上下侧之分(此处假定 z 轴铅直向上);方程 $y = y(x, z)$ 表示的曲面,有左右侧之分;方程 $x = x(y, z)$ 表示的曲面,有前后侧之分;一张包围某一空间区域的闭曲面,有内外侧之分.

曲面有单侧和双侧的区别,在讨论对坐标的曲面积分时,我们需要指定曲面的侧.若规定曲面上一点的法向量的正方向,当此点沿着曲面上任一条不越过曲面边界的闭曲线连续移动(法向量正方向也连续变动)从而回到原来位置上时,法向量的正方向保持不变,则称曲面为双侧曲面.若曲面上的点按照上述方式移动,在回到原来位置时,出现的方向量的正方向与原来的方向相反,那么该曲面为单侧的.如图 9.5.1 所示的曲面 S 为双侧曲面;图 9.5.2 所示的曲面为单侧曲面.

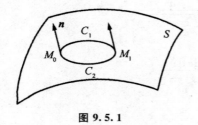

图 9.5.1

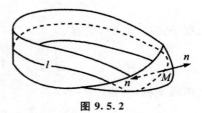

图 9.5.2

设曲面指定侧的单位法向量为 n,方向余弦为 $\cos\alpha,\cos\beta,\cos\gamma$,从而有

$$n = \cos\alpha i + \cos\beta j + \cos\gamma k.$$

确定了侧的曲面,称为有向曲面.

下面通过一个例子,从而引入对坐标的曲面积分的概念.

流向曲面一侧的流量. 设有一稳定流动的不可压缩流体(液体中各点的流速只与该点的位置有关而与时间无关)的速度场由

$$v(x,y,z) = P(x,y,z)i + Q(x,y,z)j + R(x,y,z)k$$

给出,S 为速度场中的一片有向曲面,函数 $P(x,y,z),Q(x,y,z),R(x,y,z)$ 均在 S 上连续,则求在单位时间内流向 S 指定侧的流体的质量,即流量 Φ.

若流体流过平面上面积为 A 的一个闭区域,并且流体在该闭区域上各点出的流速为 v(常向量),又设 n 为此平面的单位法向量(如图 9.5.3 所示),则在单位时间内流过该闭区域的流体组成一个底面积为 A、斜高为 $|v|$ 的斜柱体(图 9.5.4).

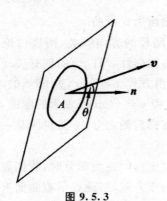

图 9.5.3

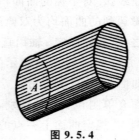

图 9.5.4

当 $(\widehat{v,n}) = \theta < \dfrac{\pi}{2}$ 时,该斜柱体的体积为

$$A\,|\,v\,|\cos\theta = Av \cdot n.$$

也就是通过闭区域 A 流向 n 所指一侧的流量 Φ;

当 $(\widehat{v,n}) = \dfrac{\pi}{2}$ 时,易知流体通过闭区域 A 流向 n 所指一侧的流量 Φ 为零,因为 $Av \cdot n = 0$,所以 $\Phi = Av \cdot n = 0$;

当 $(\widehat{v,n}) > \dfrac{\pi}{2}$ 时,$Av \cdot n < 0$,此时仍把 $Av \cdot n$ 称为流体通过闭区域 A 流向 n 所指一侧的流量,其表示流体通过闭区域 A 流向 $-n$ 所指一侧,并且 $-n$ 所指一侧的流量为 $-Av \cdot n$. 所以,不论 $(\widehat{v,n})$ 为何值,流体通过闭区域 A 流向 n 所指一侧的流量 Φ 都为 $Av \cdot n$.

因为现在所讨论的为有向曲面而不是平面,并且其流速 v 也不是常向量,所以所求流量不能直接使用上述方法计算. 可采用"分割、取近似、求和、取极限"的方法来解决.

将曲面 S 任意分成 n 个小曲面 ΔS_i,其中 $i = 1, 2, \cdots, n$,同时用 ΔS_i 表示小曲面面积,在每一个小曲面上任取一点 (ξ_i, η_i, ζ_i),在该点的单位向量为 n_i 为

$$n_i = \cos\alpha_i \boldsymbol{i} + \cos\beta_i \boldsymbol{j} + \cos\gamma_i \boldsymbol{k},$$

该点的流速为

$$\begin{aligned} v &= v(\xi_i, \eta_i, \zeta_i) \\ &= P(\xi_i, \eta_i, \zeta_i)\boldsymbol{i} + Q(\xi_i, \eta_i, \zeta_i)\boldsymbol{j} + R(\xi_i, \eta_i, \zeta_i)\boldsymbol{k}. \end{aligned}$$

一方面我们把小曲面 ΔS_i 近似看成平面,而另一方面把小曲面 ΔS_i 上流速近似看成为常向量 $v(\xi_i, \eta_i, \zeta_i)$,如图 9.5.5 所示.

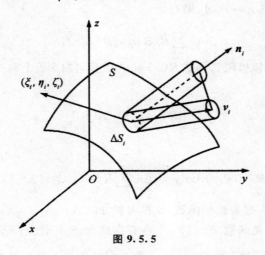

图 9.5.5

从而有

$$\Delta\Phi_i \approx \Delta S_i [v(\xi_i, \eta_i, \zeta_i) \cdot n_i].$$

于是,通过曲面 S 流向指定侧的流量

$$\Phi = \sum_{i=1}^{n} \Delta \Phi_i$$

$$\approx \sum_{i=1}^{n} [v(\xi_i, \eta_i, \zeta_i) \cdot n_i] \Delta S_i$$

$$= \sum_{i=1}^{n} [P(\xi_i, \eta_i, \zeta_i) \cos\alpha_i + Q(\xi_i, \eta_i, \zeta_i) \cos\beta_i + R(\xi_i, \eta_i, \zeta_i) \cos\gamma_i] \Delta S_i.$$

设 λ 为 $\Delta S_i (i = 1, 2, \cdots, n)$ 直径的最大值,从而有

$$\Phi = \lim_{\lambda \to 0} \sum_{i=1}^{n} [P(\xi_i, \eta_i, \zeta_i) \cos\alpha_i + Q(\xi_i, \eta_i, \zeta_i) \cos\beta_i +$$

$$R(\xi_i, \eta_i, \zeta_i) \cos\gamma_i] \Delta S_i.$$

可分成三个极限

$$\lim_{\lambda \to 0} \sum_{i=1}^{n} P(\xi_i, \eta_i, \zeta_i) \cos\alpha_i \Delta S_i,$$

$$\lim_{\lambda \to 0} \sum_{i=1}^{n} Q(\xi_i, \eta_i, \zeta_i) \cos\beta_i \Delta S_i$$

$$\lim_{\lambda \to 0} \sum_{i=1}^{n} R(\xi_i, \eta_i, \zeta_i) \cos\gamma_i \Delta S_i.$$

定义 9.5.1 设 S 为光滑曲面,函数 $R(x, y, z)$ 在 S 上有界. 把 S 任意分成 n 块小曲面 ΔS_i,同时 ΔS_i 也表示第 i 块小曲面的面积,ΔS_i 在 xOy 面上的投影为 $(\Delta S_i)_{xy}$,(ξ_i, η_i, ζ_i) 为 ΔS_i 上任意取定的一点. 若当各个小块曲面的直径最大值 $\lambda \to 0$ 时,则有

$$\lim_{\lambda \to 0} \sum_{i=1}^{n} R(\xi_i, \eta_i, \zeta_i)(\Delta S_i)_{xy}$$

总存在,那么称该极限为函数 $R(x, y, z)$ 在有向曲面 S 上对坐标 x、y 的曲面积分,记为

$$\iint\limits_{S} R(x, y, z) \mathrm{d}x \mathrm{d}y,$$

即有

$$\iint\limits_{S} R(x, y, z) \mathrm{d}x \mathrm{d}y = \lim_{\lambda \to 0} \sum_{i=1}^{n} R(\xi_i, \eta_i, \zeta_i)(\Delta S_i)_{xy},$$

其中,$R(x, y, z)$ 称为被积函数,S 称为积分曲面.

类似地,定义函数 $P(x, y, z)$ 在有向曲面 S 上对坐标 y、z 的曲面积分 $\iint\limits_{S} P(x, y, z) \mathrm{d}y \mathrm{d}z$ 和函数 $Q(x, y, z)$ 在有向曲面 S 上对坐标 z、x 的曲面积分 $\iint\limits_{S} R(x, y, z) \mathrm{d}z \mathrm{d}x$ 分别为

$$\iint\limits_{S} P(x,y,z)\mathrm{d}y\mathrm{d}z = \lim_{\lambda \to 0} \sum_{i=1}^{n} P(\xi_i,\eta_i,\zeta_i)(\Delta S_i)_{yz},$$

$$\iint\limits_{S} Q(x,y,z)\mathrm{d}z\mathrm{d}x = \lim_{\lambda \to 0} \sum_{i=1}^{n} Q(\xi_i,\eta_i,\zeta_i)(\Delta S_i)_{zx}.$$

上述三个曲面积分称为第二类曲面积分.

当 $P(x,y,z)$、$Q(x,y,z)$、$R(x,y,z)$ 在有向光滑曲面 S 上连续时,对坐标的曲面积分存在,在以后的讨论中我们总假设 $P(x,y,z)$、$Q(x,y,z)$、$R(x,y,z)$ 在 S 上连续.

组合曲面积分为

$$\iint\limits_{S} R(x,y,z)\mathrm{d}x\mathrm{d}y + \iint\limits_{S} P(x,y,z)\mathrm{d}y\mathrm{d}z + \iint\limits_{S} Q(x,y,z)\mathrm{d}z\mathrm{d}x,$$

上式可简写为

$$\iint\limits_{S} P(x,y,z)\mathrm{d}y\mathrm{d}z + Q(x,y,z)\mathrm{d}z\mathrm{d}x + R(x,y,z)\mathrm{d}x\mathrm{d}y.$$

根据引例和定义可知,流量为一个组合曲面积分,即有

$$\Phi = \iint\limits_{S} R(x,y,z)\mathrm{d}x\mathrm{d}y + P(x,y,z)\mathrm{d}y\mathrm{d}z + Q(x,y,z)\mathrm{d}z\mathrm{d}x.$$

对坐标曲面积分有如下性质:

(1) 若 S 分为 S_1 和 S_2 两块,则有

$$\iint\limits_{S} P(x,y,z)\mathrm{d}y\mathrm{d}z + Q(x,y,z)\mathrm{d}z\mathrm{d}x + R(x,y,z)\mathrm{d}x\mathrm{d}y$$

$$= \iint\limits_{S_1} P(x,y,z)\mathrm{d}y\mathrm{d}z + Q(x,y,z)\mathrm{d}z\mathrm{d}x + R(x,y,z)\mathrm{d}x\mathrm{d}y +$$

$$\iint\limits_{S_2} P(x,y,z)\mathrm{d}y\mathrm{d}z + Q(x,y,z)\mathrm{d}z\mathrm{d}x + R(x,y,z)\mathrm{d}x\mathrm{d}y,$$

此性质可以推广到 S 分成 $S_1, S_2, \cdots, S_n$ 几部分的情况.

(2) 设 S 为有向曲面,而 $-S$ 则为与 S 相反侧的有向曲面,那么则有

$$\iint\limits_{-S} P(x,y,z)\mathrm{d}y\mathrm{d}z + Q(x,y,z)\mathrm{d}z\mathrm{d}x + R(x,y,z)\mathrm{d}x\mathrm{d}y$$

$$= -\iint\limits_{S} P(x,y,z)\mathrm{d}y\mathrm{d}z + Q(x,y,z)\mathrm{d}z\mathrm{d}x + R(x,y,z)\mathrm{d}x\mathrm{d}y.$$

对坐标的曲面积分的其他性质也都与对坐标曲线积分的性质相类似.

9.5.2　对坐标的曲面积分的计算法

下面以 $\iint\limits_{S} R(x,y,z)\mathrm{d}x\mathrm{d}y$ 为例讨论对坐标曲面积分的计算方法.

设积分曲面 S 的方程由单值函数 $z = z(x,y)$ 给出,即曲面 S 与平行 z 轴的直线的交点只有一个,在 xOy 面上的投影区域为 D_{xy},函数 $z = z(x,y)$ 在 D_{xy} 上具有一阶连续偏导数,被积函数 $R(x,y,z)$ 在 S 上连续.

可将对坐标的曲面积分化为投影域 D_{xy} 上的二重积分计算,即有

$$\iint\limits_{S} R(x,y,z)\mathrm{d}x\mathrm{d}y = \pm \iint\limits_{D_{xy}} R[x,y,z(x,y)]\mathrm{d}x\mathrm{d}y \qquad (9.5.1)$$

当 S 所取的侧法向量方向余弦 $\cos\gamma > 0$ 取正号(称为上侧),$\cos\gamma < 0$ 则取负号(称为下侧).

需要注意,式(9.5.1)两端的 $\mathrm{d}x\mathrm{d}y$ 的意义不同,式左端的 $\mathrm{d}x\mathrm{d}y$ 为有向曲面面积元素 $\mathrm{d}S$ 在 xOy 面上的投影,而右边的 $\mathrm{d}x\mathrm{d}y$ 为平面上的面积元素,它不会为负值.

类似地,若 S 的方程为单值函数 $x = x(y,z)$,在 yOz 面上的投影域为 D_{yz},从而有

$$\iint\limits_{S} P(x,y,z)\mathrm{d}y\mathrm{d}z = \pm \iint\limits_{D_{yz}} P[x(y,z),y,z]\mathrm{d}y\mathrm{d}z,$$

余弦 $\cos\alpha > 0$ 取正号(称为前侧),$\cos\alpha < 0$ 则取负号(称为后侧).

若 S 的方程为单值函数 $y = y(x,z)$,在 zOx 面上的投影域为 D_{zx},从而有

$$\iint\limits_{S} Q(x,y,z)\mathrm{d}z\mathrm{d}x = \pm \iint\limits_{D_{zx}} Q[x,y(x,z),z]\mathrm{d}z\mathrm{d}x,$$

余弦 $\cos\beta > 0$ 取正号(称为右侧),$\cos\alpha < 0$ 则取负号(称为左侧).

例 9.5.1 计算曲面积分

$$\iint\limits_{S} (z^2 + x)\mathrm{d}y\mathrm{d}z - z\mathrm{d}x\mathrm{d}y,$$

其中 S 为旋转抛物面 $z = \dfrac{1}{2}(x^2 + y^2)$ 介于平面 $z = 0$ 和 $z = 2$ 之间部分的下侧.

解:根据抛物线面的方程可得

$$\frac{\partial z}{\partial x} = x, \frac{\partial z}{\partial y} = y,$$

所以曲面 S 上点 (x,y,z) 处的单位法向量为

$$\boldsymbol{n} = \left\{ \frac{x}{\sqrt{1 + x^2 + y^2}}, \frac{y}{\sqrt{1 + x^2 + y^2}}, \frac{-1}{\sqrt{1 + x^2 + y^2}} \right\},$$

它的方向余弦分别为

$$\cos\alpha = \frac{x}{\sqrt{1 + x^2 + y^2}}, \cos\beta = \frac{y}{\sqrt{1 + x^2 + y^2}}, \cos\gamma = \frac{-1}{\sqrt{1 + x^2 + y^2}},$$

$$\iint\limits_{S} (z^2 + x)\mathrm{d}y\mathrm{d}z = \iint\limits_{S} (z^2 + x)\cos\alpha\,\frac{\mathrm{d}x\mathrm{d}y}{\cos\gamma}$$

$$= \iint\limits_{S} (z^2 + x)(-x)\mathrm{d}x\mathrm{d}y,$$

$$\iint\limits_{S} (z^2 + x)\mathrm{d}y\mathrm{d}z - z\mathrm{d}x\mathrm{d}y$$

$$= \iint\limits_{S} [(z^2 + x)(-x) - z\mathrm{d}x\mathrm{d}y$$

$$= -\iint\limits_{D_{xy}} \left\{ \left[\frac{1}{4}(x^2 + y^2)^2 + x \right](-x) - \frac{1}{2}(x^2 + y^2) \right\}\mathrm{d}x\mathrm{d}y$$

$$= \iint\limits_{D_{xy}} \frac{1}{4}(x^2 + y^2)^2 x\mathrm{d}x\mathrm{d}y + \iint\limits_{D_{xy}} \left[x^2 + \frac{1}{2}(x^2 + y^2) \right]\mathrm{d}x\mathrm{d}y$$

$$= \int_0^{2\pi}\mathrm{d}\theta \int_0^2 \frac{1}{4}r^4 r\cos\theta r\,\mathrm{d}r + \int_0^{2\pi}\mathrm{d}\theta \int_0^2 \left(r^2\cos^2\theta + \frac{1}{2}r^2 \right)r\,\mathrm{d}r$$

$$= 0 + 8\pi$$

$$= 8\pi.$$

9.6　高斯公式与斯托克斯公式

9.6.1　高斯公式

定理 9.6.1（高斯公式）　设空间闭区域 V 是由光滑或分片光滑的封闭曲线 S 所围成的单连通区域，函数 $P(x,y,z)$、$Q(x,y,z)$、$R(x,y,z)$ 在 V 上有一阶连续偏导数，则

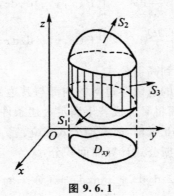

图 9.6.1

$$\oiint\limits_{S} P\,\mathrm{d}y\mathrm{d}z + Q\,\mathrm{d}z\mathrm{d}x + R\,\mathrm{d}x\mathrm{d}y = \iiint\limits_{V} \left(\frac{\partial P}{\partial x} + \frac{\partial Q}{\partial y} + \frac{\partial R}{\partial z} \right) \mathrm{d}V,$$

其中 S 取外侧.

证明：设闭区域 V 在 xOy 面上的投影区域为 D_{xy}，并假设任何平行于 z 轴的直线穿过 V 的内部与 V 的边界曲面 S 的交点均为两个，如图 9.6.1 所示，则 V 可表示为

$$V = \{(x,y,z) \mid z_1(x,y) \leqslant z \leqslant z_2(x,y), (x,y) \in D_{xy}\},$$

其中，V 的底面 $S_1: z = z_1(x,y)$，取下侧；V 的顶面 $S_2: z = z_2(x,y)$，取上侧；V 的侧面为柱面 S_3：取外侧. 于是由三重积分的计算方法有

$$\iiint\limits_{V} \frac{\partial R}{\partial z} \mathrm{d}V = \iint\limits_{D_{xy}} \mathrm{d}x\mathrm{d}y \int_{z_1(x,y)}^{z_2(x,y)} \frac{\partial R}{\partial z} \mathrm{d}z.$$

$$= \iint\limits_{D_{xy}} \{R[x,y,z_2(x,y)] - R[x,y,z_1(x,y)]\}\mathrm{d}x\mathrm{d}y$$

再根据对第二类曲面积分的计算方法，可得

$$\oiint\limits_{S} R(x,y,z)\mathrm{d}x\mathrm{d}y$$

$$= \oiint\limits_{S_1} R(x,y,z)\mathrm{d}x\mathrm{d}y + \oiint\limits_{S_2} R(x,y,z)\mathrm{d}x\mathrm{d}y + \oiint\limits_{S_3} R(x,y,z)\mathrm{d}x\mathrm{d}y$$

$$= \iint\limits_{D_{xy}} R[x,y,z_2(x,y)]\mathrm{d}x\mathrm{d}y - \iint\limits_{D_{xy}} R[x,y,z_1(x,y)]\mathrm{d}x\mathrm{d}y + 0.$$

因此

$$\iiint\limits_{V} \frac{\partial R}{\partial z} \mathrm{d}V = \oiint\limits_{S} R(x,y,z)\mathrm{d}x\mathrm{d}y.$$

同理，如果穿过 V 内部且与 x 轴平行的直线以平行于 y 轴的直线与 V 的边界曲面 S 的交点也都恰有两个，则可证得

$$\iiint\limits_{V} \frac{\partial P}{\partial x} \mathrm{d}V = \oiint\limits_{S} P(x,y,z)\mathrm{d}y\mathrm{d}z,$$

$$\iiint\limits_{V} \frac{\partial Q}{\partial y} \mathrm{d}V = \oiint\limits_{S} P(x,y,z)\mathrm{d}z\mathrm{d}x,$$

将上面三式相加从而得到高斯公式.

如果平行于坐标轴的直线穿过 V 的内部与其边界曲面 S 的交点多于两个，可引入若干辅助曲面将 V 分成若干满足上述条件的闭区域，而曲面积分在辅助曲面正反两侧相互抵消，故高斯公式成立.

例 9.6.1 利用高斯公式计算曲面积分

$$\iint\limits_{S} y(x-z)\mathrm{d}y\mathrm{d}z + x^2\mathrm{d}z\mathrm{d}x + (y^2 + xz)\mathrm{d}x\mathrm{d}y,$$

其中 S 是长方体 $SV:0\leqslant x\leqslant a,0\leqslant y\leqslant b,0\leqslant z\leqslant c$ 的外侧表面.

解： 由于

$$P=y(x-z),Q=x^2,R=y^2+xz,$$

$$\frac{\partial P}{\partial x}+\frac{\partial Q}{\partial y}+\frac{\partial R}{\partial z}=x+y,$$

因此

$$\iint\limits_{S}y(x-z)\mathrm{d}y\mathrm{d}z+x^2\mathrm{d}z\mathrm{d}x+(y^2+xz)\mathrm{d}x\mathrm{d}y$$

$$=\iiint\limits_{V}(x+y)\mathrm{d}x\mathrm{d}y\mathrm{d}z=\int_0^a\mathrm{d}x\int_0^b\mathrm{d}y\int_0^c(x+y)\mathrm{d}z$$

$$=\frac{1}{2}abc(a+b).$$

例 9.6.2　计算积分

$$\iint\limits_{S}x^2\mathrm{d}y\mathrm{d}z+y^2\mathrm{d}z\mathrm{d}x+z^2\mathrm{d}x\mathrm{d}y,$$

其中 S 为圆锥面 $x^2+y^2=z^2(0\leqslant z\leqslant h)$ 的下侧.

解： 因为曲面 S 不是封闭曲面，所以不能直接应用高斯公式，因此我们做一平面 $S':z=h$，其单位法向量与 z 轴正向指向相同（如图 9.6.2 所示）.从而 S 和 S' 组成一封闭曲面，根据高斯公式可得

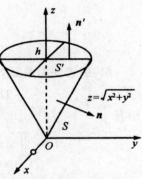

图 9.6.2

$$\iint\limits_{S+S'}x^2\mathrm{d}y\mathrm{d}z+y^2\mathrm{d}z\mathrm{d}x+z^2\mathrm{d}x\mathrm{d}y$$

$$=2\iiint\limits_{\Omega}(x+y+z)\mathrm{d}x\mathrm{d}y\mathrm{d}z$$

$$=2\int_0^{2\pi}\mathrm{d}\theta\int_0^h r\mathrm{d}r\int_r^h(r\cos\theta+r\sin\theta+z)\mathrm{d}z$$

$$=2\int_0^{2\pi}\mathrm{d}\theta\int_0^h\Big[r(r\cos\theta+r\sin\theta)(h-r)+r\frac{h^2-r^2}{2}\Big]\mathrm{d}r$$

$$=2\pi\int_0^h(h^2r-r^3)\mathrm{d}r=\frac{1}{2}\pi h^4,$$

而且

$$\iint\limits_{S'}x^2\mathrm{d}y\mathrm{d}z+y^2\mathrm{d}z\mathrm{d}x+z^2\mathrm{d}x\mathrm{d}y=\iint\limits_{D_{xy}}h^2\mathrm{d}x\mathrm{d}y=\pi h^4,$$

所以

$$\iint\limits_{S}x^2\mathrm{d}y\mathrm{d}z+y^2\mathrm{d}z\mathrm{d}x+z^2\mathrm{d}x\mathrm{d}y=\frac{1}{2}\pi h^4-\pi h^4=-\frac{1}{2}\pi h^4$$

例 9.6.3 计算曲面积分

$$I = \oiint\limits_{S} 2x^3 \mathrm{d}y\mathrm{d}z + 2y^3 \mathrm{d}z\mathrm{d}x + 3(z^2 - 1)\mathrm{d}x\mathrm{d}y,$$

其中 S 是曲面 $z = 1 - x^2 - y^2 (z \geqslant 0)$ 的上侧,如图 9.6.3 所示.

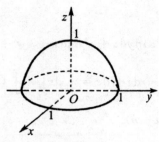

图 9.6.3

解:引进辅助曲面 $S_1 : 0, (x, y) \in D_{xy}$,取下侧,即

$$D_{xy} = \{(x, y) \mid x^2 + y^2 \leqslant 1\},$$

则有

$$I = \oiint\limits_{S+S_1} 2x^3 \mathrm{d}y\mathrm{d}z + 2y^3 \mathrm{d}z\mathrm{d}x + 3(z^2 - 1)\mathrm{d}x\mathrm{d}y -$$

$$\oiint\limits_{S_1} 2x^3 \mathrm{d}y\mathrm{d}z + 2y^3 \mathrm{d}z\mathrm{d}x + 3(z^2 - 1)\mathrm{d}x\mathrm{d}y,$$

于是,根据高斯公式,可得

$$\oiint\limits_{S+S_1} 2x^3 \mathrm{d}y\mathrm{d}z + 2y^3 \mathrm{d}z\mathrm{d}x + 3(z^2 - 1)\mathrm{d}x\mathrm{d}y$$

$$= \iiint\limits_{V} 6(x^2 + y^2 + z)\mathrm{d}x\mathrm{d}y\mathrm{d}z$$

$$= 6\int_0^{2\pi} \mathrm{d}\theta \int_0^1 \mathrm{d}r \int_0^{1-r^2} (z + r^2) r \mathrm{d}z$$

$$= 12\pi \int_0^1 \left[\frac{1}{2} r(1 - r^2)^2 + r^3(1 - r^2) \right] \mathrm{d}r$$

$$= 2\pi.$$

又由于

$$\oiint\limits_{S_1} 2x^3 \mathrm{d}y\mathrm{d}z + 2y^3 \mathrm{d}z\mathrm{d}x + 3(z^2 - 1)\mathrm{d}x\mathrm{d}y = -\iint\limits_{x^2+y^2 \leqslant 1} (-3)\mathrm{d}x\mathrm{d}y = 3\pi,$$

因此

$$I = 2\pi - 3\pi = -\pi.$$

9.6.2 斯托克斯(Stokes)公式

定理 9.6.2 设 Γ 为分段光滑的空间有向闭曲线,S 是以 Γ 为边界的分片光滑的有向曲面,函数 $P(x,y,z)$、$Q(x,y,z)$、$R(x,y,z)$ 在包含曲面 S 在内的一个空间区域内具有一阶连续偏导数,则有

$$\oint_{\Gamma} P(x,y,z)\mathrm{d}x + Q(x,y,z)\mathrm{d}y + R(x,y,z)\mathrm{d}z$$
$$= \iint_{S} \left(\frac{\partial R}{\partial y} - \frac{\partial Q}{\partial z}\right)\mathrm{d}y\mathrm{d}z + \left(\frac{\partial P}{\partial z} - \frac{\partial R}{\partial x}\right)\mathrm{d}z\mathrm{d}x + \left(\frac{\partial Q}{\partial x} - \frac{\partial P}{\partial y}\right)\mathrm{d}x\mathrm{d}y,$$

其中,Γ 的正向与曲面 S 的侧符合右手规则,即当右手除拇指外的四指依 Γ 的绕行方向时,拇指所指的方向和 S 上法向量的指向相同. 上述公式称为斯托克斯公式.

为了便于记忆,利用行列式记号把斯托克斯公式可以写成

$$\oint_{\Gamma} P(x,y,z)\mathrm{d}x + Q(x,y,z)\mathrm{d}y + R(x,y,z)\mathrm{d}z$$
$$= \iint_{S} \begin{vmatrix} \mathrm{d}y\mathrm{d}z & \mathrm{d}z\mathrm{d}x & \mathrm{d}x\mathrm{d}y \\ \dfrac{\partial}{\partial x} & \dfrac{\partial}{\partial y} & \dfrac{\partial}{\partial z} \\ P & Q & R \end{vmatrix}.$$

因为

$$\mathrm{d}y\mathrm{d}z = \cos\alpha\,\mathrm{d}S, \mathrm{d}z\mathrm{d}x = \cos\beta\,\mathrm{d}S, \mathrm{d}x\mathrm{d}y = \cos\gamma\,\mathrm{d}S,$$

所以斯托克斯公式又可以写成

$$\oint_{\Gamma} P(x,y,z)\mathrm{d}x + Q(x,y,z)\mathrm{d}y + R(x,y,z)\mathrm{d}z$$
$$= \iint_{S} \begin{vmatrix} \cos\alpha & \cos\beta & \cos\gamma \\ \dfrac{\partial}{\partial x} & \dfrac{\partial}{\partial y} & \dfrac{\partial}{\partial z} \\ P & Q & R \end{vmatrix} \mathrm{d}S,$$

其中 $\boldsymbol{n} = \cos\alpha\,\boldsymbol{i} + \cos\beta\,\boldsymbol{j} + \cos\gamma\,\boldsymbol{k}$ 为有向曲面 S 的单位法向量.

证明:首先假设 S 与平行于 z 轴的直线相交不多于一点,且设 S 为曲面

$$z = f(x,y)$$

的上侧,S 的正向边界曲线 Γ 在 xOy 面上的投影为平面有向曲线 C,C 所围成的闭区域为 D_{xy}(如图 9.6.4 所示).

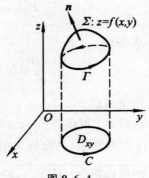

图 9.6.4

把曲线积分

$$\iint_S \frac{\partial P}{\partial z} \mathrm{d}z\mathrm{d}x - \frac{\partial P}{\partial y}\mathrm{d}x\mathrm{d}y$$

化为闭区域 D_{xy} 上的二重积分,然后利用格林公式使其与曲线积分相联系.

依据对第一类和对第二类曲面积分间的关系,则有

$$\iint_S \frac{\partial P}{\partial z}\mathrm{d}z\mathrm{d}x - \frac{\partial P}{\partial y}\mathrm{d}x\mathrm{d}y = \iint_S \left(\frac{\partial P}{\partial z}\cos\beta - \frac{\partial P}{\partial y}\cos\gamma\right)\mathrm{d}S. \qquad (9.6.1)$$

有向曲面 S 的法向量的方向余弦为

$$\cos\alpha = \frac{-f_x}{\sqrt{1+f_x^2+f_y^2}}, \cos\beta = \frac{-f_y}{\sqrt{1+f_x^2+f_y^2}}, \cos\gamma = \frac{1}{\sqrt{1+f_x^2+f_y^2}},$$

所以 $\cos\beta = -f_y\cos\gamma$,将其代入到 (9.6.1) 式中,可得

$$\iint_S \frac{\partial P}{\partial z}\mathrm{d}z\mathrm{d}x - \frac{\partial P}{\partial y}\mathrm{d}x\mathrm{d}y = -\iint_S \left(\frac{\partial P}{\partial y} + \frac{\partial P}{\partial z}f_y\right)\cos\gamma\mathrm{d}S,$$

即有

$$\iint_S \frac{\partial P}{\partial z}\mathrm{d}z\mathrm{d}x - \frac{\partial P}{\partial y}\mathrm{d}x\mathrm{d}y = -\iint_S \left(\frac{\partial P}{\partial y} + \frac{\partial P}{\partial z}f_y\right)\mathrm{d}x\mathrm{d}y. \qquad (9.6.2)$$

上式右侧的曲面积分化为二重积分时,需要把 $P(x,y,z)$ 中的 z 用 $f(x,y)$ 来表示,根据复合函数的微分法,则有

$$\frac{\partial}{\partial y}P[x,y,f(x,y)] = \frac{\partial P}{\partial y} + \frac{\partial P}{\partial z} \cdot f_y,$$

因此,(9.6.2) 式可写成

$$\iint_S \frac{\partial P}{\partial z}\mathrm{d}z\mathrm{d}x - \frac{\partial P}{\partial y}\mathrm{d}x\mathrm{d}y = -\iint_{D_{xy}} \frac{\partial}{\partial y}P[x,y,f(x,y)]\mathrm{d}x\mathrm{d}y,$$

依据格林公式,上式右端的二重积分可化为沿闭区域 D_{xy} 的边界 C 的曲线积分

$$-\iint_{D_{xy}} \frac{\partial}{\partial y}P[x,y,f(x,y)]\mathrm{d}x\mathrm{d}y = \oint_C P[x,y,f(x,y)]\mathrm{d}x,$$

从而有

$$\iint_{D_{xy}} \frac{\partial P}{\partial z}\mathrm{d}z\mathrm{d}x - \frac{\partial P}{\partial y}\mathrm{d}x\mathrm{d}y = \oint_C P[x,y,f(x,y)]\mathrm{d}x.$$

由于函数 $P[x,y,f(x,y)]$ 在曲线 C 上点 (x,y) 处的值与函数 $P(x,y,z)$ 在曲线 Γ 上对应点 (x,y,z) 处的值为一样的,且两曲线上的对应小弧段在 x 轴上的投影也一样. 则根据曲线积分的定义,上式右端的曲线积分与曲线 Γ 上的曲线积分 $\int_\Gamma P(x,y,z)\mathrm{d}x$ 相等. 所以,证得

$$\iint\limits_{S}\frac{\partial P}{\partial z}\mathrm{d}z\mathrm{d}x-\frac{\partial P}{\partial y}\mathrm{d}x\mathrm{d}y=\oint_{\Gamma}P(x,y,z)\mathrm{d}x. \tag{9.6.3}$$

若 S 取下侧，Γ 则相应的改为相反的方向，则式(9.6.3)两端同时改变其符号，所以式(9.6.3)依然成立.

若曲面与平行于 z 轴的直线的交点多于一个，那么可作辅助线将曲面分成几部分，再利用公式(9.6.3)并相加. 由于沿辅助线而方向相反的两个曲线积分相加是正好相互抵消，所以公式(9.6.3)依然成立.

类似地可证

$$\iint\limits_{S}\frac{\partial Q}{\partial x}\mathrm{d}z\mathrm{d}x-\frac{\partial Q}{\partial z}\mathrm{d}x\mathrm{d}y=\oint_{\Gamma}Q(x,y,z)\mathrm{d}y,$$

$$\iint\limits_{S}\frac{\partial R}{\partial y}\mathrm{d}z\mathrm{d}x-\frac{\partial R}{\partial x}\mathrm{d}x\mathrm{d}y=\oint_{\Gamma}R(x,y,z)\mathrm{d}z.$$

将上述两式与公式(6.3.3)相加即可得到

$$\oint_{\Gamma}P(x,y,z)\mathrm{d}x+Q(x,y,z)\mathrm{d}y+R(x,y,z)\mathrm{d}z$$

$$=\iint\limits_{S}\left(\frac{\partial R}{\partial y}-\frac{\partial Q}{\partial z}\right)\mathrm{d}y\mathrm{d}z+\left(\frac{\partial P}{\partial z}-\frac{\partial R}{\partial x}\right)\mathrm{d}z\mathrm{d}x+\left(\frac{\partial Q}{\partial x}-\frac{\partial P}{\partial y}\right)\mathrm{d}x\mathrm{d}y.$$

例 9.6.4　根据斯托克斯公式计算曲线积分

$$I=\oint_{\Gamma}(y^2-z^2)\mathrm{d}x+(z^2-x^2)\mathrm{d}y+(x^2-y^2)\mathrm{d}z,$$

其中 Γ 为用平面 $x+y+z=\dfrac{3}{2}$ 截立方体 $0\leqslant x\leqslant 1,0\leqslant y\leqslant 1,0\leqslant z\leqslant 1$ 的表面所得的截痕，如果从 Ox 轴的正向看去，取其逆时针方向(如图 9.6.5 所示).

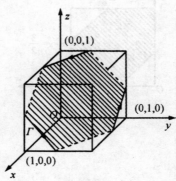

图 9.6.5

解：取 S 为平面 $x+y+z=\dfrac{3}{2}$ 的上侧被 Γ 所围成部分，S 的单位法向

量为

$$n = \frac{1}{\sqrt{3}}\{1,1,1\}$$

则有

$$\cos\alpha = \cos\beta = \cos\gamma = \frac{1}{\sqrt{3}}.$$

根据斯托克斯公式,则有

$$I = \iint\limits_{S} \begin{vmatrix} \dfrac{1}{\sqrt{3}} & \dfrac{1}{\sqrt{3}} & \dfrac{1}{\sqrt{3}} \\[2mm] \dfrac{\partial}{\partial x} & \dfrac{\partial}{\partial y} & \dfrac{\partial}{\partial z} \\[2mm] y^2 - z^2 & z^2 - x^2 & x^2 - y^2 \end{vmatrix} \mathrm{d}S$$

$$= -\frac{4}{\sqrt{3}} \iint\limits_{S} (x,y,z)\mathrm{d}S.$$

由于在 S 上 $x + y + z = \dfrac{3}{2}$,所以

$$I = -\frac{4}{\sqrt{3}} \times \frac{3}{2} \iint\limits_{S} \mathrm{d}S$$

$$= -2\sqrt{3} \iint\limits_{D_{xy}} \sqrt{3}\,\mathrm{d}x\mathrm{d}y = -6\sigma_{xy}.$$

其中 D_{xy} 为 S 在 xOy 平面上的投影区域,σ_{xy} 为 D_{xy} 的面积(如图 9.6.6 所示).

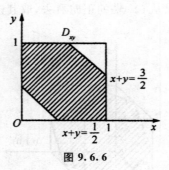

图 9.6.6

因为

$$\sigma_{xy} = 1 - 2 \times \frac{1}{8} = \frac{3}{4},$$

所以

$$I = -\frac{9}{2}.$$

例 9.6.5　计算曲线积分

$$\oint_L z\,\mathrm{d}x + x\,\mathrm{d}y + y\,\mathrm{d}z,$$

其中 L 是球面 $x^2 + y^2 + z^2 = 2(x+y)$ 与平面 $x+y=2$ 的交线,且 L 的正向从原点看去是逆时针方向,如图 9.6.7 所示.

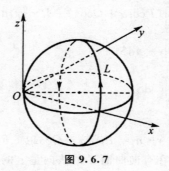

图 9.6.7

解:令平面 $x+y=2$ 上由曲线 L 所围部分为斯托克斯公式中的曲面 S,则 S 的法向量的方向余弦按右手法则为

$$\cos\alpha = -\frac{1}{\sqrt{2}},\ \cos\beta = -\frac{1}{\sqrt{2}},\ \cos\gamma = 0.$$

则可得

$$\oint_L z\,\mathrm{d}x + x\,\mathrm{d}y + y\,\mathrm{d}z = \iint_S \begin{vmatrix} \cos\alpha & \cos\beta & \cos\gamma \\ \dfrac{\partial}{\partial x} & \dfrac{\partial}{\partial y} & \dfrac{\partial}{\partial z} \\ y & z & x \end{vmatrix}\mathrm{d}S$$

$$= \iint_S \left(\frac{1}{\sqrt{2}} + \frac{1}{\sqrt{2}}\right)\mathrm{d}S = \sqrt{2}\iint_S \mathrm{d}S$$

$$= \sqrt{2}\cdot\left[\pi(\sqrt{2})^2\right] = 2\sqrt{2}\,\pi.$$

9.7　场论初步

9.7.1　通量与散度

设有一个稳定流动的不可压缩流体(假设密度为 1)的速度场

$$v(x,y,z) = P(x,y,z)\boldsymbol{i} + Q(x,y,z)\boldsymbol{j} + R(x,y,z)\boldsymbol{k},$$

假定其中 P,Q,R 具有一阶连续偏导数. 又假定 Σ 是速度场中一片有向曲

面,Σ 在点 (x,y,z) 处的单位法向量为
$$n = \cos\alpha i + \cos\beta j + \cos\gamma k,$$
易知单位时间内流体经过 Σ 指定侧的总流量 Φ 可用曲面积分表示,即
$$\Phi = \iint\limits_{\Sigma} P\,\mathrm{d}y\mathrm{d}z + Q\mathrm{d}z\mathrm{d}x + R\mathrm{d}x\mathrm{d}y$$
$$= \iint\limits_{\Sigma}(P\cos\alpha + Q\cos\beta + R\cos\gamma)\mathrm{d}S$$
$$= \iint\limits_{\Sigma} v \cdot n\mathrm{d}S$$
$$= \iint\limits_{\Sigma} v_n\mathrm{d}S.$$

其中
$$v_n = v \cdot n = P\cos\alpha + Q\cos\beta + R\cos\gamma$$
表示流体的速度向量 v 在有向曲面 Σ 的法向量上的投影.

如果 Σ 是闭曲面,且曲面积分取 Σ 的外侧,则
$$\Phi = \oiint\limits_{\Sigma} PP\,\mathrm{d}y\mathrm{d}z + Q\mathrm{d}z\mathrm{d}x + R\mathrm{d}x\mathrm{d}y$$
表示单位时间内流体经过 Σ 外侧的总流量,即流出量(+)与流入量(一)两者之差. 于是,

当 $\Phi > 0$ 时,表明流出量大于流入量,这时 Σ 内有"源";

当 $\Phi < 0$ 时,表明流出量小于流入量,这时 Σ 内有"洞";

当 $\Phi = 0$ 时,表明流出量等于流入量,这时 Σ 内可能既无"源"也无"洞",也

可能既有"源"也有"洞",而"源"与"洞"的流量互相抵消.

为进一步讨论 Σ 内各点的情况,我们把高斯公式改写成
$$\iiint\limits_{\Omega}\left(\frac{\partial P}{\partial x} + \frac{\partial Q}{\partial y} + \frac{\partial R}{\partial z}\right)\mathrm{d}v = \oiint\limits_{\Sigma} v_n\mathrm{d}S.$$

对左端的重积分应用积分中值定理知,存在一点 $((\xi,\eta,\zeta) \in \Omega$ 使得
$$\left(\frac{\partial P}{\partial x} + \frac{\partial Q}{\partial y} + \frac{\partial R}{\partial z}\right)\bigg|_{(\xi,\eta,\zeta)} = \frac{1}{V}\iiint\limits_{\Omega}\left(\frac{\partial P}{\partial x} + \frac{\partial Q}{\partial y} + \frac{\partial R}{\partial z}\right)\mathrm{d}v$$
$$= \frac{1}{V}\oiint\limits_{\Sigma} v_n\mathrm{d}S,$$

这里 V 表示 Ω 的体积. 上式右端表示单位时间内流体经过 Σ 外侧的平均流量. 令 Ω 缩向一个取定的点 $M(x,y,z)$,对上式取极限. 这时,点 $(\xi,\eta,\zeta) \to (x,y,z)$,因为 P,Q,R 的一阶偏导数连续,因此可得

$$\left(\frac{\partial P}{\partial x}+\frac{\partial Q}{\partial y}+\frac{\partial R}{\partial z}\right)\Big|_{(x,y,z)}=\lim_{\Omega\to M}\frac{1}{V}\oiint_{\Sigma}v_n\mathrm{d}S,$$

上式左端称为 v 在点 $M(x,y,z)$ 的散度,记作 $\mathrm{div}v$,即

$$\mathrm{div}v=\frac{\partial P(x,y,z)}{\partial x}+\frac{\partial Q(x,y,z)}{\partial y}+\frac{\partial R(x,y,z)}{\partial z}.$$

$\mathrm{div}v$ 在这里可看作稳定流动的不可压缩流体在点 M 的源或洞的强度. 于是高斯公式可写成

$$\iiint_{\Omega}\mathrm{div}v\mathrm{d}v=\oiint_{\Sigma}v_n\mathrm{d}S.$$

一般地,设某向量场由

$$A(x,y,z)=P(x,y,z)i+Q(x,y,z)j+R(x,y,z)k$$

给出,其中函数 P、Q、R 都具有一阶连续偏导数,Σ 为场内的一片有向曲面,n 为 Σ 在点 (x,y,z) 处的单位法向量,则积分

$$\iint_{\Sigma}A\cdot n\mathrm{d}S$$

称为向量场 A 通过曲面 Σ 向着指定侧的通量(或者流量).

根据两类曲面积分的关系,则通量又可以表达为

$$\iint_{\Sigma}A\cdot n\mathrm{d}S=\iint_{\Sigma}A\cdot\mathrm{d}S$$

$$=\iint_{\Sigma}P(x,y,z)\mathrm{d}y\mathrm{d}z+Q(x,y,z)\mathrm{d}z\mathrm{d}x+R(x,y,z)\mathrm{d}x\mathrm{d}y.$$

例 9.7.1　求向量

$$A=yi+zj+xk$$

穿过由 $x=0,y=0,z=0,x+y=z=a(a>0)$ 所围成立体 Ω 的边界曲面外侧的通量.

解：

$$\iint_{\Sigma}A\cdot n\mathrm{d}S$$

$$=\iint_{\Sigma}(y\cos\alpha+z\cos\beta+x\cos\gamma)\mathrm{d}S$$

$$=\iint_{\Sigma}y\mathrm{d}y\mathrm{d}z+z\mathrm{d}z\mathrm{d}x+x\mathrm{d}x\mathrm{d}y$$

$$=\iiint_{\Omega}(0+0+0)\mathrm{d}x\mathrm{d}y\mathrm{d}z$$

$$=0.$$

例 9.7.2　求向量

$$A=yzj+z^2k$$

穿过曲面 Σ 流向上侧的通量,其中 Σ 为柱面 $y^2 + z^2 = 1(z \geqslant 0)$ 被平面 $x = 0$ 及 $x = 1$ 截下的有限部分(如图 9.7.1 所示).

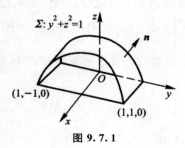

图 9.7.1

解:根据题意可知,曲面 Σ 上侧的法向量可由
$$f(x, y, z) = y^2 + z^2$$
的梯度 ∇f 得出,则有
$$\begin{aligned} \boldsymbol{n} &= \frac{\nabla f}{|\nabla f|} \\ &= \frac{2y\boldsymbol{j} + 2z\boldsymbol{k}}{\sqrt{(2y)^2 + (2z)^2}} \\ &= y\boldsymbol{j} + z\boldsymbol{k}(y^2 + z^2 = 1). \end{aligned}$$

在曲面 Σ 上,
$$\boldsymbol{A} \cdot \boldsymbol{n} = y^2 z + z^3 = z(y^2 + z^2) = z.$$
所以,$\boldsymbol{A}$ 穿过 Σ 流向上侧的通量为
$$\begin{aligned} \iint\limits_{\Sigma} \boldsymbol{A} \cdot \boldsymbol{n} \mathrm{d}S &= \iint\limits_{\Sigma} z \mathrm{d}S \\ &= \iint\limits_{D_{xy}} \sqrt{1 - y^2} \cdot \frac{1}{\sqrt{1 - y^2}} \mathrm{d}x\mathrm{d}y \\ &= \iint\limits_{D_{xy}} \mathrm{d}x\mathrm{d}y \\ &= 2. \end{aligned}$$

例 9.7.3 带电量为 e 的电荷放置在原点,构成电场强度为 $\boldsymbol{E} = \dfrac{e}{r^3}\boldsymbol{r}$ 向量场(称为电位场).试求该向量场的散度.

解:$r = \sqrt{x^2 + y^2 + z^2}$,已知 $\boldsymbol{E} = \dfrac{e}{r^3}(x\boldsymbol{i} + y\boldsymbol{j} + z\boldsymbol{k})$,即
$$P = \frac{e}{r^3}x, Q = \frac{e}{r^3}y, R = \frac{e}{r^3}z.$$
又因为

$$\frac{\partial r}{\partial x} = \frac{x}{r}, \frac{\partial r}{\partial y} = \frac{y}{r}, \frac{\partial r}{\partial z} = \frac{z}{r},$$

所以

$$\frac{\partial P}{\partial x} = e \frac{r^3 - x3r^2 \frac{\partial r}{\partial x}}{r^6} = e \frac{r^2 - 3x^2}{r^5}.$$

同理

$$\frac{\partial Q}{\partial y} = e \frac{r^2 - 3y^2}{r^5}, \frac{\partial R}{\partial z} = e \frac{r^2 - 3z^2}{r^5}.$$

所以

$$\mathrm{div}\boldsymbol{E} = \frac{\partial P}{\partial x} + \frac{\partial Q}{\partial y} + \frac{\partial R}{\partial z} = e \frac{3r^2 - 3(x^2 + y^2 + z^2)}{r^5} = 0,$$

即除了原点外,场中任意点的散度均为 0,即不是源也不是洞.

9.7.2　环流量与旋度

设有向量场

$$\boldsymbol{A}(x, y, z) = P(x, y, z)\boldsymbol{i} + Q(x, y, z)\boldsymbol{j} + R(x, y, z)\boldsymbol{k},$$

其中,P、Q、R 都连续,Γ 为 $\boldsymbol{A}$ 的定义域内的一条分段光滑的有向闭曲线,τ 为 Γ 在点 (x, y, z) 处的单位切向量,若存在某一向量,其在 x 轴、y 轴、z 轴上的投影分别为

$$\frac{\partial P}{\partial y} = \frac{\partial Q}{\partial x}, \frac{\partial Q}{\partial z} = \frac{\partial R}{\partial y}, \frac{\partial R}{\partial x} = \frac{\partial P}{\partial z}.$$

则称该向量为向量场 $\boldsymbol{A}$ 的旋度,记作 **rotA**,即有

$$\mathbf{rot}\boldsymbol{A} = \left(\frac{\partial R}{\partial y} - \frac{\partial Q}{\partial z}\right)\boldsymbol{i} + \left(\frac{\partial P}{\partial z} - \frac{\partial R}{\partial x}\right)\boldsymbol{j} + \left(\frac{\partial Q}{\partial x} - \frac{\partial P}{\partial y}\right)\boldsymbol{k}.$$

若把沿有向闭曲线 Γ 的曲线积分

$$\oint_{\Gamma} P\,\mathrm{d}x + Q\mathrm{d}y + R\mathrm{d}z$$

成为向量场 $\boldsymbol{A}$ 沿着有向闭曲线 Γ 的环流量.

其中,向量场 $\boldsymbol{A}$ 的旋度 **rotA**,可利用向量微分算子 ∇ 表示为

$$\mathbf{rot}\boldsymbol{A} = \nabla \times \boldsymbol{A} = \begin{vmatrix} \boldsymbol{i} & \boldsymbol{j} & \boldsymbol{k} \\ \dfrac{\partial}{\partial x} & \dfrac{\partial}{\partial y} & \dfrac{\partial}{\partial z} \\ P & Q & R \end{vmatrix}.$$

若向量场 $\boldsymbol{A}$ 的旋度 **rotA** 处处为零,那么称向量场 $\boldsymbol{A}$ 无旋场.一个无源、无旋场的向量场称为调和场.

第 10 章　　无穷级数

10.1　　常数项级数的概念和性质

10.1.1　常数项级数的概念

定义 10.1.1　设给定数列 $\{u_n\}$,将表达式
$$u_1 + u_2 + \cdots + u_n + \cdots$$

称为常数项无穷级数,简称常数项级数或级数,记作 $\displaystyle\sum_{n=1}^{\infty} u_n$,即

$$\sum_{n=1}^{\infty} u_n = u_1 + u_2 + \cdots + u_n + \cdots \tag{10.1.1}$$

其中 u_n 称为级数的第 n 项或级数的通项.

　　级数(10.1.1)是一种无限项和的形式,如果按着普通加法的规律,把它一项不漏地从头到尾加起来是办不到的.因为级数有无穷多项,逐项相加将永远没有加完的时候.那么,如何理解无穷多项相加呢?结果是什么?下面就来研究这一问题.

　　级数(10.1.1)前 n 项和

$$S_n = u_1 + u_2 + \cdots + u_n = \sum_{i=1}^{n} u_i \tag{10.1.2}$$

称为级数(10.1.1)的前 n 项部分和;数列
$$S_1, S_2, \cdots, S_n, \cdots$$

称为级数(10.1.1)的部分和数列,记作 $\{S_n\}$.

　　很明显,随着 n 的增大,$\{S_n\}$ 中 u_n 的项也就跟着增多.所以当 n 趋于无穷大时,S_n 的变化趋势也就反映了无穷多项相加的变化趋势.这样,就可以通过级数的部分和的极限来研究无穷多项相加的变化趋势.

　　定义 10.1.2　如果级数(10.1.1)的部分和数列 $\{S_n\}$ 有极限 S,即
$$\lim_{n\to\infty} S_n = S,$$

则称级数(10.1.1)收敛.S 称为级数(10.1.1)的和.记作

$$S = u_1 + u_2 + \cdots + u_n + \cdots = \sum_{n=1}^{\infty} u_n.$$

如果 $\{S_n\}$ 的极限不存在,则称级数(10.1.1)发散.发散的级数没有和.

当级数(10.1.1)收敛时,其部分和 S_n 是级数(10.1.1)的和 S 的近似值.这时称 $S - S_n$ 为级数(10.1.1)的余项,记作 r_n,即

$$r_n = S - S_n = u_{n+1} + u_{n+2} + \cdots + u_{n+k} + \cdots. \qquad (10.1.3)$$

用级数(10.1.2)的部分和 S_n 作为级数(10.1.1)和的近似值,其绝对误差为 $|r_n|$.

例 10.1.1　讨论等比级数(或称几何级数)

$$a + aq + aq^2 + \cdots + aq^{n-1} + \cdots (a \neq 0)$$

的收敛性.

解:当 $|q| \neq 1$ 时,由等比数列求和公式,可得

$$S_n = a + aq + \cdots + aq^{n-1} = \frac{a - aq^n}{1 - q}.$$

于是,当 $|q| < 1$ 时,

$$\lim_{n \to \infty} S_n = \lim_{n \to \infty} \frac{a - aq^n}{1 - q} = \frac{a}{1 - q},$$

所以,当 $|q| < 1$ 时,等比级数收敛,其和 $S = \dfrac{a}{1 - q}$.

当 $|q| > 1$ 时,

$$\lim_{n \to \infty} q^n = \infty,$$

所以,$\lim_{n \to \infty} S_n$ 不存在,等比级数发散.

当 $q = 1$ 时,

$$S_n = na, \lim_{n \to \infty} S_n = \infty,$$

所以,当 $q = 1$ 时,等比级数发散.

当 $q = -1$ 时,

$$S_n = a - a + a - \cdots + (-1)^{n-1}a = \begin{cases} 0, n = 偶数, \\ a, n = 奇数, \end{cases}$$

于是 $\lim_{n \to \infty} S_n$ 不存在,所以等比级数发散.

综上所述,等比级数 $\sum_{n=1}^{\infty} aq^{n-1}$,当 $|q| < 1$ 时级数收敛且和为 $\dfrac{a}{1 - q}$;当 $|q| \geqslant 1$ 时,等比级数发散.

例 10.1.2　判别级数 $\sum_{n=1}^{\infty} \dfrac{1}{n(n+1)}$ 的敛散性,若收敛则求和.

解:由于 $u_n = \dfrac{1}{n(n+1)} = \dfrac{1}{n} - \dfrac{1}{n+1}$,所以部分和

$$S_n = \frac{1}{1 \cdot 2} + \frac{1}{2 \cdot 3} + \cdots + \frac{1}{n(n+1)}$$

$$= \left(1 - \frac{1}{2}\right) + \left(\frac{1}{2} - \frac{1}{3}\right) + \cdots + \left(\frac{1}{n} - \frac{1}{n+1}\right)$$

$$= 1 - \frac{1}{n+1} \to 1 (n \to \infty).$$

所以,所求级数收敛,和为 1.

10.1.2　常数项级数的性质

性质 10.1.1(级数收敛的必要条件)　如果级数 $\sum\limits_{n=1}^{\infty} u_n$ 收敛,则它的一般项 u_n 趋于零,即 $\lim\limits_{n \to \infty} u_n = 0$

证明:设级数 $\sum\limits_{n=1}^{\infty} u_n$ 的部分和为 S_n,且 $\lim\limits_{n \to \infty} S_n = S$,则 $\lim\limits_{n \to \infty} S_{n-1} = S$,从而

$$\lim_{n \to \infty} u_n = \lim_{n \to \infty}(S_n - S_{n-1}) = S - S = 0.$$

注:性质 10.1.1 的逆否命题:若级数的一般项不趋于零,则该级数必定发散.

例 10.1.3　讨论级数 $\sum\limits_{n=1}^{\infty} \frac{1}{\left(1 + \frac{1}{n}\right)^n}$ 的敛散性.

解:由于

$$\lim_{n \to \infty} u_n = \lim_{n \to \infty} \frac{1}{\left(1 + \frac{1}{n}\right)^n} = \frac{1}{e} \neq 0,$$

因此级数发散.

例 10.1.4　级数 $\frac{1}{2} - \frac{2}{3} + \frac{3}{4} + \cdots + (-1)^{n+1}\frac{n}{n+1} + \cdots$ 发散.

证明:事实上,其一般项为

$$u_n = (-1)^{n+1}\frac{n}{n+1},$$

当 $n \to \infty$ 时,$|u_n| = \frac{n}{n+1} \to 1 \neq 0$,因此 $n \to \infty$ 时,不趋于零. 由性质 10.1.1 知该级数发散.

但应注意,级数的一般项趋于零只是级数收敛的必要条件,而不是充分条件.

也就是说,级数的一般项趋于零时,该级数仍有可能发散.

下面介绍级数的几条性质,利用数列极限的性质不难证明.

性质 10.1.2　若级数 $\sum\limits_{n=1}^{\infty} u_n$ 收敛,其和为 S,则级数 $\sum\limits_{n=1}^{\infty} ku_n$ 也收敛,且其和为 kS.

证明:设 S_n 与 σ_n 分别为级数 $\sum\limits_{n=1}^{\infty} u_n$ 与级数 $\sum\limits_{n=1}^{\infty} ku_n$ 的部分和,那么

$$\sigma_n = ku_1 + ku_2 + \cdots + ku_n = kS_n,$$

于是

$$\lim_{n\to\infty}\sigma_n = \lim_{n\to\infty}kS_n = k\lim_{n\to\infty}S_n = kS,$$

因此级数 $\sum\limits_{n=1}^{\infty} ku_n$ 收敛,其和为 kS.

性质 10.1.3　若级数 $\sum\limits_{n=1}^{\infty} u_n$ 和 $\sum\limits_{n=1}^{\infty} v_n$ 分别收敛于 S 和 σ,那么级数 $\sum\limits_{n=1}^{\infty} (u_n \pm v_n)$ 也收敛,且其和为 $S\pm\sigma$.

证明:设 S_n,σ_n,τ_n 分别为级数 $\sum\limits_{n=1}^{\infty} u_n$,$\sum\limits_{n=1}^{\infty} v_n$,$\sum\limits_{n=1}^{\infty} (u_n \pm v_n)$ 的部分和,那么

$$\tau_n = \sum_{i=1}^{n}(u_i \pm v_i) = \sum_{n=1}^{\infty} u_i \pm \sum_{n=1}^{\infty} v_i = S_n \pm \sigma_n,$$

又由已知有

$$\lim_{n\to\infty}S_n = S, \lim_{n\to\infty}\sigma_n = \sigma,$$

于是

$$\lim_{n\to\infty}\tau_n = \lim_{n\to\infty}(S_n \pm \sigma_n) = S\pm\sigma,$$

由此可知,$\sum\limits_{n=1}^{\infty} (u_n \pm v_n)$ 收敛,且

$$\sum_{n=1}^{\infty} (u_n \pm v_n) = S \pm \sigma = \sum_{n=1}^{\infty} u_n \pm \sum_{n=1}^{\infty} v_n.$$

性质 10.1.4　在级数的前面部分去掉或加上有限项,不会影响级数的收敛性或发散性,不过在收敛时,一般来说级数的和是要改变的.

证明:设级数

$$u_1 + u_2 + \cdots + u_k + u_{k+1} + \cdots + u_{k+n}\cdots,$$

的部分和为 S_n,去掉前 k 项后得到新级数

$$u_{k+1} + u_{k+2} + \cdots + u_{k+n}\cdots,$$

设其部分和为 σ_n,则有

$$\sigma_n = u_{k+1} + u_{k+2} + \cdots + u_{k+n}\cdots = S_{k+n} - S_k,$$

其中，S_{k+n} 为原级数的前 $k+n$ 项之和. 由于 S_k 为常数，所以当 $n \to \infty$ 时，σ_n 与 S_{k+n} 同时有极限或同时无极限，因此级数同时收敛或同时发散.

性质 10.1.5 如果级数 $\sum\limits_{n=1}^{\infty} u_n$ 收敛于 S，则对该级数的项任意加（有限个或无限个）括号后所得级数

$$\sum_{k=1}^{\infty} v_k = (u_1 + \cdots + u_{n_1}) + (u_{n_1+1} + \cdots + u_{n_2}) + \cdots +$$
$$(u_{n_{k-1}+1} + \cdots + u_{n_k}) + \cdots$$

仍收敛，且其和仍为 S.

值得注意的是，一个级数添加括号后收敛，原级数不一定收敛. 例如，级数

$$(1-1) + (1-1) + \cdots$$

收敛于零，但去括号后所得级数

$$1 - 1 + 1 - 1 + \cdots$$

是发散的. 事实上，上式确定的级数的部分和满足 $S_{2n} = 0, S_{2n+1} = 1$. 因而 $\lim\limits_{n \to \infty} S_n$ 不存在.

若果括号后所成的级数发散，则原级数也发散. 事实上，倘若原级数收敛，则由性质 10.1.5 可知，加括号后的级数就应该收敛，这是矛盾的.

例 10.1.5 判别级数 $\sum\limits_{n=1}^{\infty} \sqrt[n]{0.01}$ 的敛散性.

解：$u_n = \sqrt[n]{0.01} = 10^{-\frac{2}{n}}$

所以

$$\lim_{n \to \infty} u_n = \lim_{n \to \infty} 10^{-\frac{2}{n}} = 1 \neq 0,$$

由级数收敛的必要条件可知级数是发散的.

例 10.1.6 证明调和级数 $\sum\limits_{n=1}^{\infty} \frac{1}{n}$ 发散.

证明：设级数 $\sum\limits_{n=1}^{\infty} \frac{1}{n}$ 收敛且收敛于 S，则级数 $\sum\limits_{n=1}^{\infty} \frac{1}{n}$ 的前 n 项部分和 S_n 满足

$$\lim_{n \to \infty} S_n = S, \lim_{n \to \infty} S_{2n} = S,$$

则

$$\lim_{n \to \infty} (S_{2n} - S_n) = 0.$$

又由于

$$S_{2n} - S_n = \frac{1}{n+1} + \frac{1}{n+2} + \cdots + \frac{1}{n+n}$$

$$> \frac{1}{n+n} + \frac{1}{n+n} + + \cdots + \frac{1}{n+n}$$

$$= \frac{n}{n+n} = \frac{1}{2}$$

矛盾,因此级数 $\displaystyle\sum_{n=1}^{\infty} \frac{1}{n}$ 是发散的.

例 10.1.7　试证

$$\lim_{n \to \infty} \frac{a_n}{(1+a_1)(1+a_2)\cdots(1+a_n)} = 0,$$

其中, $a_i > 0 (i = 1, 2, \cdots)$.

证明:级数

$$\sum_{n=1}^{\infty} \frac{a_n}{(1+a_1)(1+a_2)\cdots(1+a_n)}$$

的部分和 S_n 单调递增,且

$$S_n = \frac{a_1(1+a_2)\cdots(1+a_n) + a_2(1+a_3)\cdots(1+a_n) + \cdots + a_{n-1}(1+a_n) + (1+a_n) - 1}{(1+a_1)(1+a_2)\cdots(1+a_n)}$$

$$= \frac{a_1(1+a_2)\cdots(1+a_n) + a_2(1+a_3)\cdots(1+a_n) + \cdots + a_{n-1}(1+a_n) + (1+a_n) - 1}{(1+a_1)(1+a_2)\cdots(1+a_n)}$$

$$= \frac{a_1(1+a_2)(1+a_2)\cdots(1+a_n) - 1}{(1+a_1)(1+a_2)\cdots(1+a_n)}$$

$$= 1 - \frac{1}{(1+a_1)(1+a_2)\cdots(1+a_n)} < 1,$$

因此, $\{S_n\}$ 是单调递增有上界的数列,故 $\{S_n\}$ 有极限,则该级数收敛.

10.2　常数项级数的审敛法

10.2.1　正项级数及其审敛法

定义 10.2.1　如果级数 $\displaystyle\sum_{n=1}^{\infty} u_n = u_1 + u_2 + \cdots + u_n + \cdots$,且 $u_n \geqslant 0 (n = 1, 2, \cdots)$,则称此级数为正项级数.

正项级数是常数项级数中比较特殊而又重要的一类,在研究其他类型的级数时,常常要用到正项级数的有关结果,正项级数的收敛性首先满足如下定理.

定理 10.2.1　正项级数 $\displaystyle\sum_{n=1}^{\infty} u_n$ 收敛的充分必要条件是它的部分和数列 $\{s_n\}$ 有界.

证明：如果部分和数列 $\{s_n\}$ 有界，即存在正数 M，使得 $0 \leqslant s_n \leqslant M(n = 1, 2, 3, \cdots)$；又因为 $\{s_n\}$ 是单调增加数列，故由单调有界数列必有极限的准则知 $\{s_n\}$ 收敛. 设 $\lim\limits_{n \to \infty} s_n = s$，那么级数 $\sum\limits_{n=1}^{\infty} u_n$ 收敛且其和为 s，显然 $s_n \leqslant s \leqslant M$.

反之，如果正项级数 $\sum\limits_{n=1}^{\infty} u_n$ 收敛于和 s，即 $\lim\limits_{n \to \infty} s_n = s$，由收敛数列必有界的性质知，数列 $\{s_n\}$ 有界.

通过定理 10.2.2 可知，若正项级数 $\sum\limits_{n=1}^{\infty} u_n$ 发散，则它的部分和数列 $s_n \to +\infty (n \to \infty)$，即 $\sum\limits_{n=1}^{\infty} u_n = +\infty$.

利用这个定理判定正项级数的敛散性时，仍会遇到与利用定义判定级数敛散性同样的困难，即都要先求出部分和序列 $\{s_n\}$. 因在一般情况下，$\{s_n\}$ 不易求得，故应用起来仍然不方便. 但根据这个充要条件，却可导出下面一些非常实用的正项级数审敛法.

10.2.1.1　比较审敛法

定理 10.2.2（比较审敛法）　设级数 $\sum\limits_{n=1}^{\infty} u_n$ 和 $\sum\limits_{n=1}^{\infty} v_n$ 是两个正项级数，从某项开始有 $u_n \leqslant v_n$，则有结论：若 $\sum\limits_{n=1}^{\infty} v_n$ 收敛，则 $\sum\limits_{n=1}^{\infty} u_n$ 也收敛；若 $\sum\limits_{n=1}^{\infty} u_n$ 发散，则 $\sum\limits_{n=1}^{\infty} v_n$ 也发散.

证明：由于改变有限项的值不改变级数的敛散性，因此可以假定 $u_n \leqslant v_n$ 对所有的 $n \in \mathbf{N}$ 都成立. 于是对 $n \in \mathbf{N}$，都有

$$\sum_{k=1}^{n} u_k \leqslant \sum_{k=1}^{n} v_k.$$

所以有结论：若 $\sum\limits_{n=1}^{\infty} v_n$ 收敛，则 $\sum\limits_{k=1}^{n} v_k$ 有界，于是 $\sum\limits_{k=1}^{n} u_k$ 也有界，因此 $\sum\limits_{n=1}^{\infty} u_n$ 收敛；若 $\sum\limits_{n=1}^{\infty} u_n$ 发散，则 $\sum\limits_{k=1}^{n} u_k$ 无界，于是 $\sum\limits_{k=1}^{n} v_k$ 无界，因此 $\sum\limits_{n=1}^{\infty} v_n$ 发散.

比较判别法表明，可以通过比较两个正项级数通项的大小，从其中一个级数已知的敛散性来判断另一个级数的敛散性.

比较判别法，还可以写成如下极限形式.

定理 10.2.3（比较审敛法的极限形式）　设级数 $\sum\limits_{n=1}^{\infty} u_n$ 与级数 $\sum\limits_{n=1}^{\infty} v_n$ 均

为正项级数,且 $v_n > 0 (n = 1, 2, \cdots)$,如果极限 $\lim\limits_{n \to \infty} \dfrac{u_n}{v_n} = l (0 \leqslant l \leqslant +\infty)$,则:当 $0 < l < +\infty$ 时,级数 $\sum\limits_{n=1}^{\infty} u_n$ 与级数 $\sum\limits_{n=1}^{\infty} v_n$ 同时收敛或同时发散;当 $l = 0$ 时,如果级数 $\sum\limits_{n=1}^{\infty} v_n$ 收敛,则级数 $\sum\limits_{n=1}^{\infty} u_n$ 收敛;当 $l = +\infty$ 时,如果级数 $\sum\limits_{n=1}^{\infty} v_n$ 发散,则级数 $\sum\limits_{n=1}^{\infty} u_n$ 发散.

证明:当 $0 < l < +\infty$ 时,任取 $\varepsilon > 0$(设 $\varepsilon < l$),存在正整数 N,当 $n > N$ 时,总有 $\left| \dfrac{u_n}{v_n} - l \right| < \varepsilon$,即 $(l - \varepsilon) v_n < u_n < (l + \varepsilon) v_n$. 由比较判别法知,级数 $\sum\limits_{n=1}^{\infty} u_n$ 与级数 $\sum\limits_{n=1}^{\infty} v_n$ 同时收敛或同时发散.

当 $l = 0$ 时,有 $u_n < (l + \varepsilon) v_n$,由比较判别法知,若级数 $\sum\limits_{n=1}^{\infty} v_n$ 收敛,则级数 $\sum\limits_{n=1}^{\infty} u_n$ 收敛.

当 $l = +\infty$ 时,任取 $M > 0$,存在正整数 N,当 $n > N$ 时,有 $\dfrac{u_n}{v_n} > M$,即 $u_n > M v_n (n > N)$. 由比较判别法可知,若级数数 $\sum\limits_{n=1}^{\infty} v_n$ 发散,则级数 $\sum\limits_{n=1}^{\infty} u_n$ 发散.

定理 10.2.4 又称极限审敛法.

用比较审敛法时,作为比较的对象,常用到的级数有:

(1) 等比级数 $\sum\limits_{n=1}^{\infty} aq^n$,等比级数 $\sum aq^n$ 的敛散性可以总结为

$$\begin{cases} \text{发散,} |q| \geqslant 1 \\ \text{收敛且和为} \dfrac{a}{1-q}, |q| < 1 \end{cases}.$$

(2) p 级数 $\sum\limits_{n=1}^{\infty} a \dfrac{1}{n^p}$,$p$ 级数 $\sum\limits_{n=1}^{\infty} a \dfrac{1}{n^p}$ 的敛散性可以总结为

$$\begin{cases} \text{发散,} p > 1 \\ \text{收敛,} p \geqslant 1 \end{cases}.$$

10.2.1.2　达朗贝尔比值审敛法

定理 10.2.4(达朗贝尔比值审敛法)　设 $\sum\limits_{n=1}^{\infty} u_n$ 为正项级数,如果

$\lim\limits_{n\to\infty}\dfrac{u_{n+1}}{u_n}=\rho$，则：当 $\rho<1$ 时，级数收敛；当 $\rho>1$ 时，级数发散；当 $\rho=1$ 时，级数可能收敛也可能发散.

证明：当 ρ 为有限数时，对任意的 $\varepsilon>0$，存在 $N>0$，使得当 $n>N$ 时，有

$$\left|\frac{u_{n+1}}{u_n}-\rho\right|<\varepsilon,$$

即

$$\rho-\varepsilon<\frac{u_{n+1}}{u_n}<\rho+\varepsilon\ (n>N).$$

当 $\rho<1$ 时，取 $0<\varepsilon<1-\rho$，使 $r=\rho+\varepsilon<1$，则有

$$u_{N+2}<ru_{N+1},u_{N+3}<ru_{N+2}<r^2u_{N+1},\cdots,$$
$$u_{N+m}<ru_{N+m-1}<r^2u_{N+m-2}<\cdots<r^{m-1}u_{N+1},\cdots,$$

由于级数 $\sum\limits_{m=1}^{\infty}r^{m-1}u_{N+1}$ 收敛，则由比较审敛法知 $\sum\limits_{m=1}^{\infty}u_{N+m}=\sum\limits_{n=N+1}^{\infty}u_n$ 收敛，因此级数 $\sum\limits_{n=1}^{\infty}u_n$ 收敛.

当 $\rho>1$ 时，取 $0<\varepsilon<\rho-1$，使 $r=\rho-\varepsilon>1$，则当 $n>N$ 时，有 $\dfrac{u_{n+1}}{u_n}>r$，$u_{n+1}>ru_n>u_n$，即当 $n>N$ 时，级数 $\sum\limits_{n=1}^{\infty}u_n$ 的一般项逐渐增大，于是 $\lim\limits_{n\to\infty}u_n\neq0$. 由级数收敛的必要条件可知，级数 $\sum\limits_{n=1}^{\infty}u_n$ 发散.

类似地，可以证明当 $\lim\limits_{n\to\infty}\dfrac{u_{n+1}}{u_n}=\infty$ 时，级数 $\sum\limits_{n=1}^{\infty}u_n$ 发散.

10.2.1.3　柯西根值审敛法

定理10.2.5（柯西根值审敛法）　设 $\sum\limits_{n=1}^{\infty}u_n$ 为正项级数，如果 $\lim\limits_{n\to\infty}\sqrt[n]{u_n}=l\ (0\leqslant l\leqslant+\infty)$，则：当 $l<1$ 时，级数收敛；当 $l>1$ 时，级数发散；当 $l=1$ 时，级数可能收敛也可能发散.

证明略. 根值审敛法只使用级数的通项 u_n 即可.

判定正项级数 $\sum\limits_{n=1}^{\infty}u_n$ 的收敛性的步骤总结如下：

（1）先观察是否满足级数收敛的必要条件 $\lim\limits_{n\to\infty}u_n=0$，不满足则级数发散.

（2）如果 $\lim\limits_{n\to\infty}u_n=0$，则先试用比值审敛法，特别是 u_n 中含有 $n^n,n!,a^n$ 的情况下．若 $\lim\limits_{n\to\infty}\sqrt[n]{u_n}$ 易求，则用根值审敛法．

（3）若比值审敛法与根值审敛法均失效或不好用，再用比较审敛法．

（4）用级数收敛定义直接判断．

10.2.2　交错项级数及其审敛法

把两个收敛的正项级数 $u_1+u_2+\cdots+u_n+\cdots$ 与 $v_1+v_2+\cdots+v_n+\cdots$ 逐项相减，就得到级数

$$u_1-v_1+u_2-v_2+\cdots+u_n-v_n+\cdots,$$

它的奇数项取正值，偶数项取负值．

定义 10.2.2　一般地，如果一个级数的各项是正负交错的，则称之为交错级数，并常写成

$$\sum_{n=1}^{\infty}(-1)^{n-1}u_n=u_1-u_2+u_3-u_4+\cdots,$$

或

$$\sum_{n=1}^{\infty}(-1)^{n}u_n=-u_1+u_2-u_3+u_4-\cdots.$$

其中，$u_n>0(n=1,2,3,\cdots)$．

在这里，我们主要讨论 $\sum\limits_{n=1}^{\infty}(-1)^{n-1}u_n$ 的形式，因为 $\sum\limits_{n=1}^{\infty}(-1)^{n}u_n=-\sum\limits_{n=1}^{\infty}(-1)^{n-1}u_n$，所以也有相应结论．

虽然交错级数在形式上是两个正项级数之差，但若它们不同时收敛，例如，$\sum\limits_{n=1}^{\infty}(-1)^{n-1}\dfrac{1}{n}$，它的奇数项构成的级数是 $\sum\limits_{n=1}^{\infty}\dfrac{1}{2n-1}$，偶数项构成的级数是 $\sum\limits_{n=1}^{\infty}\dfrac{-1}{2n}$，二者都发散，这时，不可对它们运算或对交错级数的敛散做出正确的判断．这说明，这种把交错级数简单地拆开来处理的思路一般是不合适的，而应该寻求新的办法．下一定理给出了一种十分有效的审敛法．

定理 10.2.6（莱布尼茨定理）　如果交错级数 $\sum\limits_{n=1}^{\infty}(-1)^{n-1}u_n$ 满足：

（1）$u_n\geqslant u_{n+1},n=1,2,\cdots$．

（2）$\lim\limits_{n\to\infty}u_n=0$．

则该交错级数收敛,且其和 $s \leqslant u_1$,用 s_n 代替 s 所产生的误差 $|r_n| \leqslant u_{n+1}$.

证明:因为

$$s_{2n} = (u_1 - u_2) + (u_3 - u_4) + \cdots + (u_{2n-1} - u_{2n}),$$
$$s_{2n} = u_1 - (u_2 - u_3) - (u_4 - u_5) - \cdots - (u_{2n-2} - u_{2n-1}) - u_{2n},$$

由此可知,s_{2n} 单调增加,根据条件(1)有

$$s_{2n} \leqslant u_1,$$

即数列 $\{s_{2n}\}$ 是有界的,所以 $\{s_{2n}\}$ 的极限存在.

设 $\lim\limits_{n \to \infty} s_{2n} = s$,根据条件(2)有

$$\lim_{n \to \infty} s_{2n+1} = \lim_{n \to \infty}(s_{2n} + u_{2n+1}) = s,$$

所以 $\lim\limits_{n \to \infty} s_n = s$,即级数收敛且 $s \leqslant u_1$.

不难看出,余项 r_n 可写成

$$r_n = \pm(u_{n+1} - u_{n+2} + \cdots),$$

所以 $|r_n| = u_{n+1} - u_{n+2} + \cdots$,此式右端是一个交错级数且满足交错级数收敛的两个条件,其和小于该级数的首项 u_{n+1},即 $|r_n| \leqslant u_{n+1}$.

10.2.3 任意项级数

接下来讨论一般的常数项级数

$$\sum_{n=1}^{\infty} u_n = u_1 + u_2 + \cdots + u_n + \cdots,$$

的收敛问题,我们常常会将这类级数的各项取绝对值,然后将其转化为正项级数来研究,这就引出了绝对收敛与条件收敛的概念.

定义 10.2.3 如果级数 $\sum\limits_{n=1}^{\infty} |u_n|$ 收敛,则称级数 $\sum\limits_{n=1}^{\infty} u_n$ 绝对收敛;如果 $\sum\limits_{n=1}^{\infty} u_n$ 收敛,而 $\sum\limits_{n=1}^{\infty} |u_n|$ 发散,则称级数 $\sum\limits_{n=1}^{\infty} u_n$ 条件收敛.

级数绝对收敛与级数收敛有着重要的关系,请看下面的定理.

定理 10.2.7 若级数 $\sum\limits_{n=1}^{\infty} |u_n|$ 收敛,则级数 $\sum\limits_{n=1}^{\infty} u_n$ 收敛.

证明:因为

$$0 \leqslant \frac{u_n + |u_n|}{2} \leqslant |u_n|,$$

由已知假设 $\sum\limits_{n=1}^{\infty} |u_n|$ 收敛,由比较审敛法可知

$$\sum_{n=1}^{\infty} \frac{u_n + |u_n|}{2}$$

收敛. 记 $v_n = \dfrac{u_n + |u_n|}{2}$, $\displaystyle\sum_{n=1}^{\infty} v_n$ 收敛. 而

$$u_n = 2v_n - |u_n|,$$

由级数的性质可知 $\displaystyle\sum_{n=1}^{\infty} u_n$ 收敛.

定理 10.2.7 说明, 对于一般的级数 $\displaystyle\sum_{n=1}^{\infty} u_n$, 如果我们用正项级数的审敛法判定级数 $\displaystyle\sum_{n=1}^{\infty} |u_n|$ 收敛, 则此级数收敛. 这就使得一大类级数的收敛性判别问题, 转化成为正项级数的收敛性判别问题.

一般说来, 由级数 $\displaystyle\sum_{n=1}^{\infty} |u_n|$ 发散不能断定原级数 $\displaystyle\sum_{n=1}^{\infty} u_n$ 也发散. 但是, 若我们能根据比值审敛法或根值审敛法判定出 $\displaystyle\sum_{n=1}^{\infty} |u_n|$ 发散, 那么原级数也发散. 更准确地说, 我们有如下两个定理.

定理 10.2.8　如果级数 $\displaystyle\sum_{n=1}^{\infty} u_n$ 满足 $\displaystyle\lim_{n\to\infty} \left|\dfrac{u_{n+1}}{u_n}\right| = \rho$, 那么当 $\rho < 1$ 时级数绝对收敛, 从而收敛; 当 $\rho > 1$ 或 $\rho = +\infty$ 时级数发散; 当 $\rho = 1$ 时级数可能收敛也可能发散.

证明略.

定理 10.2.9　如果级数 $\displaystyle\sum_{n=1}^{\infty} u_n$ 满足 $\displaystyle\lim_{n\to\infty} \sqrt[n]{|u_n|} = \rho$, 则当 $\rho < 1$ 时级数绝对收敛, 从而收敛; 当 $\rho > 1$ 或 $\rho = +\infty$ 时级数可能收敛也可能发散.

证明略.

绝对收敛级数有很多性质是条件收敛级数所没有的, 下面列出关于绝对收敛级数的两个性质(证明从略).

性质 10.2.1　如果级数 $\displaystyle\sum_{n=1}^{\infty} u_n$ 绝对收敛, 其和为 s, 则任意改变该级数各项次序所得的新级数仍绝对收敛, 且有相同的和 s(即绝对收敛级数具有可交换性).

定理 10.2.10　设级数 $\displaystyle\sum_{n=1}^{\infty} u_n$ 和 $\displaystyle\sum_{n=1}^{\infty} v_n$ 都绝对收敛, 其和分别为 s 和 σ, 则它们的柯西乘积也绝对收敛, 且其和为 $s \cdot \sigma$, 即

$$\sum_{n=1}^{\infty} (u_1 v_n + u_2 v_{n-1} + \cdots + u_n v_1) = \left(\sum_{n=1}^{\infty} u_n\right) \cdot \left(\sum_{n=1}^{\infty} v_n\right).$$

10.3　幂级数及其运算

10.3.1　幂级数及其收敛性

定义 10.3.1　形如

$$\sum_{n=0}^{\infty} a_n (x - x_0)^n = a_0 + a_1(x - x_0) + \cdots +$$

$$a_n(x - x_0)^n + \cdots, x \in (-\infty, +\infty) \quad (10.3.1)$$

的函数项级数称为 $(x - x_0)$ 的幂级数,其中 x_0 是某个确定的值,$a_0, a_1, \cdots,$ $a_n, \cdots$ 都是常数,称为幂级数的系数.

特别地,当 $x_0 = 0$ 时,上述级数变成

$$\sum_{n=0}^{\infty} a_n x^n = a_0 + a_1 x + \cdots + a_n x^n + \cdots, x \in (-\infty, +\infty)$$

$$(10.3.2)$$

称为 x 的幂级数.

如果作变量代换 $t = x - x_0$,则幂级数(10.3.1)就化为幂级数(10.3.2)的形式.而且幂级数(10.3.1)在点 x 收敛当且仅当幂级数(10.3.2)在 $t = x - x_0$ 收敛.而且,变量代换 $t = x - x_0$ 表示平行移动,是最简单的变换,对幂级数的其他的性质也不会发生影响.因此,下面讨论幂级数性质时,我们可以只考虑(10.3.2)而不影响一般性.

对于一个给定的幂级数,它的收敛域与发散域是怎样的呢?我们看到,前面例 10.3.1(1) 中的幂级数 $\sum_{n=0}^{\infty} x^n$ 的收敛域是一个区间,这种收敛域是否具有一般性呢?下面的定理给出了幂级数的收敛域的特点.

定理 10.3.1(阿贝尔定理)　如果幂级数 $\sum_{n=0}^{\infty} a_n x^n$ 在 $x = x_0 (x_0 \neq 0)$ 时收敛,则对于满足不等式 $|x| < |x_0|$ 的一切 x,幂级数 $\sum_{n=0}^{\infty} a_n x^n$ 绝对收敛;如果幂级数 $\sum_{n=0}^{\infty} a_n x^n$ 在 $x = x_0$ 时发散,则对于满足不等式 $|x| > |x_0|$ 的一切 x,幂级数 $\sum_{n=0}^{\infty} a_n x^n$ 发散.

证明：（1）设点 $x_0 \neq 0$ 是幂级数（10.3.2）收敛点，即 $\sum\limits_{n=0}^{\infty} a_n x_0^n$ 收敛，根据级数收敛的必要条件，有 $\lim\limits_{n \to \infty} a_n x_0^n = 0$，于是，存在常数 M，使得

$$|a_n x_0^n| \leqslant M, n = 0, 1, 2, \cdots.$$

由于

$$|a_n x^n| = \left| a_n x_0^n \cdot \frac{x^n}{x_0^n} \right| = |a_n x_0^n| \cdot \left| \frac{x^n}{x_0^n} \right| \leqslant M \left| \frac{x}{x_0} \right|^n,$$

且当 $\left| \dfrac{x}{x_0} \right| < 1$ 时，等比级数 $\sum\limits_{n=0}^{\infty} M \left| \dfrac{x}{x_0} \right|^n$ 收敛，从而根据比较审敛法可知，级数 $\sum\limits_{n=0}^{\infty} |a_n x^n|$ 收敛，即级数 $\sum\limits_{n=0}^{\infty} a_n x^n$ 绝对收敛.

（2）采用反证法来证明第二部分.

设 $x = x_0$ 时发散，而另有一点 x_1 存在，它满足 $|x_1| > |x_0|$，并使得级数 $\sum\limits_{n=0}^{\infty} a_n x_1^n$ 收敛，根据（1）的结论，当 $x = x_0$ 时级数也应收敛，这与假设矛盾. 从而得证.

阿贝尔定理告诉我们，如果幂级数（10.3.2）于一点 x_0 收敛，则级数在 $(-|x_0|, |x_0|)$ 上任何一点 x 绝对收敛；如果幂级数（10.3.2）在 $x = x_0$ 处发散，则对于 $[-|x_0|, |x_0|]$ 外的任何 x，幂级数都发散.

任何幂级数 $\sum\limits_{n=0}^{\infty} a_n x^n$ 在 $x = 0$ 处必收敛. 如果它另有非零收敛点，且有发散点，那么，设想让点 x 从原点出发沿 x 轴正向移动，则它最初只遇到收敛点，然后只遇到发散点，收敛点和发散点的分界点 $x = R$ 可能是收敛点，也可能是发散点. 同理，$x = -R$ 也是收敛点和发散点的分界点.

从上面的几何说明，可得到如下重要推论.

推论 10.3.1　如果幂级数 $\sum\limits_{n=0}^{\infty} a_n x^n$ 既有非零的收敛点，又有发散点，则必存在一个正数 R，使得当 $|x| < R$ 时，幂级数绝对收敛；当 $|x| > R$ 时，幂级数发散；当 $|x| = R$ 时，幂级数可能收敛，也可能发散.

定义 10.3.2　满足推论 10.3.1 条件的正数 R 叫作幂级数（10.3.2）的收敛半径. 开区间 $(-R, R)$ 叫作幂级数（10.3.2）的收敛区间.

再由幂级数在 $|x| = R$ 处的收敛情况，就可以决定幂级数（10.3.2）的收敛域是 $(-R, R)$、$[-R, R)$、$(-R, R]$ 或 $[-R, R]$ 这四者之一.

如果幂级数（10.3.2）只在 $x = 0$ 处收敛，这时收敛域只有一点 $x = 0$，为方便起见，我们规定其收敛半径 $R = 0$；如果幂级数（10.3.2）对一切 x 都收敛，则规定收敛半径 $R = +\infty$，这时收敛域是 $(-\infty, +\infty)$.

下面的定理提供了计算幂级数的收敛半径的重要方法.

定理 10.3.2 设幂级数(10.3.2)的所有系数 $a_n \neq 0$,如果 $\lim\limits_{n\to\infty}\left|\dfrac{a_{n+1}}{a_n}\right| = l$,则

(1) 当 $l \neq 0$ 时,幂级数的收敛半径 $R = \dfrac{1}{l}$.

(2) 当 $l = 0$ 时,幂级数的收敛半径 $R = +\infty$.

(3) 当 $l = +\infty$ 时,幂级数的收敛半径 $R = 0$.

证明:当 $x = 0$ 时级数必收敛.下面考察 $x \neq 0$ 的情形.

对幂级数 $\sum\limits_{n=0}^{\infty} a_n x^n$,各项取绝对值,形成正项级数,得

$$\sum_{n=0}^{\infty} |a_n x^n| = |a_0| + |a_1 x| + |a_2 x^2| + \cdots + |a_n x^n| + \cdots.$$

由比值审敛法可得

$$\lim_{n\to\infty}\left|\frac{a_{n+1}x^{n+1}}{a_n x^n}\right| = |x|\lim_{n\to\infty}\left|\frac{a_{n+1}}{a_n}\right| = l|x|.$$

(1) 若 $\lim\limits_{n\to\infty}\left|\dfrac{a_{n+1}}{a_n}\right| = l(l \neq 0)$ 存在,则当 $|x| < \dfrac{1}{l}$ 时,题设级数绝对收敛;当 $|x| > \dfrac{1}{l}$ 时,级数 $\sum\limits_{n=0}^{\infty} |a_n x^n|$ 发散,且当 n 充分大时,有

$$|a_{n+1}x^{n+1}| > |a_n x^n|,$$

因此一般项 $|a_n x^n|$ 不趋于零,从而题设级数发散,即收敛半径 $R = \dfrac{1}{l}$.

(2) 当 $l = 0$ 时,对任意 x,x,$\rho|x| = 0 < 1$,因此,对任意 x(包括 $x = 0$)幂级数收敛,从而级数绝对收敛,于是,收敛半径 $R = +\infty$.

(3) 当 $l = +\infty$ 时,对一切 $x \neq 0$ 及充分大的 n,都有 $\left|\dfrac{a_{n+1}}{a_n}x\right| > 1$,此时

$$|a_{n+1}x^{n+1}| = |a_n x^n| \cdot \left|\frac{a_{n+1}}{a_n}x\right| > |a_n x^n|,$$

所以 $\lim\limits_{n\to\infty} a_n x^n \neq 0$,从而幂级数也必发散,于是 $R = 0$.

综上所述,求幂级数(10.3.2)收敛域的基本步骤为:

(1) 求出收敛半径 R.

(2) 判别常数项级数 $\sum\limits_{n=0}^{\infty} a_n R^n$,$\sum\limits_{n=0}^{\infty} a_n(-R)^n$ 的收敛性.

(3) 写出幂级数的收敛域.

例 10.3.1 求幂级数 $\sum\limits_{n=1}^{\infty} \dfrac{(2n)!}{(n!)^2} x^{2n}$ 的收敛半径.

解：该级数缺少奇次幂的项，定理 10.3.2 不能直接应用. 但我们可根据比值审敛法知

$$\lim_{n \to \infty} \left| \frac{\dfrac{[2(n+1)]!}{[(n+1)!]^2} x^{2(n+1)}}{\dfrac{(2n)!}{(n!)^2} x^{2n}} \right| = 4|x|^2.$$

当 $4|x|^2 < 1$，即 $|x| < \dfrac{1}{2}$ 时级数收敛；当 $|x| > \dfrac{1}{2}$ 时级数发散. 所以收敛半径 $R = \dfrac{1}{2}$.

10.3.2　幂级数的运算

由于幂级数在收敛区间内是绝对收敛的，故根据常数项级数相应的性质，可以得到如下幂级数运算法则.

定理 10.3.3（幂级数的运算性质）　若已知幂级数

$$\sum_{n=0}^{\infty} a_n x^n = f(x), x \in (-R_1, R_1)$$

和

$$\sum_{n=0}^{\infty} b_n x^n = g(x), x \in (-R_2, R_2),$$

其中，R_1 为的收敛半径 $\sum\limits_{n=0}^{\infty} a_n x^n$，$R_2$ 为 $\sum\limits_{n=0}^{\infty} b_n x^n$ 的收敛半径，记 $R = \min\{R_1, R_2\}$，则在区间 $(-R, R)$ 内，有

(1) $\sum\limits_{n=0}^{\infty} a_n x^n \pm \sum\limits_{n=0}^{\infty} b_n x^n = \sum\limits_{n=0}^{\infty}(a_n \pm b_n)x^n = f(x) \pm g(x).$

(2) $\left(\sum\limits_{n=0}^{\infty} a_n x^n\right) \cdot \left(\sum\limits_{n=0}^{\infty} b_n x^n\right) = \sum\limits_{n=0}^{\infty}\left(\sum\limits_{n=0}^{\infty} a_k b_{n-k}\right)x^n = \sum\limits_{n=0}^{\infty} c_n x^n = f(x)g(x),$

其中，$c_n = a_0 b_n + a_1 b_{n-1} + \cdots + a_n b_0 = \sum\limits_{k=0}^{n} a_k b_{n-k}.$

(3) $\dfrac{\sum\limits_{n=0}^{\infty} a_n x^n}{\sum\limits_{n=0}^{\infty} b_n x^n} = \sum\limits_{n=0}^{\infty} c_n x^n = \dfrac{f(x)}{g(x)}$，其中，$a_n = \sum\limits_{k=0}^{n} c_k b_{n-k}$，由此可求得 $c_k(k = 0, 1, 2, \cdots)$，相除后所得的级数收敛半径比原来两级数的收敛半径要小得多.

除了四则运算外，幂级数在其收敛区间内还可进行微分和积分运算.

定理10.3.4 设幂级数 $\sum\limits_{n=0}^{\infty} a_n x^n$ 的收敛半径为 R，且在区间 $(-R,R)$ 内和函数为 $s(x)$，则

(1) 和函数 $s(x)$ 在区间 $(-R,R)$ 上连续.

(2) 和函数 $s(x)$ 在区间 $(-R,R)$ 上可积，并有逐项积分公式

$$\int_0^x s(x)\mathrm{d}x = \int_0^x \Big[\sum_{n=0}^{\infty} a_n x^n \Big] \mathrm{d}x = \sum_{n=0}^{\infty} \int_0^x a_n x^n \mathrm{d}x = \sum_{n=0}^{\infty} \frac{a_n}{n+1} x^{n+1},$$

逐项积分后所得到的幂级数和原级数有相同的收敛半径.

(3) 和函数 $s(x)$ 在区间 $(-R,R)$ 内可导，而且可逐项求导，即

$$s'(x) = \Big(\sum_{n=0}^{\infty} a_n x^n \Big)' = \sum_{n=0}^{\infty} (a_n x^n)' = \sum_{n=1}^{\infty} n a_n x^{n-1}.$$

需要说明的是，虽然幂级数在 $(-R,R)$ 内，经逐项积分或逐项求导后得幂级数收敛半径仍为 R，但在 $x = \pm R$ 处的收敛性可能改变.

反复应用定理10.3.4(3)可得，幂级数 $\sum\limits_{n=0}^{\infty} a_n x^n$ 的和函数 $s(x)$ 在其收敛区间 $(-R,R)$ 内具有任意阶导数，从以上性质可见，幂级数在其收敛区间 $(-R,R)$ 内就像普通的多项式一样，可以相加、相减、逐项积分、逐项求导，这些性质在求幂级数的和函数时有着重要的应用.

10.4　函数展开成幂级数

在初等函数中，多项式函数是最简单的函数，如果能将函数用多项式函数近似表示，而误差又能满足要求，这对研究函数的性质和近似计算都有重要意义. 在微分中我们介绍了近似公式

$$f(x) \approx f(x_0) + f'(x_0)(x - x_0),（当 |x - x_0| 很小时），$$

当 $|x - x_0|$ 很小，而且实际要求的精确度不是很高时，我们可以用此公式进行近似计算，其误差为 $x - x_0$ 的一个高阶无穷小.

对于精确度要求较高且要估计误差的时候，我们可用高次多项式来近似表示此函数，同时给出误差公式. 回顾前面讨论过的泰勒中值定理：

如果函数 $f(x)$ 在含有 x_0 的某个开区间 (a,b) 内具有直到 $(n+1)$ 阶的导数，则对任一 $x \in (a,b)$，有

$$f(x) = f(x_0) + f'(x_0)(x - x_0) + \frac{f''(x_0)}{2!}(x - x_0)^2 + \cdots +$$

$$\frac{f^{(n)}(x_0)}{n!}(x - x_0)^n + R_n(x), \tag{10.4.1}$$

其中

$$R_n(x) = \frac{f^{(n+1)}(\xi)}{(n+1)!}(x-x_0)^{n+1}, \tag{10.4.2}$$

这里 ξ 是 x_0 与 x 之间的某个值.

多项式(10.4.1)称为函数 $f(x)$ 按 $(x-x_0)$ 的幂展开的 n 次近似多项式,$R_n(x)$ 的表达式(10.4.2)称为拉格朗日型余项,而公式(10.4.1)称为 $f(x)$ 按 $(x-x_0)$ 的幂展开的带有拉格朗日型余项的 n 阶泰勒公式.

当 $n=0$ 时,泰勒公式就是拉格朗日公式

$$f(x) = f(x_0) + f'(\xi)(x-x_0),$$

所以泰勒公式是拉格朗日公式的推广.

在泰勒公式(10.4.1)中,如果取 $x_0=0$,则 ξ 在 0 与 x 之间.因此可令 $\xi=\theta x\,(0<\theta<1)$,从而泰勒公式变成较简单的形式,即所谓带有拉格朗日型余项的麦克劳林公式

$$f(x) = f(0) + f'(0)x + \frac{f''(0)}{2!}x^2 + \cdots + \frac{f^{(n)}(0)}{n!}x^n +$$

$$\frac{f^{(n+1)}(\theta x)}{(n+1)!}x^{n+1}, 0<\theta<1. \tag{10.4.3}$$

泰勒公式表明,在 x_0 的某个邻域内,$f(x)$ 可用多项式

$$f(x_0) + f'(x_0)(x-x_0) + \frac{f''(x_0)}{2!}(x-x_0)^2 + \cdots + \frac{f^{(n)}(x_0)}{n!}(x-x_0)^n$$

近似表示,这种表示的误差 $|r_n(x)|$ 就是余项 $|R_n(x)|$.

定义 10.4.1 由泰勒公式,如果函数 $f(x)$ 在 x_0 的某个邻域内具有各阶导数,我们就可以得到一个幂级数

$$f(x_0) + f'(x_0)(x-x_0) + \frac{f''(x_0)}{2!}(x-x_0)^2 + \cdots + \frac{f^{(n)}(x_0)}{n!}(x-x_0)^n + \cdots, \tag{10.4.4}$$

称为 $f(x)$ 在 x_0 处的泰勒级数.当 $x_0=0$ 时的泰勒级数

$$f(0) + f'(0)x + \frac{f''(0)}{2!}x^2 + \cdots + \frac{f^{(n)}(0)}{n!}x^n + \cdots \tag{10.4.5}$$

称为 $f(x)$ 在 x_0 处的麦克劳林级数.

我们所关心的问题是,$f(x)$ 在 x_0 的某个邻域内是否等于式(10.4.4),即它的泰勒级数是否收敛于函数 $f(x)$.如果在 x_0 的某个邻域内有

$$f(x) = \sum_{n=0}^{\infty} \frac{f^{(n)}(x_0)}{n!}(x-x_0)^n \, (f^{(0)}(x_0)=f(x_0)),$$

则称函数 $f(x)$ 可以展开成泰勒级数或 $f(x)$ 可以展开成 $(x-x_0)$ 的幂级数.

下面的定理回答了在什么条件下,$f(x)$ 可以展开成泰勒级数的问题.

定理 10.4.1 设函数 $f(x)$ 在 x_0 的某邻域 $U(x_0)$ 内具有各阶导数,则在该邻域内 $f(x)$ 可展开成泰勒级数的充分必要条件是 $f(x)$ 的泰勒公式中的余项 $R_n(x)$ 当 $n \to \infty$ 时极限为零,即

$$\lim_{n \to \infty} R_n(x) = 0, x \in U(x_0).$$

限于本书篇幅,证明从略.

在这里还需要注意的是,如果 $f(x)$ 在 x_0 的某个邻域 $U(x_0)$ 内能展开成 $(x - x_0)$ 的幂级数,则函数在 x_0 处的展开式是唯一的,即为它的泰勒级数.

将函数展开成幂级数的方法有两种,即直接法和间接法.

(1) 直接展开法是指按照泰勒级数、麦克劳林级数及上述定理的要求,将某些函数 $f(x)$ 展开成幂级数,并确定其收敛区间的方法.收敛区间非常重要,只有在收敛区间上 $f(x)$ 才能展开为幂级数.将函数 $f(x)$ 展开成 x 的幂级数的具体步骤如下:

① 求出函数 $f(x)$ 的各阶导数 $f'(x), f''(x), \cdots, f^{(n)}(x), \cdots$,若在 $x = 0$ 处某一阶导数不存在,则停止进行.

② 求函数及其各阶导数在 $x = 0$ 处的值 $f(0), f'(0), f''(0), \cdots, f^{(n)}(0), \cdots$.

③ 写出幂级数 $f(0) + f'(0)x + \dfrac{f''(0)x^2}{2!} + \cdots \dfrac{f^{(n)}(0)x^n}{n!} + \cdots$,并求出收敛半径 R.

④ 当 x 在区间 $(-R, R)$ 内,写出拉格朗日余项 $R_n(x)$,求其极限 $\lim\limits_{n \to \infty} R_n(x) = \lim\limits_{n \to \infty} \dfrac{f^{(n+1)}(\xi)(x)^{n+1}}{(n+1)!}$.其中 ξ 在 0 与 x 之间,如果 $\lim\limits_{n \to \infty} R_n(x) = 0$ 成立,则函数 $f(x)$ 在区间 $(-R, R)$ 内的幂级数展开式为

$$f(x) = f(0) + f'(0)x + \frac{f''(0)x^2}{2!} + \cdots \frac{f^{(n)}(0)x^n}{n!} + \cdots,$$

其中,$-R < x < R$.

(2) 间接展开法.用直接法展开虽然步骤分明,然而计算量大,判断 $\lim\limits_{n \to \infty} |R_n(0)| = 0$ 是否成立往往比较困难.间接法是指从已知函数的幂级数展开式出发,通过变量代换、幂级数的运算,或逐项求导、逐项求积分等方法求出所给函数的幂级数展开式的方法.间接展开法方便、快捷,不需要验证余项的极限是否为零,但需要准确地掌握一些基本初等函数的幂级数展开式及其收敛域.

因为幂级数的和函数不一定是初等函数,所以不能任意指一个幂级数

就来求和.但是,现在可以利用等比级数求和公式,以及 e^x,$\sin x$ 等函数的展开式,通过变量变换,幂级数的运算等,求某些幂级数的和函数.

例 10.4.1　求幂级数 $\displaystyle\sum_{n=1}^{\infty}\frac{x^{4n+1}}{4n+1}$ 的和函数.

解:将级数变为

$$x\sum_{n=1}^{\infty}\frac{x^{4n}}{4n+1}=x\sum_{n=1}^{\infty}\frac{t^n}{4n+1}\,(t=x^4\geqslant 0),$$

则

$$R_t=\lim_{n\to\infty}\frac{\dfrac{1}{4n+1}}{\dfrac{1}{4n+5}}=1.$$

又当 $t=1$ 时,所得级数 $\displaystyle\sum_{n=1}^{\infty}\frac{1}{4n+1}$ 发散,所以 t 的级数 $\displaystyle\sum_{n=1}^{\infty}\frac{t^n}{4n+1}$ 的收敛域是 $[0,1)$,因此所论级数的收敛域为 $(-1,1)$.设和函数为 $S(x)$,即设

$$S(x)=\sum_{n=1}^{\infty}\frac{x^{4n+1}}{4n+1},x\in(-1,1)$$

则 $S(0)=0$.通过逐项求导,并利用等比级数求和公式,得

$$S'(x)=\sum_{n=1}^{\infty}x^{4n}=\frac{x^4}{1-x^4},$$

从 0 到 x 积分,得所求的和函数

$$S(x)=S(x)-S(0)=\int_0^x\frac{t^4}{1-t^4}\mathrm{d}t=\int_0^x\left(\frac{\dfrac{1}{2}}{1-t^2}+\frac{\dfrac{1}{2}}{1+t^2}-1\right)\mathrm{d}t$$

$$=\frac{1}{4}\ln\left|\frac{1+x}{1-x}\right|+\frac{1}{2}\arctan x-x,x\in(-1,1)$$

例 10.4.2　求 $\displaystyle\sum_{n=1}^{+\infty}n(n+2)x^n$ 的和函数.

解:收敛半径

$$R=\lim_{n\to\infty}\left|\frac{a_n}{a_{n+1}}\right|=\lim_{n\to\infty}\frac{n(n+2)}{(n+1)(n+3)}=1,$$

又当 $x=\pm 1$ 时,级数 $\displaystyle\sum_{n=1}^{\infty}n(n+2)$ $\displaystyle\sum_{n=1}^{\infty}(-1)^{n-1}n(n+2)$ 都发散.总之,所论幂级数的收敛域为 $(-1,1)$

$$\sum_{n=1}^{+\infty}n(n+2)x^n=\sum_{n=1}^{+\infty}(n+1)nx^n+\sum_{n=1}^{+\infty}nx^n$$

$$=x\frac{\mathrm{d}^2}{\mathrm{d}x^2}\left(\sum_{n=1}^{+\infty}x^{n+1}\right)+x\frac{\mathrm{d}}{\mathrm{d}x}\left(\sum_{n=1}^{+\infty}x^n\right)$$

$$= x\frac{d^2}{dx^2}\Big(\frac{1}{1-x}-1-x\Big)+x\frac{d}{dx}\Big(\frac{1}{1-x}-1\Big)$$

$$= \frac{2x}{(1-x)^3}+\frac{x}{(1-x)^2}=\frac{x(3-x)}{(1-x)^3}, -1<x<1$$

例 10.4.3 求幂级数 $\sum\limits_{n=1}^{\infty}\frac{1}{n2^n}x^{n-1}$ 的和函数.

解: 收敛半径

$$R=\lim_{n\to\infty}\Big|\frac{a_n}{a_{n+1}}\Big|=\lim_{n\to\infty}\left|\frac{\frac{1}{n2^n}}{\frac{1}{(n+1)2^{n+1}}}\right|=2.$$

当 $x=2$ 时,级数为 $\sum\limits_{n=1}^{\infty}\frac{1}{2n}$,发散,当 $x=-2$ 时,级数为 $\sum\limits_{n=1}^{\infty}(-1)^{n-1}\frac{1}{2n}$,收敛,故原级数的收敛域为 $[-2,2)$.

设所求的和函数为 $S(x)$,即

$$S(x)=\sum_{n=1}^{\infty}\frac{1}{n2^n}x^{n-1}, x\in[-2,2)$$

那么有

$$xS(x)=\sum_{n=1}^{\infty}\frac{1}{n}\Big(\frac{x}{2}\Big)^n,$$

$$[xS(x)]'=\sum_{n=1}^{\infty}\frac{1}{2}\Big(\frac{x}{2}\Big)^{n-1}=\frac{\frac{1}{2}}{1-\frac{x}{2}}=\frac{1}{2-x}.$$

上式两边从 0 到 x 积分,得

$$xS(x)=\int_0^x\frac{dx}{2-x}=-\ln(2-x)\Big|_0^x=-\ln(2-x)+\ln 2=-\ln\Big(1-\frac{x}{2}\Big).$$

因此 $\qquad S(x)=-\frac{1}{x}\ln\Big(1-\frac{x}{2}\Big), x\in[-2,0)\bigcup(0,2)$

当 $x=0$ 时,显然有

$$S(0)=\frac{1}{2}.$$

综上所述

$$\sum_{n=1}^{\infty}\frac{1}{n2^n}x^{n-1}=\begin{cases}-\frac{1}{x}\ln\Big(1-\frac{x}{2}\Big) & x\in[-2,0)\bigcup(0,2)\\[2mm]\frac{1}{2} & x=0\end{cases}.$$

例 10.4.4 求数项级数 $\sum\limits_{n=0}^{\infty}\frac{(n+1)^2}{n!}$ 的和.

解：这个数项级数是幂级数 $\displaystyle\sum_{n=0}^{\infty}\frac{(n+1)^2}{n!}x^n$ 在 $x=1$ 时对应的级数. 显然这个幂级数收敛域为 $(-\infty,+\infty)$. 先来求此幂级数的和函数，因为

$$
\begin{aligned}
S(x) &= \sum_{n=0}^{\infty}\frac{(n+1)^2}{n!}x^n = \sum_{n=0}^{\infty}\frac{n(n-1)+3n+1}{n!}x^n \\
&= \sum_{n=2}^{\infty}\frac{x^n}{(n-2)!} + 3\sum_{n=1}^{\infty}\frac{x^n}{(n-1)!} + \sum_{n=0}^{\infty}\frac{x^n}{n!} \\
&= x^2\sum_{k=0}^{\infty}\frac{x^k}{k!} + 3x\sum_{k=0}^{\infty}\frac{x^k}{k!} + \sum_{n=0}^{\infty}\frac{x^n}{n!} \\
&= (x^2+3x+1)e^x,
\end{aligned}
$$

这里用到 e^x 的泰勒级数，从而有

$$
\sum_{n=0}^{\infty}\frac{(n+1)^2}{n!} = S(1) = 5e.
$$

10.5　傅里叶级数

10.5.1　三角级数与三角函数系的正交性

形如

$$
\frac{a_0}{2} + \sum_{n=1}^{\infty}(a_n\cos nx + b_n\sin nx) \tag{10.5.1}
$$

的级数称为三角级数，其中 $a_0,a_n,b_n(n=1,2,\cdots)$ 都是常数. 当然三角级数也是一类函数项级数.

如同幂级数一样，我们首先要讨论的问题就是三角级数的收敛性问题. 由于三角级数的每项都是以 2π（不一定是最小正周期）为周期的周期函数，如果三角级数在长度为 2π 的区间 $[-\pi,\pi]$ 上收敛，则三角级数必定在整个实轴上收敛. 所以，我们只需要在一个长度为 2π 的区间上进行讨论，往往选取区间 $[-\pi,\pi]$.

人们将三角级数中所包含的函数集合

$$
1,\cos x,\sin x,\cos 2x,\sin 2x,\cdots,\cos nx,\sin nx,\cdots,
$$

称为三角函数系，三角函数系中任意两个不同的函数之积在区间 $[-\pi,\pi]$ 上的积分为 0，即

$$
\int_{-\pi}^{\pi}\sin nx\,\mathrm{d}x = 0(n=1,2,\cdots),
$$

$$\int_{-\pi}^{\pi} \cos nx \, dx = 0 (n = 1, 2, \cdots),$$

$$\int_{-\pi}^{\pi} \sin mx \cos nx \, dx = 0 (m, n = 1, 2, \cdots),$$

$$\int_{-\pi}^{\pi} \cos mx \cos nx \, dx = 0 (m \neq n, m, n = 1, 2, \cdots),$$

$$\int_{-\pi}^{\pi} \sin mx \sin nx \, dx = 0 (m \neq n, m, n = 1, 2, \cdots).$$

这种性质称为三角函数系的正交性.

同时,在三角函数系中,每个函数的平方在$[-\pi, \pi]$上的积分都大于 0,即

$$\int_{-\pi}^{\pi} \cos^2 nx \, dx = \pi (n = 1, 2, \cdots),$$

$$\int_{-\pi}^{\pi} \sin^2 nx \, dx = \pi (n = 1, 2, \cdots),$$

$$\int_{-\pi}^{\pi} 1^2 \, dx = 2\pi.$$

10.5.2   函数展开成傅里叶级数

设函数 $f(x)$ 以 2π 为周期,且可以展开为三角级数,即

$$f(x) = \frac{a_0}{2} + \sum_{n=1}^{\infty} (a_n \cos nx + b_n \sin nx). \tag{10.5.2}$$

我们需要清楚式(10.5.2)右端的常数 $a_0, a_n, b_n (n = 1, 2, \cdots)$ 与 $f(x)$ 有何关系.

设函数 $f(x)$ 在 $[-\pi, \pi]$ 上可积,函数 $f(x)$ 的两端在区间 $[-\pi, \pi]$ 上积分,可得

$$\int_{-\pi}^{\pi} f(x) \, dx = \int_{-\pi}^{\pi} \frac{a_0}{2} \, dx + \sum_{n=1}^{\infty} \left(a_n \int_{-\pi}^{\pi} \cos nx \, dx + b_n \int_{-\pi}^{\pi} \sin nx \, dx \right).$$

利用三角函数的正交性,上式右端除了第一项外,其余各项为零,所以有

$$\int_{-\pi}^{\pi} f(x) \, dx = a_0 \pi,$$

即

$$a_0 = \frac{1}{\pi} \int_{-\pi}^{\pi} f(x) \, dx. \tag{10.5.3}$$

把式(10.5.2)的两端同时乘以 $\cos kx (k = 1, 2, \cdots)$,并在区间 $[-\pi, \pi]$ 上积分,得

$$\int_{-\pi}^{\pi} f(x) \cos kx \, dx = \frac{a_0}{2} \int_{-\pi}^{\pi} \cos kx \, dx + \sum_{n=1}^{\infty} \left(a_n \int_{-\pi}^{\pi} \cos nx \cos kx \, dx + \right.$$

$$b_n\int_{-\pi}^{\pi}\sin nx\cos kx\,\mathrm{d}x\Big).$$

故

$$a_k=\frac{1}{\pi}\int_{-\pi}^{\pi}f(x)\cos kx\,\mathrm{d}x,(k=0,1,2,\cdots).$$

类似地，把式（10.5.2）的两端同乘以 $\sin kx(k=1,2,\cdots)$，并在区间 $[-\pi,\pi]$ 上逐项积分，得

$$b_k=\frac{1}{\pi}\int_{-\pi}^{\pi}f(x)\sin kx\,\mathrm{d}x,(k=0,1,2,\cdots).$$

人们将下列积分

$$\begin{cases}a_k=\dfrac{1}{\pi}\displaystyle\int_{-\pi}^{\pi}f(x)\cos kx\,\mathrm{d}x(k=0,1,2,\cdots)\\[2mm]b_k=\dfrac{1}{\pi}\displaystyle\int_{-\pi}^{\pi}f(x)\sin kx\,\mathrm{d}x(k=1,2,\cdots)\end{cases},$$

称为 $f(x)$ 的傅里叶系数，由 $f(x)$ 的傅里叶系数所确定的三角级数

$$\frac{a_0}{2}+\sum_{n=1}^{\infty}(a_n\cos nx+b_n\sin nx),$$

称为 $f(x)$ 的傅里叶级数.

根据上述分析可见，一个定义在 $(-\infty,+\infty)$ 上周期为 2π 的函数 $f(x)$，如果它在一个周期上可积，则一定可以作出 $f(x)$ 的傅里叶级数. 那么，在怎样的条件下，函数 $f(x)$ 的傅里叶级数收敛于函数 $f(x)$？下面给出了狄利克雷关于此问题的一个充分条件.

定理 10.5.1（狄利克雷收敛定理）　设函数 $f(x)$ 是周期为 2π 的周期函数，在 $[-\pi,\pi]$ 上满足条件：

(1) 连续或只有有限个第一类间断点.

(2) 只有有限个单调区间.

则 $f(x)$ 的傅里叶级数收敛，并且：

(1) 当 x 为 $f(x)$ 的连续点时，级数收敛于 $f(x)$.

(2) 当 x 为 $f(x)$ 的间断点时，级数收敛于 $\dfrac{f(x-0)+f(x+0)}{2}$.

其中，$f(x-0)$ 与 $f(x+0)$ 分别表示 $f(x)$ 在点 x 处的左、右极限，在函数的间断点处，傅里叶级数收敛于 $\dfrac{1}{2}[f(-\pi+0)+f(\pi-0)]$.

例 10.5.1　将函数 $f(x)=\begin{cases}\pi+x,&-\pi\leqslant x\leqslant0\\\pi-x,&0<x\leqslant\pi\end{cases}$ 展开成傅立叶级数.

解：所给函数在区间 $[-\pi,\pi]$ 上满足收敛定理条件，并且周期延拓后的函数在 $(-\infty,+\infty)$ 上连续，因此延拓后周期函数的傅立叶级数在 $[-\pi,\pi]$

上收敛于 $f(x)$. 注意到 $f(x)$ 为偶函数, 则有

$$a_0 = \frac{1}{\pi}\int_{-\pi}^{\pi} f(x)\mathrm{d}x = \frac{2}{\pi}\int_0^{\pi} f(\pi-x)\mathrm{d}x = \pi,$$

$$a_n = \frac{1}{\pi}\int_{-\pi}^{\pi} f(x)\cos nx\,\mathrm{d}x = \frac{2}{\pi}\int_0^{\pi} f(\pi-x)\cos nx\,\mathrm{d}x$$

$$= \begin{cases} \dfrac{4}{n^2\pi}(n=1,3,5,\cdots) \\ 0(n=2,4,6,\cdots) \end{cases},$$

$$b_n = \frac{1}{\pi}\int_{-\pi}^{\pi} f(x)\sin nx\,\mathrm{d}x = 0(n=1,2,3,\cdots).$$

所以 $f(x)$ 的傅立叶级数展开式为

$$f(x) = \frac{\pi}{2} + \frac{4}{\pi}\left(\cos x + \frac{1}{3^2}\cos 3x + \frac{1}{5^2}\cos 5x + \cdots\right)(-\pi \leqslant x \leqslant \pi).$$

利用这个展开式, 我们可以求得几个特殊级数的和. 当 $x=0$ 时, $f(x)=\pi$, 于是代入得

$$\frac{\pi^2}{8} = 1 + \frac{1}{3^2} + \frac{1}{5^2} + \cdots,$$

再经运算可得

$$\frac{\pi^2}{24} = \frac{1}{2^2} + \frac{1}{4^2} + \frac{1}{6^2} + \cdots,$$

$$\frac{\pi^2}{6} = 1 + \frac{1}{2^2} + \frac{1}{3^2} + \frac{1}{4^2} + \cdots,$$

以及

$$\frac{\pi^2}{12} = 1 - \frac{1}{2^2} + \frac{1}{3^2} - \frac{1}{4^2} + \cdots.$$

有兴趣的读者可以自行证明这些等式.

10.5.3　正弦级数与余弦级数

对于具有奇偶性的函数, 计算函数的傅立叶系数时有更加简便的方法, 得到的傅立叶级数展开式也具有特殊形式.

设 $f(x)$ 是周期为 2π 的周期函数, 则

(1) 若 $f(x)$ 是奇函数, 则

$$a_n = 0(n=0,1,2,\cdots),$$

$$b_n = \frac{2}{\pi}\int_0^{\pi} f(x)\sin nx\,\mathrm{d}x(n=1,2,\cdots).$$

即奇函数的傅立叶级数是只含正弦项的正弦级数

$$f(x) = \sum_{n=1}^{\infty} b_n \sin nx.$$

（2）若 $f(x)$ 是偶函数，则

$$a_n = \frac{2}{\pi}\int_0^{\pi} f(x)\cos nx\,\mathrm{d}x\,(n=0,1,2,\cdots),$$

$$b_n = 0\,(n=1,2,\cdots).$$

即偶函数的傅立叶级数是只含常数项和余弦项的余弦级数

$$f(x) = \frac{a_0}{2} + \sum_{n=1}^{\infty} a_n \cos nx.$$

例 10.5.2　设函数 $f(x)$ 是周期为 2π 的周期函数，它在区间 $[-\pi,\pi)$ 上的表达式为 $f(x)=x$. 将 $f(x)$ 展开成傅里叶级数，并作出其和函数的图形.

解：首先，所给函数满足收敛定理的条件，它在点 $x=(2k+1)\pi(k=0,\pm1,\pm2,\cdots)$ 处不连续，因此 $f(x)$ 的傅里叶级数在点 $x=(2k+1)\pi$ 处收敛于

$$\frac{f(\pi-0)+f(\pi+0)}{2} = \frac{\pi+(-\pi)}{2} = 0,$$

在连续点 $x\neq(2k+1)\pi$ 处收敛于 $f(x)$.

其次，若不计 $x=(2k+1)\pi(k=0,\pm1,\pm2,\cdots)$，则 $f(x)$ 是周期为 2π 的奇函数. 显然，函数 $f(x)$ 可以展开成正弦级数

$$f(x) = \sum_{n=1}^{\infty} b_n \sin nx,$$

其中，

$$b_n = \frac{2}{\pi}\int_0^{\pi} f(x)\sin nx\,\mathrm{d}x = \frac{2}{\pi}\int_0^{\pi} x\sin nx\,\mathrm{d}x$$

$$= \frac{2}{\pi}\left(\frac{x\cos nx}{n} + \frac{\sin nx}{n^2}\right)\Big|_0^{\pi}$$

$$= -\frac{2}{n}\cos n\pi = \frac{2}{n}(-1)^{n+1}\,(n=1,2,\cdots).$$

综上所述，$f(x)$ 的傅里叶级数展开式为

$$f(x) = 2\left(\sin x - \frac{1}{2}\sin 2x + \frac{1}{3}\sin 3x - \cdots + \frac{(-1)^{n+1}}{n}\sin nx + \cdots\right),$$

其中，$-\infty<x<+\infty, x\neq\pm\pi,\pm3\pi,\cdots$. 级数的和函数的图形如图 10.5.1 所示.

在实际应用（如研究热的传导、扩散问题）中，有时还需要把定义在区间 $[0,\pi]$ 的函数 $f(x)$ 展开成正弦级数或余弦级数. 根据前面讨论的结果，这类展开问题可以按如下的方法解决.

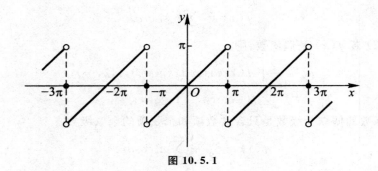

图 10.5.1

设函数 $f(x)$ 定义在区间 $[0,\pi]$ 上并且满足收敛定理的条件,我们在开区间 $(-\pi,0)$ 内补充函数 $f(x)$ 的定义,得到定义在 $(-\pi,\pi]$ 上的函数 $F(x)$,使它在 $(-\pi,\pi)$ 上成为奇函数(偶函数).按这种方式拓广函数定义域的过程称为奇延拓(偶延拓).然后将奇延拓(偶延拓)后的函数展开成傅里叶级数,这个级数必定是正弦级数(余弦级数).再限制 x 在 $(0,\pi]$ 上,便得到 $f(x)$ 的正弦级数(余弦级数)展开式.

例 10.5.3 将函数 $f(x) = x + 1(0 \leqslant x \leqslant \pi)$ 展开成正弦级数.

解:对函数 $f(x)$ 进行奇延拓,如图 10.5.2 所示.

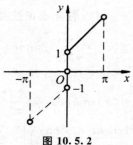

图 10.5.2

按公式有

$$a_n = 0(n = 0,1,2,\cdots),$$

$$b_n = \frac{2}{\pi}\int_0^\pi f(x)\sin nx\,\mathrm{d}x = \frac{2}{\pi}\int_0^\pi (x+1)\sin nx\,\mathrm{d}x$$

$$= \frac{2}{\pi}\left(-\frac{(x+1)\cos nx}{n} + \frac{\sin nx}{n^2}\right)\bigg|_0^\pi$$

$$= \frac{2}{n\pi}[1 - (\pi+1)(-1)^n](n = 1,2,\cdots).$$

又因为延拓函数的间断点为 $x = k\pi(k = 0,\pm 1,\pm 2,\cdots)$,所展开的正弦级数在 $x = 0$ 及 $x = \pi$ 处收敛于 0,这与 $f(x)$ 在这些点的值不一致.故

而, $f(x)$ 的正弦级数展开式为

$$f(x) = x + 1 = \sum_{n=1}^{\infty} \frac{2}{n\pi}[1 - (\pi+1)(-1)^n]\sin nx \ (0 < x < \pi).$$

10.6　一般周期函数的傅里叶级数

一般周期函数都是以 2π 为周期的. 可是, 在很多实际问题中所遇到的周期函数的周期并不等于 2π. 接下来, 我们就来讨论以 $2l$ 为周期的函数的傅里叶级数.

设 $f(x)$ 是以 $2l$ 为周期的周期函数, 它在一个周期 $[-l,l]$ 上满足收敛定理条件, 作变量代换 $y = \frac{\pi}{l}x$, 即 $x = \frac{l}{\pi}y$. 于是区间 $-l \leqslant x \leqslant l$ 就变换成 $-\pi \leqslant y \leqslant \pi$, 令

$$f(x) = f\left(\frac{l}{\pi}y\right) = g(y),$$

则 $g(y)$ 是以 2π 为周期的周期函数, 且在 $[-\pi,\pi]$ 上满足收敛定理条件, 将 $g(y)$ 展开成傅立叶级数

$$g(y) = \frac{a_0}{2} + \sum_{n=1}^{\infty}(a_n\cos ny + b_n\sin ny),$$

其中,

$$a_n = \frac{1}{\pi}\int_{-\pi}^{\pi}g(y)\cos ny\,\mathrm{d}y, b_n = \frac{1}{\pi}\int_{-\pi}^{\pi}g(y)\sin ny\,\mathrm{d}y.$$

代回原来的变量 x, 即得 $f(x)$ 的傅里叶级数为

$$f(x) = \frac{a_0}{2} + \sum_{n=1}^{\infty}\left(a_n\cos\frac{n\pi}{l}x + b_n\sin\frac{n\pi}{l}x\right),$$

这里,

$$a_n = \frac{1}{l}\int_{-l}^{l}f(x)\cos\frac{n\pi}{l}x\,\mathrm{d}x\ (n=0,1,2,3,\cdots),$$
$$b_n = \frac{1}{l}\int_{-l}^{l}f(x)\sin\frac{n\pi}{l}x\,\mathrm{d}x\ (n=1,2,3,\cdots).$$

类似于前面两节的讨论, 对只定义在有限区间 $[-l,l]$ 上的函数或具有奇偶性的函数等的展开问题, 只要做些技术性处理 (函数延拓), 也可得出相应结论, 不再赘述.

例 10.6.1　设 $f(x)$ 是周期为 2 的函数, 它在 $[-1,1)$ 上的表达式为

$$f(x) = \begin{cases} 0, & -1 \leqslant x < 0 \\ A, & 0 \leqslant x < 1 \end{cases},$$

其中常数 $A > 0$,将 $f(x)$ 展开成傅里叶级数.

解:令 $l = 1$,则傅里叶系数为

$$a_0 = \frac{1}{l}\int_{-l}^{l} f(x)\mathrm{d}x = \int_{-1}^{0} 0\mathrm{d}x + \int_{0}^{1} A\mathrm{d}x = A,$$

$$a_n = \frac{1}{l}\int_{-l}^{l} f(x)\cos\frac{n\pi x}{l}\mathrm{d}x = \int_{0}^{1} A\cos n\pi x\mathrm{d}x = 0\,(n = 1,2,\cdots),$$

$$b_n = \frac{1}{l}\int_{-l}^{l} f(x)\sin\frac{n\pi x}{l}\mathrm{d}x = \int_{0}^{1} A\sin n\pi x\mathrm{d}x = \frac{A}{n\pi}(1 - \cos n\pi)$$

$$= \frac{A}{n\pi}[1 - (-1)^n] = \begin{cases} \dfrac{2A}{n\pi}, & n = 1,3,\cdots \\ 0, & n = 2,4,\cdots \end{cases}.$$

从而求得函数 $f(x)$ 的傅里叶级数的展开式为

$$f(x) = \frac{A}{2} + \frac{2A}{\pi}\left(\sin\pi x + \frac{1}{3}\sin 3\pi x + \frac{1}{5}\sin 5\pi x + \cdots\right).$$

当 $x = 0, \pm 1, \cdots$ 时,$f(x)$ 的傅里叶级数收敛于 $\dfrac{A}{2}$,它的和函数的图形,如图 10.6.1 所示.

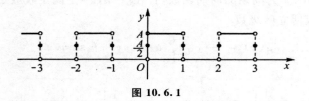

图 10.6.1

例 10.6.2 将如图 10.6.2 所示的锯齿波所表达的函数展开为傅里叶级数.

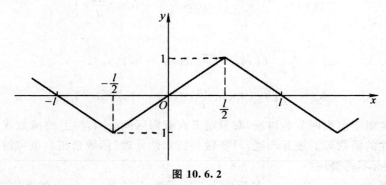

图 10.6.2

解:所给波形是以 $2l$ 为周期的函数,它在一个周期 $[-l, l)$ 上的表达式为

$$f(x) = \begin{cases} -\dfrac{2}{l}(l+x) & \left(-l \leqslant x < -\dfrac{l}{2}\right) \\[2mm] \dfrac{2}{l}x & \left(-\dfrac{l}{2} \leqslant x < \dfrac{l}{2}\right) \\[2mm] \dfrac{2}{l}(l-x) & \left(\dfrac{l}{2} \leqslant x < l\right) \end{cases},$$

由图 10.6.2 看出，$f(x)$ 是奇函数，因此展开式是正弦级数.

$$b_n = \frac{2}{l}\int_0^l f(x)\sin\frac{n\pi x}{l}\mathrm{d}x$$

$$= \frac{2}{l}\left[\int_0^{\frac{l}{2}}\frac{2}{l}\sin\frac{n\pi x}{l}\mathrm{d}x + \int_{\frac{l}{2}}^l \frac{2}{l}(l-x)\sin\frac{n\pi x}{l}\mathrm{d}x\right]$$

$$= \frac{8}{n^2\pi^2}\left(1+\cos^2\frac{n\pi}{2}\right)\sin\frac{n\pi}{2}$$

$$= \frac{8}{n^2\pi}\sin\frac{n\pi}{2}(n=1,2,\cdots),$$

由于 $f(x)$ 在 $(-\infty,+\infty)$ 内连续，满足收敛定理的条件，故而

$$f(x) = \frac{8}{\pi^2}\left(\sin\frac{\pi x}{l} - \frac{1}{3^2}\sin\frac{3\pi x}{l} + \frac{1}{5^2}\sin\frac{5\pi x}{l} - \cdots\right)(-\infty < x < +\infty).$$

例 10.6.3　将函数 $f(x) = 10 - x(5 < x < 15)$ 展成以 10 为周期的傅里叶级数.

解：令 $z = ax + b$，使得当 $x = 5$ 时，$z = -5$；当 $x = 15$ 时，$z = 5$. 由此可求得 $a = 1, b = -10$. 于是 $z = x - 10$ 就把区间 $[5,15]$ 换成了 $[-5,5]$；而

$$f(x) = 10 - x = f(z+10) = -z = F(z),$$

$F(z)$ 在 $(-5,5)$ 上为奇函数，故

$$a_n = 0,$$

$$b_n = \frac{2}{l}\int_0^l f(x)\sin\frac{n\pi x}{l}\mathrm{d}x = \frac{2}{5}\int_0^5 F(z)\sin\frac{n\pi z}{5}\mathrm{d}z$$

$$= -\frac{2}{5}\int_0^5 z\sin\frac{n\pi z}{5}\mathrm{d}z$$

$$= (-1)^n\frac{10}{n\pi}(n=1,2,\cdots),$$

于是

$$F(z) = \frac{10}{\pi}\sum_{n=1}^\infty \frac{(-1)^n}{n}\sin\frac{n\pi z}{5}(-5 < z < 5),$$

从而

$$f(x) = 10 - x = \frac{10}{\pi}\sum_{n=1}^\infty \frac{(-1)^n}{n}\sin\frac{n\pi(x-10)}{5}(5 < x < 15).$$

参考文献

[1]沈一兵.解析几何学[M].杭州:浙江大学出版社,2019.

[2]孟道骥.高等代数与解析几何(上下册)[M].3 版.北京:科学出版社,2018.

[3]高红铸.空间解析几何[M].4 版.北京:北京师范大学出版社,2018.

[4]吕杰.解析几何[M].北京:科学出版社,2018.

[5]刘建成,贺群.空间解析几何[M].北京:科学出版社,2018.

[6]耿堤.数学分析[M].北京:科学出版社,2017.

[7]杨波,王安平.高等数学[M].武汉:华中科技大学出版社,2017.

[8]卓志红,谢立红.基础数学[M].北京:北京师范大学出版社,2017.

[9]黄玉娟.高等数学[M].2 版.北京:水利水电出版社,2017.

[10]姚先文.高等数学[M].重庆:重庆大学出版社,2017.

[11]梁海峰.高等数学[M].北京:水利水电出版社,2017.

[12]施庆生,马树建.高等数学[M].北京:科学出版社,2017.

[13]蒋秋浩,郑桂梅.经济数学[M].北京:科学出版社,2017.

[14]王洪珂,田学全,王月清.高等数学[M].北京:教育科学出版社,2016.

[15]邓东皋,尹小玲.数学分析[M].北京:高等教育出版社,2006.

[16]柴艳有.经济应用数学[M].哈尔滨:哈尔滨工程大学出版社,2015.

[17]柴惠文,蒋福坤.高等数学[M].2 版.上海:华东理工大学出版社,2015.

[18]孙洪祥,王晓红.高等数学难题解题方法选讲[M].北京:机械工业出版社,2015.

[19]单壿.解析几何的技巧[M].第 4 版.北京:中国科学技术大学出版社,2015.

[20]郭大立,谢祥俊,涂道兴等.高等数学(下册)[M].北京:高等教育出版社,2015.

[21]吴光磊,丁石孙,姜伯驹,等.解析几何[M].修订本.北京:高等教

育出版社,2014.

[22]同济大学数学系.高等数学[M].北京:高等教育出版社,2014.

[23]常迎香,贾永安.高等数学[M].北京:科学出版社,2011.

[24]曹怀信,舒尚奇,张雪鑫,等.高等数学[M].长春:吉林大学出版社,2009.

[25]哈尔滨工业大学数学系 张宗达.工科数学分析[M].北京:高等教育出版社,2007.

[26]王力.内、外部信用评级映射关系研究[J].时代金融,2011(12Z):160-161.

[27]柴俊.高师院校数学教师多元化、分层次培养方案设计与研究[D].华东师范大学,2008.

[28]张清良.边际与弹性分析在经济研究中的具体应用[J].中国城市经济,2011(30):46-46.

[29]彭朝英.导数在经济数学中的教学与应用探讨[J].当代教育论坛(教学版),2011(3):37-38.

[30]李萍."微积分"在经济中的一些应用举例[J].数学学习与研究,2016(17):13-14.

[31]辛春元.导数的应用研究[J].现代商贸工业,2010,22(19):274-275.

[32]崔俊峰,魏玉芬.导数在经济学中的几点应用[J].黑龙江科技信息,2008(31):149-149.

[33]苏丽.论高等数学在经济分析中的应用[J].信息记录材料,2016,17(6):180-183.

[34]杨昕.对微积分学习兴趣的探讨[J].科技与企业,2011(8):210-211.

[35]葛斌华,贺今.关于总收益与需求弹性的关系——兼与赵树嫄先生商榷[J].数量经济技术经济研究,1999(7):59-61.

[36]陈修素.再论总收益与需求价格弹性的关系[J].商业研究,2002(9):3-4.

[37]国涓.弹性理论在经济中的应用[J].财经问题研究,1998(12):67-68.

[38]江霞平.微分在近似计算中的应用[J].科技资讯,2010(6):226-226.

[39]谢露静.研究性学习方式初探[J].湖南医科大学学报:社会科学版,2006(1):171-173.

[40]罗世尧.凑微分法教学要点与解题探析[J].考试周刊,2013(15):58-59.

[41]包红,徐娜,董丹.用"2+3"法解决分母为二次多项式的有理函数的积分问题[J].数理医药学杂志,2013,26(2):238-240.

[42]王伟珠.一阶微分方程在经济学中的4个应用[J].长春工程学院学报(自然科学版),2012,13(3):120-121.

[43]田俊改.常微分方程在经济管理中的地位研究[J].高等数学研究,2010,13(1):49-51.

[44]王伟珠.一阶微分方程在经济学中的4个应用[J].长春工程学院学报(自然科学版),2012,13(3):120-121.

[45]褚衍彪.高等数学在经济分析中的运用[J].枣庄学院学报,2007,24(5):21-23.

[46]鲁大勇.讲授《多元复合函数的求导法则》的一点思考[J].内江科技,2016(12):64.